4차 산업혁명 시대

스마트 건설 자동화 로봇과 건설용 3D 프린터

공학박사/지도사/기술사
최 명 기 저

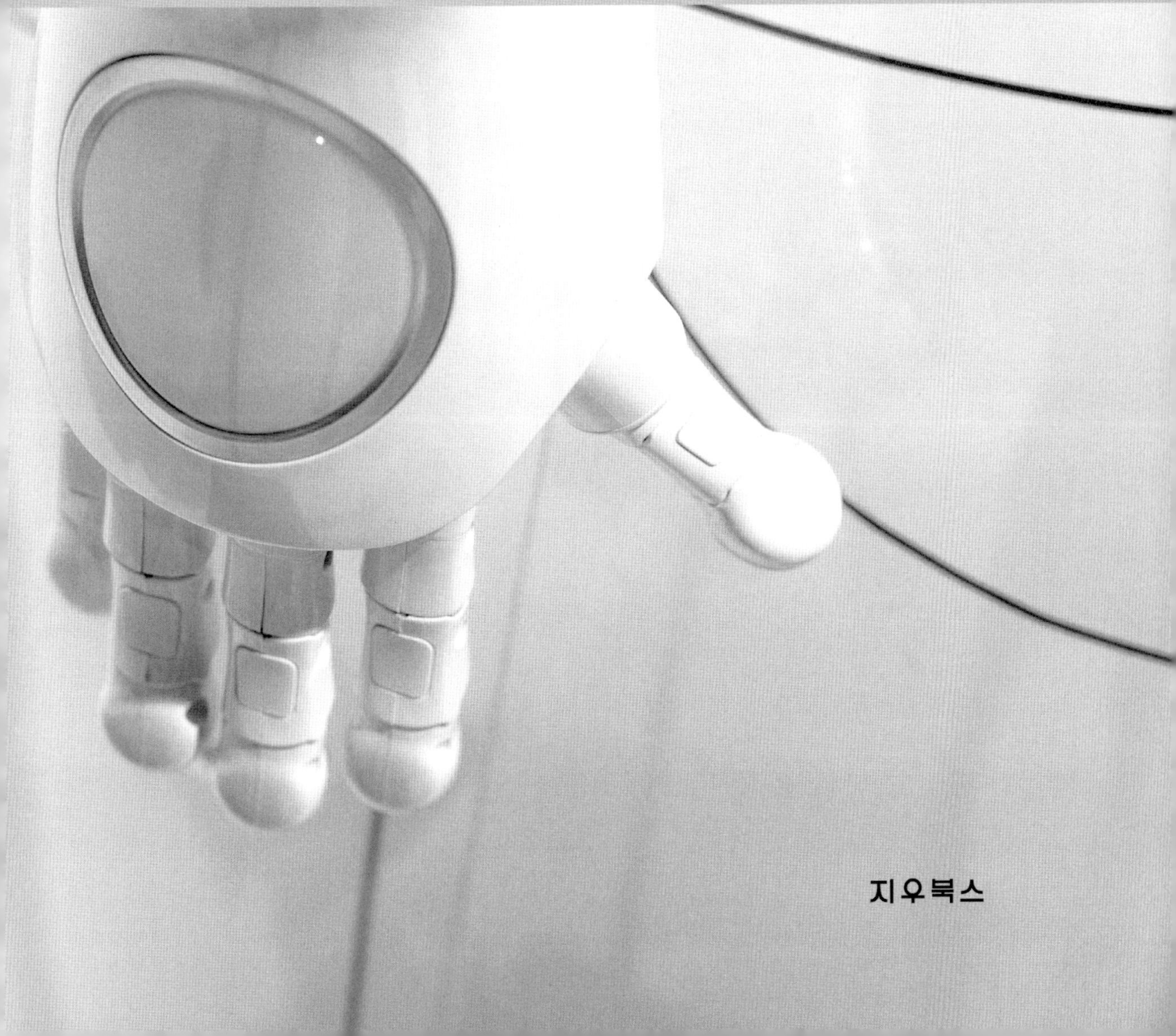

지오북스

머리말

건설산업은 노동집약적이고 현장 의존적인 생산체계와 공급자 위주의 산업구조 등으로 인해 지금까지도 '낡은 전통산업'에 머무르고 있다. 최근 고령화와 근로시간 단축 등 사회 흐름은 건설산업의 변화를 요구하고 있다. 생산성이 낮은 우리나라 건설산업은 고령화와 숙련인력 감소가 빠르게 진행되고 있어 디지털화와 자동화 필요성이 그 어느 때보다도 요구되고 있다.

건설업에 있어서 재해율은 타 산업에 비해 높은 수준이다. 그동안 지속적인 건설안전 강화 노력에도 불구하고 재해율은 정체되고 있어 스마트 건설기술의 도입이 절실히 필요한 실정이다.

향후 건설 분야에서 나타날 변화 트렌드 중의 하나는 기계화 · 자동화이다. 인간의 노동력이 집중되는 건설현장에서 생산성 향상과 안전성 향상을 위해서는 건설로봇과 3D 프린터의 등장은 필연적일 수밖에 없다. 앞으로의 건설방식은 기계화 · 자동화와 건설용 로봇 및 3D 프린팅 기술의 확산으로 이어지기에 건설경영 방식은 지금과는 확연히 다를 것으로 예상된다.

안타깝게도 우리나라 건설기술인들은 관심이 적지만 건설용 로봇과 건설용 3D 프린팅 시장은 전 세계적으로 경쟁이 매우 치열한 분야이다. 그러나 아직도 늦지는 않았다. 이제부터라도 한 걸음씩 자동화 로봇과 건설용 3D 프린터에 대한 관심을 가지고 연구개발을 해 나간다면 다가올 미래에는 우리도 건설 강국이 되어 당당하게 세계를 활보할 수 있을 것이다.

미흡하고 부족하지만 이 책이 최근 정부에서 추진하고 있는 스마트 건설 활성화에 도움이 되기를 간절히 기원해 본다.

2021년 辛丑年 9월, 빛고을에서

金龜 최명기 拜上

목차

CHAPTER

1 건설 자동화와 기계화

CHAPTER

2 건설용 로봇

CHAPTER

3 자율주행 건설기계

CHAPTER

4 건설용 3D 프린팅 기술 현황과 사례

CHAPTER

1

건설 자동화와 기계화

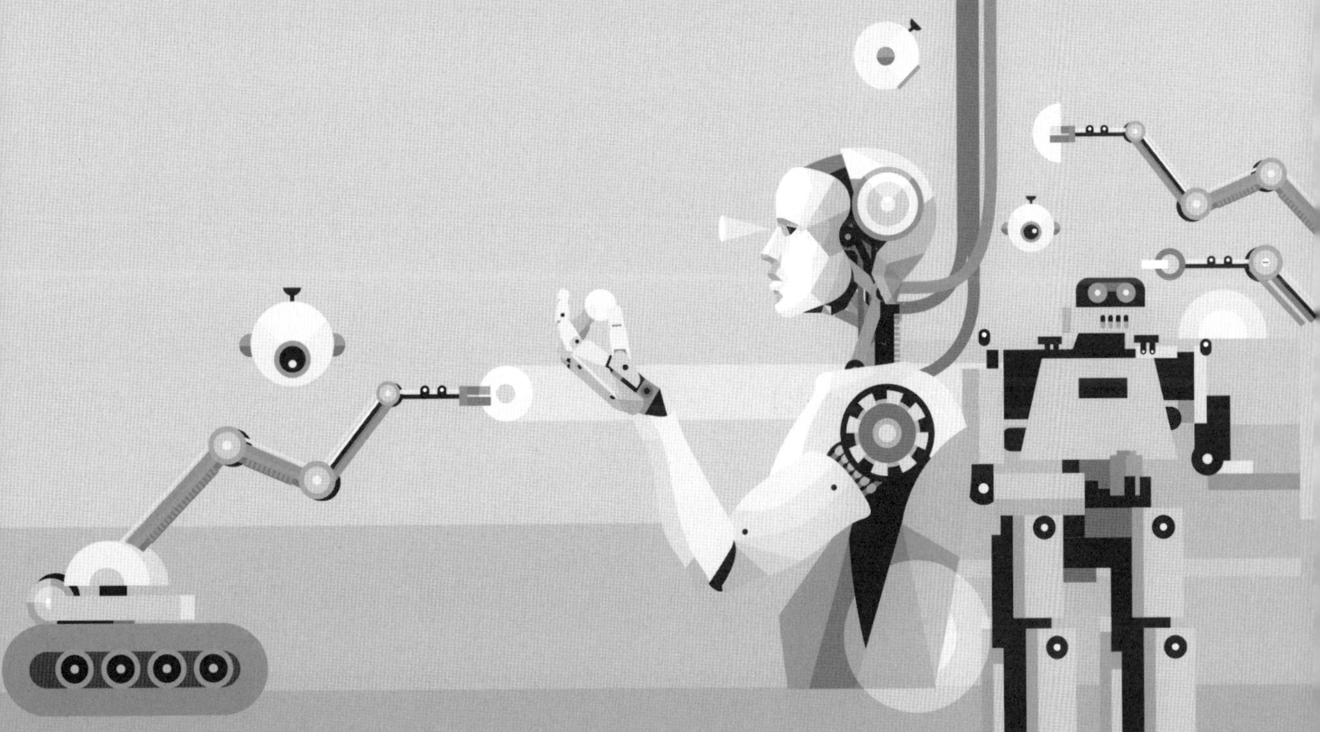

1 건설산업 위기, 무엇이 문제인가?

1.1. 건설산업의 위기론

최근 건설업계는 코로나19와 건설안전을 강조하는 정부 정책으로 인하여 또 다른 위기감에 휩싸여 있다. 최근 개정된 「건설기술진흥법」의 벌점제도 개정과 건설현장에서 사망사고가 발생하면 사업주를 형사 처벌하는 내용의 「중대재해처벌법」이 시행되기 때문이다.

건설공사의 벌점제도란 건설공사의 품질과 안전을 확보하기 위해 부실이 발생했거나 발생할 우려가 있는 경우 벌점을 부과해 불이익을 주는 제도이다. 부실공사에 대한 경각심을 높이고 부실공사를 방지하기 위한 제도로 1995년에 도입됐다.

건설안전을 강조하는 정부 정책과 같은 외부환경 조건 변화들로 인해 건설회사들은 한 치 앞을 내다볼 수 없을 정도로 '벼랑 끝 고사(枯死) 위기'를 맞고 있다.

건설경기 침체와 건설 관련 신규사업 예산 축소, 주택사업 규제 강화, 노조의 강경화, 안전 및 환경규제 강화, 리스크 증가에 따른 손실증가 등이 맞물리면서 영세 소규모 건설회사들은 생존이 우려되는 상황까지 내몰리고 있다.

이러한 문제를 해결하기 위해 일부 대형 건설회사들은 스마트 건설기술을 현장에 적용하여 생산성을 향상시키는 노력을 하고 있다. 하지만 대부분의 중소 건설사들은 생산성 향상을 위한 스마트 건설기술 도입 등 시대 변화에는 공감하고 있지만 적용하기에 현실은 그리 녹록치 않은 실정이다.

1.2. 건설산업의 낙후된 생산성

맥킨지 글로벌 연구소(MGI)의 자료에 의하면 지난 20년간 경제성장률과 경제 규모에 대비한 국내 건설산업 노동생산성은 조사 대상 국가 41개국 중 40위로 매우 뒤쳐지고 있는 것으로 보고되고 있다.

미국의 경우에도 건설산업은 지난 50년간 생산성이 하락한 거의 유일한 산업 분야이다. 지난 50년간 건설을 제외한 비 농업 분야의 생산성은 연평균 1.9%씩 증가하였지만 건설부문의 노동

생산성 증가율은 연평균 -0.4%로 1960년대 후반부터 감소추세에 있다. 이것은 단지 미국에서만의 문제는 아니다.

지난 20년 동안 건설부문의 노동생산성 증가는 전 세계적으로 평균 1%에 머물고 있다. 같은 기간 경제 전체 평균은 2.8%였다. 건설비용은 올라가고 건설 시공속도는 떨어져 건설회사 수익성이 악화되는 현상을 보이고 있는 것이다.

모든 건설산업이 다 똑같은 것은 아니다. 대규모 산업 및 인프라 프로젝트를 수행하는 대기업들은 중소 건설기업보다 생산성이 더 높은 것으로 나타났다. 건설부문 생산성이 낮은 가장 중요한 이유는 건설회사 전반에 만연된 낮은 수익성 때문이다. 제조업과 같은 다른 부문은 자동화 등을 통해 가격을 파괴하지 않고서도 생산 비용을 크게 줄일 수 있었다. 그러나 건설산업에서는 이와 같은 방법이 통하지 않고 있다. 건설산업 대부분은 저임금, 저생산성의 단순 근로자(불법이민자들 포함)에 의존하기 때문이다. 다른 산업분야는 지난 수십 년 동안 자동화와 IT 기술에 의한 정보화 혁명으로 상당한 수준의 생산성 향상을 가져왔지만, 건설 시공과 엔지니어링 부문은 일부 자동화가 이루어졌지만 기존 생산 방식에서 크게 벗어나지 못하고 있다. 이는 다양한 형태의 건설현장 조건과 복잡한 공사 방식, 기술 인력의 고령화, 표준화된 지식체계 구축의 어려움 등에 기인한다고 볼 수 있다.

건설 생산성이 증가하지 않는 가장 큰 원인은 첨단기술의 개발과 적용이 건설 프로젝트의 단기성과에 큰 영향을 주지 못하고 있기 때문이다. 이와 더불어 건설생산 체계상 표준화의 어려움, 프로젝트 모니터링을 통한 데이터 수집의 어려움, 설계사·시공사·자재 및 장비업자 간의 장기적인 협력관계가 어려운 조달구조, 보수적인 건설산업 문화, 첨단기술 도입에 다른 인재 유입의 어려운 점 등을 꼽을 수 있다. 이러한 어려움에도 불구하고 건설산업은 단위 프로젝트의 기간과 비용이 비교적 매우 크며 다른 산업 분야보다 4차 산업혁명을 통한 생산성의 혁신이 요구되는 분야이다.

"그동안 건설산업은 멸망의 울타리에 갇혀 사육사가 주는 사료와 수의사의 보호에 너무 익숙해졌다."

보스턴컨설팅그룹(BCG)이 우리나라 건설산업을 진단한 내용 중 일부 내용이다. 그동안 우리 건설산업은 수십 년 동안 정부가 물량을 만들어내고 이를 나눠 먹는 구조로 산업이 발전해 왔다. 건설업 청년 취업층의 유입 부족과 인건비 상승 등으로 '인력' 중심의 생산성 향상은 갈수록 어려워지고 있다. 이는 비단 우리나라만의 문제가 아니라 건설 선진국에서도 청년층의 선호도가 바뀌면서 건설업 자체를 기피하는 현상이 나타나고 있다. 인프라 구축보다 복지 중심의 정책 기조가 확고해지는 상황에서 더 이상 과거와 같이 폭발적인 물량 확대로 생존을 기대하기는 사실상 어렵다. 이제는 건설업계와 기업이 스스로 자구책을 찾아 나서야 할 때다.

건설산업 생산성 향상과 사회적·경제적·환경적 문제를 해결하기 위해서는 인공지능, 사물인터넷, 로봇 기술, 3D 프린터 등과 같은 4차 산업혁명의 핵심 기술들을 효율적으로 접목하는 것이 필요한 시점이다.

1.3. 건설인력 부족과 고령화, 외국인 근로자

전통적으로 건설산업은 예나 지금이나, 우리나라나 세계적으로나 노동집약 산업이다. 건설산업은 고용 창출 효과가 탁월하기에 종종 각국 정부에서는 경기상승과 실업률 제어를 위한 수단으로 활용하고 있다.

우리나라도 마찬가지이지만 전 세계적으로 건설공사를 수행하는 과정에서 작업자에 의한 인적 노동력은 건설공사의 핵심이자 공사비용의 대부분을 차지하고 있는 중요한 영향 요소이다. 건설공사를 수행하는 과정에서 숙련공이나 미숙련공들의 인력 부족이나 노동생산성 저하는 공기지연과 공사비 증대, 작업자들의 생명을 앗아가는 안전사고를 일으키는 중요한 원인 중 하나이다.

전 세계 건설업계를 대상으로 한 조사에 따르면 정해진 공사기간과 공사비 내에서 프로젝트를 진행할 수 있다고 믿는 경영진은 25%에 불과하다는 조사 결과는 이러한 문제를 잘 보여주고 있다.

건설산업에서 수작업에 따른 인적 노동력은 매우 중요한 역할을 담당하고 있다. 그러나 최근에는 육체적으로 힘들고 피곤한 일들은 점차 건설시장에서 인기가 떨어지고 있다. 우리나라뿐만 아니라 전 세계적으로도 건설 직종의 인력 부족 현상은 상당히 심각한 실정이다. 요즘 신세대가 말하는 3D의 대표적인 직종이 바로 건설 분야이기 때문이다.

최근 많은 건설업체는 숙련공이 부족해 어려움을 겪고 있다. 우리나라 건설기능 인력의 52.8%가 50대 이상으로서 향후 수많은 숙련 인력이 은퇴를 앞두고 있지만 건설업계에서는 젊은 신규 인력을 확보하는 데 어려움을 겪고 있다. 한마디로 요약하면 젊은 층은 건설업을 기피하고 있고 기존의 인력들은 고령화가 심각한 실정이다.

통계청에 따르면 2018년 5월 건설업 전체 취업자 중 고령 취업자인 55세~79세의 비율은 31.7%로 2013년 5월(22.7%)보다 9%가 늘었다. 2019년 '건설산업 고령자 취업실태와 정책과제 토론회' 자료에 따르면 2018년 말 기준 건설 기능인력의 수는 155만 2,645명으로 집계됐고 이 중 50대 이상이 52.8%를 차지하고 있다. 40대까지 포함하면 80%가 넘어 고령화 현상은 매우 심각한 수준이다.

건설업계의 노동력 부족을 해소하는 것도 쉽지 않은 과제이지만 건설부문의 또 다른 주요 과제는 훈련된 숙련공이 부족하여 생산성에 큰 영향을 미치고 있다는 점이다. 다행스럽게도 많은 건설장비와 기계화된 공구들이 이러한 인력 부족을 대신하여 주고 있다. 이러한 노동력 부족은 우리나라뿐만 아니라 말레이시아, 싱가포르, 카타르, UAE 등과 같은 다른 많은 국가에서도 흔한 실정이다. 건설인력이 풍부한 일부 국가의 경우에도 숙련공 부족으로 인해 공사기간 내 준공이나 양질의 품질확보가 곤란한 문제를 겪는 경우가 많은 실정이다. 이러한 생산성 저하 현상은 1980년대 후반부터 중부유럽이나 북미지역 그리고 일본의 경우에서도 일반적이었다.

미국주택건설협회(National Association of Home Builders)의 조사에 따르면 많은 건설회사가 건설인력 확보의 어려움 등으로 인해 주택 건설에 애로를 겪고 있는 것으로 조사되었다. 건설공사에 필요한 숙련 인력은 중장년층이 많은데 이들은 고령화로 인해 건설노동시장에서 이탈하고 있지만 젊은 층에서 이들의 빈 자리를 충분히 메꾸지 못하고 있는 실정이다. 최근 건설업의 실업자 수 대비 구인자 수 비율은 건설경기가 호황이던 2000년대 초보다 훨씬 높아 건설업의 심각한 인력난을 단적으로 보여주고 있다.[1] 이러한 숙련된 건설인력 부족에 따른 생산성 저하로 인해 1년 동안 추가 비용이 5.2% 증가했다.

미국과 마찬가지로 다른 많은 국가도 숙련된 건설인력 부족 문제에 직면해 있는데 대부분은 이러한 문제를 해결하기 위해 외국 작업자들의 노동력에 의존하고 있다. 외국인 작업자들을 고용하고 있는 경영자들은 외국인 작업자들이 매우 근면하고 신뢰할 만하다고 생각하고 있다. 그들은 국내 일반직원들이 작업하기 싫어하는 위험하고 어려운 작업을 저임금으로 수행 가능하다고 생각하고 있다. 외국인 작업자에 대한 낮은 저임금은 생산비용과 제품가격을 더욱 감소시킬 수 있어서 외국인 근로자들을 대부분 고용하고 있다. 미국에서 저 숙련된 외국인 작업자가 10% 증가하면 건설공사비용은 2% 정도 하락이 가능하다. 반면에 노르웨이에서는 저 숙련된 외국인 작업자가 10% 증가하면 건설공사비용은 0.4~1.1% 정도 하락하는 것으로 나타났다.[2]

1) 출처 : 한국은행 칼럼(2020), 미국 주택시장 상황과 전망
2) 출처 : Md. Aslam Hossain 외 3인, A Review of 3D Printing in Construction and its Impact on the Labor Market, Sustainability 2020, 12,

이와는 대조적으로 말레이시아에서는 비용 절감을 위해 저 숙련된 외국인 작업자들을 사용하는 것보다는 오히려 건설인력 자체를 구할 수 없기 때문에 그들을 고용하고 있는 실정이다. 외국인 작업자는 말레이시아 건설산업 노동시장에서 전체 노동력의 약 70%를 차지하고 있고 이제는 없어서도 안 될 가장 필수적인 요소가 되었다. 이러한 현상은 싱가포르, 브루나이를 비롯한 대부분의 중동 국가에서도 마찬가지이다.

2022년 월드컵축구를 개최하는 카타르 도하(Qatar Doha)는 많은 건설공사와 인프라에 대한 건설 프로젝트를 발주하고 있지만 이러한 공사 수행을 위한 전문인력들이 부족하기 때문에 외국인 작업자들에게 크게 의존할 수밖에 없는 실정이다.[3] 싱가포르에서는 2019년 29만 3,300명의 건설 근로자가 외국인 작업자였으며, 이는 전체 건설인력의 약 75%를 차지하고 있다. 아랍 에미리트(UAE) 역시 불법 이민자에 대한 단속의 영향으로 인해 공사기간을 맞추는 데 어려움을 겪고 있다. 미국의 경우 일반 건설 작업자의 약 25%, 워싱턴 D.C. 등 대도시 지역에서는 저 숙련 건설인력의 약 55%가 불법 외국인 작업자라고 한다.

1.4. 숙련된 기능인력 부족

건설산업 부문의 또 다른 문제는 훈련된 숙련공이 부족하여 생산성 저하에 큰 영향을 미치고 있다는 점이다. 건설업계의 인력 부족을 해소하는 것도 쉽지 않은 과제이지만 숙련된 건설인력 부족이 더 큰 문제이다.

숙련된 건설인력을 구하는 것은 근로조건이 양호한 대기업에는 큰 문제가 아닐 수 있지만 상대적으로 근로조건이 좋지 않은 중소기업에서는 숙련된 인력을 찾는 데 어려움을 겪고 있다. 중소기업의 경우에는 이왕이면 일을 더 잘하고 급여는 내려가는 일명 급여 대비 기능이 좋은 인력만을 선택적으로 사용하려는 경향이 있다. 그러면서도 고용하는 기간은 짧게, 단타로 고용하려고 한다. 사실 지속적인 교육투자와 실습 기회를 주면서 숙련공의 육성 환경을 조성하면서 기업도 함께 발전해 나가야 하는 데 지금 상황은 전혀 그렇지 못하고 있다.

국내 건설산업에서 숙련된 기능인력의 부족 문제가 심각해지고 있는 가운데 미국도 비슷한 고민을 안고 있는 것으로 나타났다. 미국 건설협회(AGC)와 컨설팅 회사인 퓨처 마켓 인사이트

3) 출처 : 통상산업부(MocI), 주요일간지(Gulf Times, Quatar Tribune, Peninsula), KOTRA 카타르 도하무역관 자료 종합

(Future Market Insights, FMI)가 미국의 건설 관련 업체들을 대상으로 실시한 위기관리 조사(The 2019 AGC/FMI Risk Management Survey)에 따르면 건설산업이 안고 있는 가장 큰 리스크는 숙련 기능공 부족이라고 꼽았다. 숙련 기능공 부족문제는 2016년 조사에서 56%로 1위를 차지했고, 2019년조사에서는 응답자의 80%(복수 응답 가능)가 선택했는데 3년 사이에 이에 대한 우려가 더욱 커진 것이다.[4)]

건설산업은 우리나라의 대표적인 기간산업이자 서민 일자리가 많이 창출되는 분야지만 낮은 고용 안정성과 고령화, 숙련된 건설인력 부족 등의 문제점이 누적되어 산업기반 전체가 붕괴될 우려가 있다. 건설산업 분야에 청·장년층 유입이 급격히 줄어들면서 숙련된 기능인은 빠르게 고령화되고 있고 낮은 임금의 외국인 작업자는 꾸준히 유입돼 국내 기능인력의 자리 잡기가 어려워지는 등 건설산업 고용구조가 왜곡되고 있는 실정이다.

건설산업이 고질적으로 안고 있는 숙련된 건설인력 부족 문제는 앞으로 건설자동화 로봇과 모듈화, 3D 프린팅과 같은 기술을 사용하여 극복할 수 있다. 비숙련 작업자나 고령 작업자들과는 다르게 3D 프린팅 기계나 로봇은 하루 24시간 동안 쉬지 않고 작업할 수 있다. 또한 건설 사망사고와 같은 산재사고도 발생하지 않는 장점이 있다.

3D 프린팅 기술 외에 모듈화 등은 이제 건설산업의 현실적 대안으로 한 발짝 다가왔고 조만간 세계 건설산업의 핵심 경쟁력이 될 것이며 이와 관련한 설계나 엔지니어링 기술 등은 상당한 변화를 맞게 될 가능성이 높다.

1.5. 안전사고 발생 증가

고용노동부 통계에 따르면 안전 및 보건 관련 산업재해가 가장 많이 발생하는 곳은 역시 건설업 분야이다.

2017년 국내 건설산업 사고사망자 수는 OECD 35개 회원국 중 두 번째로 많다. 2010년 대비 사고사망자 수는 4.2% 감소하였지만 35개국 평균(5.8%)보다 겨우 1.6% 낮은 실정이다. 건설산업 사고사망자 수는 미국(1,013명), 한국(506명), 터키(497명), 일본(323명), 캐나다(217명) 순이었고, 건설산업에서 차지하는 사고사망자 비중 역시 우리나라는 2017년 기준 52.5%로 35개국 평균(24.6%)보다 약 2.1배 높다.[5)]

4) 출처 : 대한경제(2019), 美 건설업체 숙련 기능공·현장 감독 부족이 가장 큰 리스크

2020년 4월 29일, 경기도 이천 물류창고 화재로 38명의 사망 사고가 발생하는 등 끊이지 않는 건설현장 안전사고는 대한민국이 여전히 안전 불감증으로 인해 사고가 속출하고 있음을 보여주고 있다. 최근에는 건설현장에서 발생하는 사고를 줄이기 위해 중대재해가 발생한 기업에 대해서는 경영자를 처벌하자는 「중대재해처벌법」이 국회에서 제정되어 시행될 예정이다.

건설현장에서 외국인 작업자에 대한 과도한 의존은 사실 바람직하지 않다. 건설현장에서는 내국인이 기피하는 3D 업종에서 일하던 외국인 작업자가 안전사고로 다치거나 사망하는 일도 잇따르고 있기 때문이다. 2017년 국회 환경노동위원회 소속 문진국 의원이 고용노동부 · 안전보건공단에서 제출받은 자료에 따르면 산재보험에 가입된 내국인 작업자의 산재 발생률은 0.18%이지만 외국인 작업자는 1.16%로 6배가량 높았다. 외국인 작업자 다수가 산재보험에 가입돼 있지 않은 점을 고려하면 실제 산재 발생 건수는 이보다 더 많을 것으로 추정된다.

1.6. 공기 지연

공기 지연(Delay)이란 예기치 못한 환경으로 인해 건설공사 프로젝트의 일부분이 실행되지 않은 것을 말한다. 이러한 공기 지연은 불확실성이 내포된 건설 프로젝트에서는 거의 피할 수 없는 상황으로 인식되고 있다.

공기 지연이 발생할 경우 발주자와 시공자 모두에게 심각한 손실이 야기되며 이로 인해 상호 손실보상을 위한 법적 소송 등이 제기된다.

최근 청와대 국민청원 게시판에 노조의 일탈행위 관련 청원이 수십 건을 초과했으며 "건설노조에 끌려가는 대한민국 건설시장 국민은 아시나요?"라는 내용이 게시되기도 했다. 노조의 이권다툼으로 건설현장을 운영하는 경영진들은 그 피해의 심각성을 호소하며 '노조원의 업무능력은 비노조원에 비해 절반밖에 되지 않아 공기가 길어지고 공사 품질이 떨어지며 전체 공사비까지 늘어나 최종 소비자인 국민에게 피해가 간다'라고 주장하고 있다.

특히 코로나19 바이러스 위기로 인해 건설산업의 문화가 변함에 따라 공기 지연이 더 많이 발생할 것으로 보인다. 건설현장 작업자들의 안전보건이 더욱 중요해짐에 따라 개인보호장비 착용 의무화, 한 번에 한 작업만 허용, 교대근무 의무화 등의 정책들로 인해 건설 프로젝트들은 불가피하게 공기가 지연될 것으로 보인다.

5) 출처 : 건설산업연구원(2020), OECD 국가의 건설업 산재 사망사고 실태 비교·분석

이러한 문제를 해결하기 위해 건설 자동화 기술이 적극 도입되어 활용될 예정이다. 작업자들에게 의존하는 기존의 재래식 작업방식은 정밀 시공 곤란에 따른 품질 저하 문제와 안전사고 발생 가능성이 높고 공기가 지연되는 등의 단점을 가지고 있다. 이러한 문제를 극복하기 위해 3차원 설계기술인 BIM(Building Information Modeling, 건설정보모델링)을 활용하여 가상으로 시공(VR)한 후에 3D 프린터를 활용하여 공장에서 건설 부재를 모듈화하여 제작하고, 인공지능(AI)을 탑재한 건설로봇에 의해 조립·시공하는 건설 자동화 기술이 2025년까지 개발될 계획이다.

국토교통부는 2025년까지 스마트 건설기술 활용기반을 구축하고, 2030년까지 건설 자동화를 완성하는 것을 목표로 2018년에 '스마트 건설기술 로드맵'을 수립했다. 2차원 설계도면에서 3차원 정보모델로, 인력 · 경험 중심 반복 작업에서 데이터 기반 시뮬레이션으로, 건설이 낡은 전통 산업의 이미지를 벗고 첨단 산업으로 도약하기 위해 건설 전 과정에 정보통신기술(ICT) 등 첨단기술을 접목하는 기술혁신이 추진될 계획이다.

2. 건설산업의 미래, 생존전략은 무엇인가?

2.1. 건설산업을 발전시킬 9가지 기술

지난 수 세기 동안 정보와 기술 발전으로 인해 원시적인 수작업에서 완전 자동화된 프로세스로 이동했다. 건설산업 분야도 예외는 아닌데, 효율성과 수익성을 개선하기 위해 많은 현대 기술을 수용하고 있다.

건설산업의 변화와 발전 추세는 보다 효율적이고 경제적이며 안전하게 구축할 것을 요구하고 있다. 향후 건설산업을 발전시킬 9가지 기술을 살펴보면 아래와 같다.

(1) 전산화

컴퓨터 기술은 건설 분야에서 가장 큰 변화와 발전을 가능하게 하는 핵심적인 요소이다. 단독주택이든 고속도로든 컴퓨터는 현대 건설산업의 모든 부분을 돕고 있다. 프로젝트를 설계하는 데 사용된 시스템부터 시공하는 데 사용되는 건설기계에 이르기까지 모든 부분에는 컴퓨터가 존재하고 있다.

건설산업은 1980년대에 이르러서야 컴퓨터를 사용하기 시작했다. 대부분의 건설회사에서는 비용을 추정하거나 급여를 계산하거나 발주처, 협력업체와 소통하기 위해서 일종의 사무용 컴퓨터 시스템을 보유하게 되었다. 그 후 많은 건설회사는 컴퓨터가 제공하는 마케팅 능력을 빠르게 깨닫고 웹 사이트를 주요 광고 플랫폼으로 삼기도 했다.

그러나 건설회사가 컴퓨터를 사용하기 훨씬 전에 재료 공급업체와 장비 제조업체는 건설업체보다 훨씬 앞서 컴퓨터를 사용하고 있었다. 제조업체들은 컴퓨터 전원을 유선이 아닌 무선장치로 개발했다. 중장비 제조업체는 마이크로 칩을 통해 제어가 가능한 제어 및 모니터링 시스템을 고도로 발전시켰다. 앞으로도 컴퓨터가 건설산업을 위해 무엇을 할 것인지 기대하는 것은 매혹적일 것이다.

(2) 커뮤니케이션

컴퓨터 사용은 건설 자재나 장비 개선에만 영향을 미치지는 않았다. 컴퓨터는 즉각적이고 원활한 통합 커뮤니케이션을 가능하게 하여 건설산업 발전에 크게 기여했다.

스마트 폰은 이제 모든 작업 현장에서 볼 수 있는 대표적인 장비이다. 맞춤형 앱을 사용하면 10년 전에는 불가능했던 프로젝트의 모든 참여자 간의 상호 연결이 가능하다. 웹 및 클라우드 기반 커뮤니케이션은 건설 관리자와 작업자들에게 수치로는 계산할 수 없는 효율성을 제공하고 있다. 컴퓨터 사용과 더불어 통신장치의 정확성과 신속성으로 인해 디지털 커뮤니케이션은 건설 산업을 크게 발전시키고 있다.

Zoom과 같은 화상 회의는 건설 커뮤니케이션의 또 다른 매우 효율적인 방법으로서 국제 프로젝트 작업을 원활하게 돕고 있다. 팀 커뮤니케이션 프로그램이나 기타 소프트웨어 플랫폼은 건설 작업팀의 모든 사람들이 쉽고 빠르게 커뮤니케이션 할 수 있도록 도와주고 있다.

(3) CAD와 BIM

건설산업의 변화와 발전은 커뮤니케이션과 관리 부서에서만 이루어지지는 않았다. 건설업계는 디자인 측면에서도 혁신을 이루었다. 수작업에 의한 핸드 드로잉이나 청사진에 의한 설계도면 등은 상당히 오래된 전통적인 방법이었지만 그 자리에 점점 정교해진 CAD(Computer-Aided Design) 프로그램이 들어오게 되었다.

획기적인 건설산업 발전 중 하나는 BIM(Building Information Modeling) 프로세스이다. BIM은 건설업계의 비즈니스 모델을 혁신적으로 변화시킨 설계시공 방법에 대한 전체적인 접근 방식이다. BIM 기술을 사용하면 전체 프로젝트를 컴퓨터 소프트웨어로 설계하고, 굴착기가 흙을 굴착하거나 크레인이 강구조물을 실제로 인양하기 전에 미리 가상으로 구현해 볼 수가 있다.

BIM을 사용하면 프로젝트에 관련된 모든 작업주체들이 프로젝트가 구축되기 전에 미리 참여할 수 있고 실제 공사과정에서 오류가 일어나는 것을 사전에 방지할 수 있다. 이 프로세스는 건설업계가 위기 상황을 뚫고 나아가기 위한 진정한 돌파구이다. 설계부터 시공이나 유지관리까지 건설 생애주기 과정에서 더 나은 시공 방법을 찾고 대체 방법들을 제안할 수 있다.

컴퓨터 화면에서 프로젝트를 설계하고 가상으로 구축하면 “레이어링(Layering)”인 계층화 기능이 제공된다.

레이어링과 가상 및 증강현실과 같은 몰입형 시각화는 커뮤니케이션과 협업을 강화할 수 있기 때문에 BIM은 매우 중요하다. BIM은 모든 이해 관계자가 공사시작 전에 프로젝트를 볼 수 있도록 해주는 정교한 프로그램으로서 BIM을 사용하면 기존의 높이, 너비, 길이 요소 외에도 4, 5, 6, 7차원(시간, 비용, 지속 가능성, 예산)을 예측할 수 있다.

(4) 3D 프린팅

"적층 제조"는 3D 프린팅 산업 용어로서 디지털 프로그램 파일의 구성요소를 3차원 개체로 완성하는 프로세스이다.

여러 가지 측면에서 3D 프린팅 프로세스는 합판이나 합판목재(LVL)를 만드는 것과 유사하다.

3D 프린팅을 통해 건물 구성요소를 조립식으로 만들어 현장에서 조립하게 되면 건설 일정은 당연히 빨라지게 되고, 이는 공사기간 단축과 비용 절감으로 이어지게 된다. 3D 프린팅 기술이 향상됨에 따라 공정과 비용이 경제적이기에 이러한 기술의 발전은 건설산업의 생산성을 향상시켜준다.

3D 프린팅은 건설산업 차세대 발전 요소 중 단지 일부분일 뿐이다.

(5) 드론과 로봇

작업장을 날아다니는 드론 기술은 현재 활발하게 이용되고 있다. 원격 제어 드론을 날려 보내 높이 있거나 멀리 떨어져 있는 위치의 작업을 검사하게 되면 시간을 절약하고 작업자의 위험을 줄일 수 있다. 드론은 현재 항공 조사를 수행하고 계획단계에서부터 건설 승인 단계에 이르기까지 모든 작업을 지원하고 있다.

첨단기술의 발전은 더 안전하고 쾌적한 작업환경을 제공하고 있다. 이러한 기술 변화는 로봇과 자율장비가 장비 운영자를 대체하고 감독자로 전환될 수도 있다.

건설현장 로봇은 지상과 공중에서 동시 지원이 가능하고 기계가 더 잘할 수 있는 반복적인 작업 이외의 다른 작업까지 수행함에 따라 인간을 건설현장에서 제외시키고 있다. 예를 들어 GPS 내비게이션이 있는 원격 모니터 시스템에 의하여 현장 조건에 맞게 자동으로 굴착작업이 가능한 로봇 굴착기가 대표적인 예이다.

(6) 모듈화

건설 자동화는 이제 모듈식 및 조립식 건설기술로 확장되는 추세이고 이 방식을 통해 건설

부재들을 제조하고 조립하는 것은 전혀 새로운 것이 아니다.

모듈식과 조립식 사이에는 차이가 있다. 모듈식은 공장과 같은 폐쇄된 작업환경에서 건설 부재를 만들어 조립될 현장으로 운반되는 구성 체계를 의미한다. 반면에 조립식은 건설현장 위치에서 비효율적으로 건물을 짓는 것이 아니라 외부에서 구성요소의 일부를 제조하여 사전 조립된 후 최종 위치로 운송되어 조립하여 완성한다.

모듈식 구성요소와 조립식 건설기술은 대부분 자동화되기 때문에 프로젝트 시간을 단축하고 공사비용을 절약할 수 있다. 조립식 및 모듈식 기술의 발전은 건설산업을 더욱 간소화시키고 경제적으로 만들 것이다.

(7) 녹색 건설기술

20세기 후반, 미국 그린 빌딩위원회(USGBC)는 내구성, 유용성, 경제성 및 편안함을 고려하여 책임감 있는 설계 개념을 촉진하기 위해 건물 등급 시스템인 LEED(Leadership in Energy and Environmental Design, 친환경 건물 인증체제)를 개발했다.

오늘날 LEED 인증은 녹색 우수성을 표시하고 있다. LEED 인증은 건물 운영자와 소유자가 자원을 효율적으로 사용하고 건물 수명 내내 환경에 대한 책임을 지는 것을 목표로 하고 있다.

Net Zero 또는 Zero Energy는 건설산업을 변화시키고 있는 또 다른 요소이다. 이러한 에너지 효율적인 건물은 그리드(Grid)와 전기적으로 독립하는 것을 목표로 하고 있고 태양광 기술과 같은 재생 가능 에너지원을 통해 내부 전력을 생산한다. 단열재와 글레이징(Glazing) 재료는 에너지 소비를 줄이고 에너지 제로 건물이 지구상에서 가장 친환경적이고 지속 가능한 구조 중 하나임을 보장한다.

지속 가능한 건설은 프로젝트 소유자와 관리자가 매우 중요하게 생각하는 부분이다. 지속 가능한 환경에서 일하면 장기적인 운영비용을 줄일 수 있다. 친환경 건설기술에는 자연광 사용과 같은 환경 설계는 물론 에너지 중립화가 포함되어 있다.

친환경 건설기술은 건축 설계나 재료 사양을 넘어 모든 부분으로 그 범위를 확장하고 있다. Caterpillar 사와 같은 많은 중장비 제조업체는 이제 건설기계 설계에 친환경적인 접근 방식을 취하고 있다. 친환경 건설기계 중 일부는 소비자 요구 때문이었으며 일부는 탄소 배출량을 줄이기 위한 환경규제에 대한 대응이었다. 친환경 기술은 이제 건설기계와 같은 중장비 제조에서도 표준이 되고 있다.

(8) 중장비 건설기계

중장비와 건설기계 산업은 기술의 발전으로 크게 변화했다. 오늘날 건설기계에는 고도로 정교한 컴퓨터 제어와 구동 시스템이 부착되어 있다. Caterpillar 사의 새로운 장비는 건설기계 분야에서 선두를 달리고 있는데 에너지 소비를 줄이면서 전력 용량을 늘리는 방향으로 기술이 개발되고 있다.

그 동안 건설산업 발전은 중장비 기술발전을 통해 이루어졌다. 굴착기, 로더, 도저와 같은 건설기계는 설계와 제조 과정에서 고도로 발전된 기술적 개선 사항이 적용됐다. 자동화와 로봇 제어는 미래의 건설기계에 구현된 기술의 일부분일 뿐이다. Caterpillar 사는 세계 최대의 대형 건설장비 제조업체이기 때문에 미래 건설산업을 발전시키기 위해 Tier IV와 청정 디젤연료 기술을 통합 적용했다. Tier IV 엔진과 청정 디젤연료 기술은 건설산업의 환경을 개선하는 데 도움이 된 두 가지 기술이다. Tier IV는 디젤 엔진의 탄소 배출량을 줄이기 위한 EPA(Environmental Protection Agency) 과제이다.

중장비 기술의 발전으로 건설현장의 안전성이 향상되고 있다. 중장비건설기계에서 가장 큰 발전 중 하나는 사고 건수와 사망자 수 감소를 보여주고 있다는 점이다. Caterpillar 사는 건설 안전 문제를 강력하게 지원하고 있고 안전 기능이 지속적으로 개선 될 수 있도록 연구개발하고 있다.

(9) 안전 기술

건설산업에서 가장 유익한 변화중의 하나는 안전성 향상이다. 사실 과거에는 작업자들이 최소한의 안전요건만 갖춘 채 작업하는 것이 다반사였다.

다행히 최근 건설업계의 태도는 단순히 안전법규만을 준수하는 것에서 벗어나 동료 작업자의 안전을 지키겠다는 의지로 바뀌었다. 그 결과 사고 건수와 사망자 수는 해마다 꾸준히 감소하고 있다. 이제는 건설현장의 작업자와 관리자들은 안전을 가장 중요하게 생각하고 있다.

4차 산업혁명 시대의 기술적 변화는 건설현장의 안전성 향상에 기여하고 있다는 점이다. 오늘날 중장비 건설장비에는 주변 작업자를 안전하게 보호하는 동작 감지와 얼굴 인식 기술이 적용되고 있다. 동작 감지 기술은 작업자 근처에 건설장비나 물체, 사람 등이 있다는 것을 경고한다. 얼굴 인식 기술은 작업자의 피로나 산만함을 인식하고 작업이 안전하게 진행될 수 있을 때까지 작업을 일시적으로 중단할 수도 있다.

2.2. 경쟁을 통한 생존

오늘날 건설기업들이 건설산업 위기를 극복할 수 있는 자구책은 '기술'을 바탕으로 한 철저한 원가·비용 절감은 물론이고 생산성을 향상시키면서 안전사고는 감소시키는 길만이 유일한 답이다. 생산성 향상은 사람 중심에서 벗어나 장비와 자재 중심으로 이뤄져야 한다.

선진국의 건설기업들은 생산성 향상을 위해 초기엔 '기술'보다는 '인력'에 초점을 둔 전략을 적용하였다. 유럽 건설현장에선 지난 30년 동안 비교적 낮은 인건비로 과거 동구권 국가의 젊은 인력을 제공받아 왔다. 하지만 작업자 개개인이 가지고 있는 기술력과 생산성의 차이로 인해 공사 품질과 노동생산성의 문제가 제기됐다.

이에 유럽 건설기업들은 해외인력 유입과 병행하여 건설 자동화와 공장 제작·현장 조립 방식의 확대 등을 위해 노력해 왔다. 건설장비에 추가 기능은 늘리고 규격을 다양화함으로써 한 가지 장비로 더 많은 일에 활용되도록 하였다. 또한, 건설부재를 공장에서 제작하는 프리패브(Prefab, Pre-fabrication) 비율을 점점 늘려 현장에서는 조립만 하는 공법들이 확산됐다. 벨기에와 네덜란드 등 유럽을 비롯한 선진국들은 국내와 비교해 '골조의 조립화' 적용에 있어서 매우 큰 차이가 있다. 유럽에서는 프리캐스트 콘크리트(PC, Precast Concrete) 공법이 일반 콘크리트 골조(RC, Reinforced Concrete)에 비해 공사비가 10% 가량 비싸지만 더 보편화되어 있다. 이는 인력 부족 문제와 춥고 우기가 긴 겨울형 기후에 대응이 용이했기 때문인 것으로 분석된다.

산업화 시대엔 '보호'를 통해 불필요한 경쟁을 제거하는 방식으로 건설산업을 육성했다면, 4차 산업혁명 시대엔 '경쟁'을 통해 '효율'을 높여야 한다. 사회가 요구하는 사항이 복잡, 다양해졌고 그것에 효율적으로 대응해야 건설산업과 국가 전체의 경쟁력은 향상될 것이다. 선진국들은 이미 4차 산업혁명의 핵심기술을 활용하여 건설 생산성 혁명을 추진하고 있다. 생산성 향상을 위한 여러 가지 변화는 부작용이나 해결하기 곤란한 문제를 가져올 수 있겠지만 그 벽을 넘어서 발전해 나아가야만 한다.

2.3. 기계화·자동화 트렌드 방향

향후 건설업을 포함한 모든 분야에서 나타날 변화 트렌드 중의 하나는 기계화·자동화이다. 건설업 분야를 예로 들면 지금까지 운영되었던 기존의 건설방식은 기계화·자동화와 산업용 로봇, 3D 프린팅 기술의 확산으로 지금과는 확연히 다른 일대 혁신이 일어날 것으로 예상된다.

일부 제조기업들의 변화 트렌드는 곧 건설업의 미래 경영방식을 바꿀 것이기에 현재 제조기업이 접근하고 있는 방식을 살펴보면 건설업이 나아가야 할 방향을 알 수 있다.

일부 제조기업들은 생산능력과 비용경쟁력, 안전성 확보를 갖추기 위해서 점차적으로 로봇 자동화를 선호하는 추세이다. 완전한 로봇 자동화를 가능하게 하는 두 가지 중요한 요소는 생산능력과 비용경쟁력이다. 이 두 가지 요소는 컴퓨터 능력과 인공지능의 신속한 발전과 관련이 있다.

생산능력은 '무엇'이 자동화될 것인지를 결정하고, 로봇에 소요되는 비용과 인건비의 차이는 자동화의 '시기'를 결정한다. 일반적인 제조회사들의 경우 로봇 채택 비율이 높아지는 이유는 바로 생산성과 인건비를 비교해 볼 때 로봇이 상대적으로 더 유리하기 때문이다. 재미있는 사실 하나는 로봇의 원가가 어느 수준 이하로 내려가고 인간보다 생산성이 높아지게 되면 인건비 때문에 지난 수십 년간 이루어져 왔던 오프쇼링(Off-Shoring, 인도나 중국 등 인건비가 싸고, 시차 활용이 가능한 해외로 기업들의 업무를 이전하는 현상)이 사라지게 될 것이라는 점이다.

중국의 인건비가 상승하고 로봇의 원가가 하락하게 되면 중국 공장들은 로봇을 더 많이 도입할 것이다. 또한 미국 회사들도 일부 제조공장을 중국에서 본국으로 다시 가져오게 될 것이다.

종합컨설팅회사인 보스턴컨설팅그룹(BCG)은 이런 변화가 모든 분야에서 동시에 이뤄지지 않고 산업에 따라 다르게 나타날 것으로 전망했다. 특히 값싼 노동력으로 상징되던 중국에서 로봇 도입이 급속히 증가하고 있는 이유는 연간 15~20% 수준의 임금상승률 때문이라고 분석했다. 중국 컴퓨터 주변기기 생산업체인 라푸 테크롤로지(Rappo Technology), 메이더(美的), 하이신(海信), 티씨엘(TCL) 등 중국 가전제품 제조업체들은 인건비 상승을 감당하지 못해 로봇과 자동화 설비를 빠르게 도입하고 있다. 로봇의 인건비 절감 효과는 90% 수준으로 저임금 국가로 공장을 이전했을 때의 절감률 65%보다 높기 때문에 완전 자동화가 이루어질 경우 비용 효율성이 높다. 이러한 점 때문에 로봇은 특정 산업 분야에서 노동시장 전체를 순식간에 없애버릴 가능성이 크다. 비용 절감, 생산 효율성, 안전사고와 같은 위험 요인을 제거하기 위해서 제조업과 건설업에서는 인공지능을 도입한 로봇이 점차 증가할 것이다.

멀지않은 시점에 건설업이나 제조업에서 인간 작업자라는 존재 자체가 영원히 사라지는 현상을 곧 보게 될 것이다.

2.4. 자동화 도입과 일자리 상실

미국 중서부 경제정책연구소(MEPI)의 최근 연구결과에 따르면 2057년까지 270만 명의 건설작업자가 기계로 대체 될 수 있다고 밝혔다. 이 연구결과에 따르면 모든 건설작업의 49%를 자동화할 수 있어 시간과 비용이 절약될 수 있다고 한다. 자동화 가능성은 목수 작업의 경우 약 50%, 전기공 42%, 배관공 50%, 운영 엔지니어는 88%가 가능하다고 한다.

MEPI는 전통적으로 숙련된 작업자에 의해 수행할 수밖에는 없었던 조적작업들은 여러 로봇과 자동화 기법의 도입을 통해 더 빨리 완료할 수 있다고 밝혔다. 하루 평균 약 500개의 벽돌을 조적할 수 있는 조적공을 가정할 때 로봇 도입을 통한 자동화로 2057년까지 일리노이에서 96,000명, 미네소타에서 55,000명이 일자리를 잃을 수 있다고 주장했다. 연구보고서는 '이미 미국 제조업을 극적으로 재편하고 수백만 명의 생산직 중산층 일자리를 없앴고 건설부문에서도 유사한 변화가 이미 진행 중이다'라고 밝혔다.

로봇은 조립식 및 오프 사이트 건물과 같은 건설의 제조 측면에까지 침투하고 있다. 모듈형 유닛 제조업체인 Z Modular 사는 모듈형 유닛 생산 프로세스를 가속화하기 위해 자율 로봇을 적용했다. 이 회사는 현재 아파트와 호텔용 모듈을 생산하고 있는데 이러한 자율로봇을 사용하면 거의 200명의 기술자, 엔지니어, 운영 관리자로 구성된 팀이 수행했던 업무의 80%를 완료할 수 있다고 한다.

2.5. 건설산업의 미래

건설산업은 최근까지도 자동화를 거의 사용하지 않고 노동집약적으로 운영되고 있는 대표적인 산업이다. 제조업에 비해 건설 자동화는 상당히 낮아 생산성이 떨어지고 안전사고가 일어날 수 있는 위험한 작업 조건을 유발하고 있다.

최근에야 적용되고 있는 반자동 건설기계나 장비의 도입 효과는 건설기술의 혁명이라 할 수 있다.

유압식 굴착기와 불도저는 기존의 체인식과 같은 기계식 가동에 의한 작업방식보다 훨씬 빠르고 쉽게 토공 작업을 할 수 있도록 해 주었다. 유압을 처음으로 사용한 굴착 기계는 1882년 영국의 W. G Armstrong & Company 사가 만들었는데 체인을 사용하지 않고 실린더를 장착하였다. 유압을 사용하기 전에는 버킷 등 작업 장치를 움직이기 위해서는 와이어 케이블이나 체인을 사용하였다. 굴착기는 종래에 굴삭기란 이름으로 불리다가 최근에서야 굴착기로 공식적인 명칭이 되었다. 굴삭기라는 표현이 일본어라는 이유로 2019년 「건설기계관리법」 시행령이 개정되면서 굴삭기라는 단어는 굴착기로 바뀌게 되었지만 아직까지도 굴삭기라는 용어가 법규나 지침 여기저기에 남아 있다.

지반을 굴착하고 그 속에 기성 콘크리트 말뚝을 삽입하기 위한 기초공사용 오거(Auger)나 파일 항타기 등의 건설기계가 발명되고 구현되었을 때 기존의 공사 상황 전체는 바뀌게 되었다. 작업을 더 빠르고 정확하게 수행하여 그동안 발생 가능하였던 모든 작업의 오류를 제거했기 때문이다.

1957년 독일의 이동식, 고정식 콘크리트 펌프와 트럭믹서를 제조하는 Schwig Group이 콘크리트 펌프를 개발했을 때 건설공사의 핵심 공정인 콘크리트 타설 작업 최적화가 비로서 이루어졌다. 기존에 사용하던 크레인 방식은 시간당 12 m^3의 콘크리트 타설 속도를 가졌지만 개발된 콘크리트 펌프는 시간당 50 m^3까지 작업이 가능했다. 콘크리트 펌프를 활용한 작업방식은 최소한의 노력과 시간으로 콘크리트 타설 작업이 가능하기 때문에 콘크리트 타설 작업자 수를 대폭 줄일 수 있었다.

현재 건설 자동화와 건설 신기술이 적용되고 있지만 접근 방식은 아직도 구태의연한 실정이다. 그러나 최근 4차 산업혁명 시대 기술들이 모든 산업 분야에 응용됨에 따라 건설 자동화도 빠른 속도로 발전하고 있다. 컴퓨터 소프트웨어와 하드웨어의 급속한 발전과 함께 로봇 제어, 머신 가이던스(M/G), 머신 컨트롤(M/C) 등이 적용되면서 건설 자동화는 하루가 다르게 변화되고 있다.

머신 가이던스(M/G)는 건설기계에 장착된 센서와 모니터를 통해 측량 정보를 실시간 확인 가능한 시스템으로써 무인 자동화를 촉진시키고 있다. 머신 컨트롤(M/C)은 크게 2D와 3D로 구분된다. 2D는 센서와 디스플레이로 구성되며 작업 시 굴착 깊이와 사면각도 등을 알려준다. 반면에 3D는 레이저와 GPS 등이 추가돼 작업이 더욱 세밀하게 이뤄질 수 있도록 돕고 있다. 그동안은 굴착기에 측량기사가 따라다니며 어디를 어떻게 얼마만큼 굴착할 것인지를 지시했지만 머신 컨트롤을 활용하게 되면 이러한 작업지시는 더 이상 필요 없게 된다.

로봇은 벽돌쌓기, 벽체 시공, 미장 작업, 건물의 외벽처리, 청소 및 검사, 조립식 및 모듈식 건물 조립 등과 같은 다양한 건설작업에 활용되고 있다.

인간의 노동력이 집중되는 건설현장에서 생산성 향상을 위해서는 건설로봇의 등장은 필연적이다. 우리나라의 경우 건설 생산성은 건설 선진국인 영국, 네덜란드, 스페인, 벨기에와 비교하면 1/3 수준으로 건설로봇의 필요성은 더욱 커진다.

건설로봇이 건설현장에서 도입되어 운영 되려면 로봇이 작동되기 위한 IT 기반 인프라가 갖춰져야 한다. 로봇이 혼자서 일할 수 있는 IT 기반 인프라가 갖춰지기 전까지는 사실상 완전 자동화는 불가능하다. 미국과 호주에서는 벽돌을 쌓는 로봇 개발이 활발히 진행되고 있는데 미국에서 개발한 컨스트럭션 로보틱스(Construction Robotics) 사의 SAM 100(Semi-Automated Mason)은 하루 8시간 동안 약 3,000장의 벽돌을 쌓을 수 있다. 같은 시간 동안 사람이 약 1,000장을 쌓는다고 가정하면 인간보다 로봇의 생산성은 300%나 높다. Construction Robotics 사의 SAM은 건설현장 벽돌공사를 위한 최초의 상용화된 벽돌쌓기 로봇이다. MULE(Material Unit Lift Enhancer)은 건설현장에서 최대 613 kg 자재를 취급하고 배치하도록 설계된 리프트 보조 장치이다. MULE은 모든 시공 용도로 설계되어 있어 매우 다재다능하다. MULE을 사용하면 자재를 들어 올리는 데 무중력감을 느끼고 피로와 부상을 줄이며 생산성을 높일 수 있다.

호주에서 개발한 Hadrian X는 약 30 m나 되는 긴 팔을 이용해서 시간당 1,000장의 벽돌을 쌓을 수 있다. 제작사인 패스트브릭 로보틱스 사(Fastbrick Robotics, FBR)에서는 이틀 만에 집 한 채를 지을 수 있다고 주장하고 있다. FBR 사의 Hadrian X는 제어되지 않은 환경의 야외에서 빠른 속도와 정확성으로 안전하게 작업할 수 있는 세계 최초의 이동식 로봇 기계 시스템이다. Hadrian X는 3D CAD 모델에서 블록 구조를 구축하기 때문에 기존 건축 방법보다 훨씬 적은 폐기물을 배출하는 동시에 현장 안전성을 획기적으로 개선하면서 단 하루 만에 집의 벽체를 만들 수 있다.

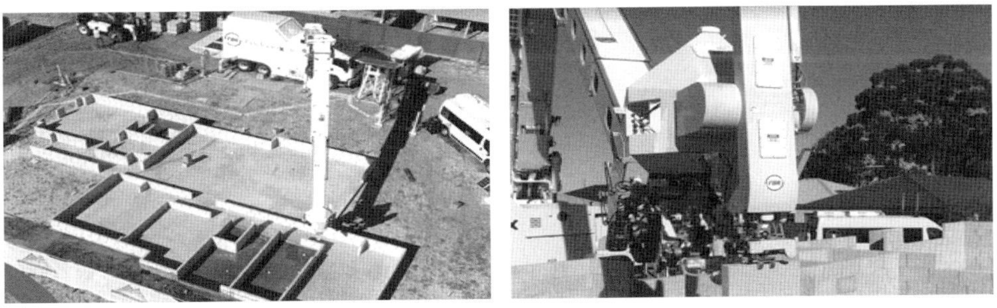

그림 1.1 FBR 사의 Hadrian X[6)]

6) 출처 : fbr.com.au

벽돌 쌓는 로봇이 나왔다고 해서 당장 인간작업자들을 대체할 수 있는 것은 아니다. SAM이 일을 할 수 있도록 하기 위해서는 로봇에 벽돌과 시멘트를 운반해줘야 하고, 가설재를 설치해줘야 하는 사람이 필요하기 때문이다.

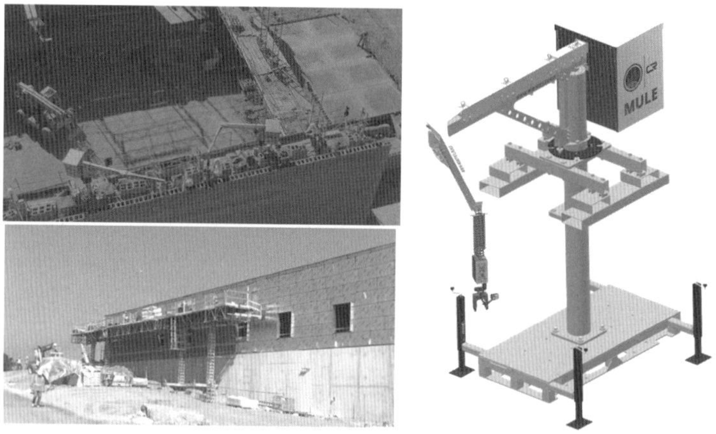

그림 1.2 Construction Robotics 사의 SAM 100과 MULE[7)]

우리가 일상생활에서 사용하는 일반적인 제품과는 달리 건설 구조물은 프로토타입(Prototype)이다. 건설구조물은 설계에 따라 모양이나 위치, 기능, 사용된 재료 및 공사비용 등이 각기 다르다. 따라서 일반적으로 표준화하기가 어렵고 힘들다.

건설 자동화와 로봇 기술의 구현은 건물의 높이에 따라 작업자 인력 수요, 시공의 복잡성, 사고 위험이 잠재적으로 증가하기 때문에 고층 건물에서는 적용하기가 사실 까다롭다. 또한 구조 또는 비구조 부품의 수량과 규모가 증가함에 따라 건설 자동화를 위한 비용이 증가하기도 한다. 주로 고층빌딩을 건설하는 대기업은 로봇에 대하여 값비싼 투자를 감당할 수 있지만 소규모의 개별화된 건물을 건설하는 중소기업의 경우에는 로봇을 적극적으로 도입하기가 쉽지만은 않은 실정이다.

최근에는 또 다른 건설 자동화 기술이 주목을 받고 있다. 그것은 바로 3D 프린팅으로 적층제조 또는 디지털 제조(Dfab)라고도 한다. 자동화 기계인 3D 프린터를 사용하여 건설구조물을 자동으로 레이어(층) 별로 인쇄한다. 3D 프린터 기술은 힘들고 더럽고 위험하여 그동안 작업자

7) 출처 : construction-robotics.com

들이 기피하였던 건설 노동시장에 커다란 영향력을 미칠 수 있을 것으로 보인다.

시장조사기관인 트랙티카(Tractica)의 보고서[8)]에 따르면 점점 많은 수의 건설회사는 숙련된 노동력 부족 문제를 해결하고 더 나은 시공속도와 효율성, 안전과 보건, 회사이익 증대를 실현하기 위해 로봇과 3D 프린터를 통합하여 운영하기 시작했다고 밝히고 있다. 건설로봇에 대한 관심이 높아지면서 2018년부터 2025년까지는 적어도 7,000대 이상의 건설로봇이 시장에 배치될 것으로 예상되고 있다.

8) 출처 : Tractica(2019). Construction Robotics Market to Reach $226 Million Worldwide by 2025, tractica. omdia.com

3 스마트 건설기술 로드맵

3.1. 추진 배경

(1) 건설시장 환경 악화

최근 국내 건설시장은 건설 수주가 감소세로 전환되어 경기 둔화 중에 있으며 건설물량 전체의 30~40%를 차지하던 공공시장 규모가 감소하고 있다. 선진국 사례를 볼 때 향후 국내 건설시장의 양적 성장은 기존보다 더욱 어려운 상황에 처할 것으로 보인다. 또한 도심 인프라나 노후시설 개선 등 난이도가 높고 정교한 기술이 요구되는 사업 중심으로 건설시장이 재편될 것으로 전망된다.

세계 건설시장은 2016년 9.5조 달러로 2010년 이후 연평균 3.8% 성장했다. 우리 기업의 해외건설공사 수주는 저유가 현상으로 인해 중동 물량 감소, 중국 등 개도국의 가격우위로 인하여 수주가 급감하고 있고 경쟁력은 약화되어 가고 있는 추세이다.

해외 시장의 경우 주요 발주국은 BIM 발주를 의무화하고 있다. 또한 선진국의 건설회사들은 생산성 향상을 위하여 첨단기술 투자 등으로 인하여 스마트 건설시장은 급성장 중에 있다. 이에 따라 IT 기업을 포함하여 우수한 기술력을 갖춘 글로벌기업 간 시장 경쟁은 더욱 치열해질 전망이다.

세계 시장에서 경쟁력을 확보하고 변화하는 국내 시장에 적응하기 위해서는 건설산업분야의 기술 혁신이 절실한 시점이다. 첨단기술을 기반으로 건설산업의 새로운 도약 기회를 마련하기 위해서는 반드시 스마트 건설이 필요한 상황이고 이에 따라 국토교통부에서는 「스마트 건설기술」의 활성화 로드맵을 수립하게 되었다.

(2) 건설산업 체질 개선

그동안 건설산업은 노동집약적이고 현장 의존적인 생산체계와 공급자 위주의 산업구조로 인해 참여 주체 간 정보단절 등으로 지금까지도 '낡은 전통산업'에 머무르고 있다. 그러나 자동화·고객맞춤·정보공유 등의 4차 산업혁명 기술을 접목한 스마트 건설로 말미암아 건설산업은 이제 새로운 패러다임 전환에 따라 신성장 동력을 얻을 수 있을 것이다. 고령화와 근로시간 단축 등 사회 흐름의 변화는 건설산업의 변화를 요구하고 있다. 특히 생산성이 낮은 우리나라의 건설산업은 고령화와 숙련인력 감소가 빠르게 진행되고 있어 디지털화와 자동화 필요성은 그 어느 때보다도 절실히 요구되고 있는 시점이다.

또한, 고질적인 건설안전 문제 해결을 위해서도 새로운 해법이 필요한 시기이다. 건설산업에 있어서 재해율은 타 산업에 비해 매우 높은 수준이다. 그동안 지속적인 건설안전 강화 정책의 노력에도 불구하고 재해율은 떨어지기보다는 오히려 반대로 증가하고 있어 스마트 건설기술의 도입이 절실히 필요하다.

3.2. 주요 내용

국토교통부는 2025년까지 스마트 건설기술 활용기반을 구축하고 2030년까지 건설 자동화를 완성하는 것을 목표로 「스마트 건설기술 로드맵」을 수립하였다.

2차원 설계도면에서 3차원 정보모델로 혁신이 추진되고 그동안의 인력과 경험 중심의 반복 작업에서 데이터 기반 시뮬레이션으로 혁신을 도모하게 된다. 건설은 낡은 전통산업이라는 이미지를 벗고 첨단산업으로 도약하기 위해 건설 전 과정에 대하여 정보통신기술(ICT) 등 첨단기술을 접목함으로써 강력한 기술혁신을 추진하게 된다.

(1) 계획 · 설계 단계의 스마트 건설기술

1) 계획 단계

[인력중심 현장측량]

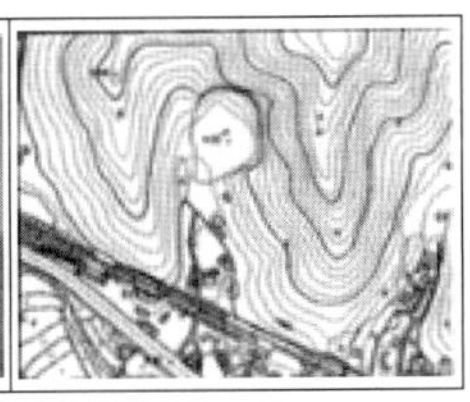

[2D 지형도]

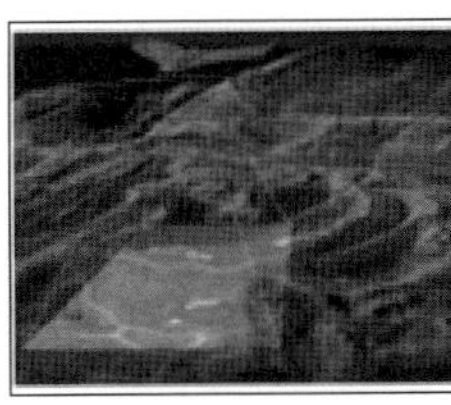

[드론활용 자동측량]

[3차원 지형 모델링]

현재	미래
• 사람이 측량 장비로 측정하고, 이를 바탕으로 2D 지형도 작성 - 시간 · 인력이 많이 소요 - 정확한 토공사 물량산정 곤란	• 카메라를 탑재한 드론이 지형 촬영 후 3차원 지형 데이터 도출 - 넓은 현장의 지형정보를 신속·정확하게 구축하여 설계 생산성 향상 - 사람이 접근하기 어려운 지역(극한지, 재난지역 등) 현장 조사 용이

2) 설계 단계

[2D 도면 설계]

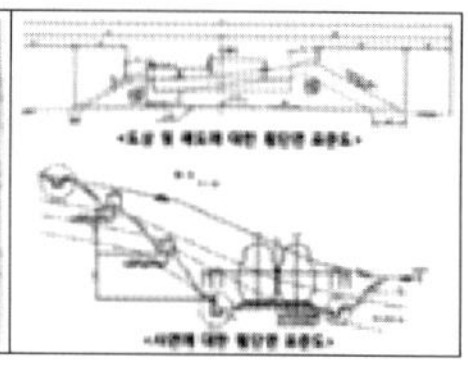

[표준도 활용]

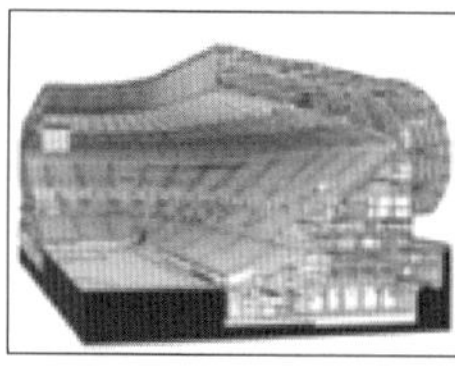

[3차원 BIM 설계]

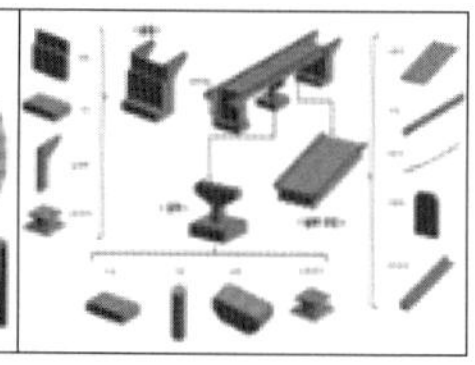

[AI 기반 설계자동화]

현재	미래
• 설계자가 대량의 2D CAD 도면(평면도 · 단면도 · 입면도 등) 작성 - 결과물의 직접 확인이 어려워 설계오류와 변경이 빈번, 작업 과다 - 시설물 형태만 제시되어 있어 유지관리 단계에서 활용이 제한적	• 목적물과 같은 3차원 모델(BIM) 구축, AI를 통해 설계자동화 - 설계오류로 인한 시공 시행착오 감소, 공사비 감축, 설계품질 향상 - 엔지니어링 지식이 포함된 설계자동화로 설계 생산성 향상 - 형상에 다양한 정보들을 입력하여 건설 생애주기 전 단계에 걸쳐서 플랫폼으로 활용

(2) 시공 단계의 스마트 건설기술

1) 건설기계 운용 단계

[운전자 수동 조작 · 시공]

[운전 자동화]

[AI 기반 건설기계 관제]

현재	미래
• 건설기계 운전자가 육안 관측하고 개별 기계를 수동 조작 - 운전자 숙련도 부족, 장비 간 연계 미흡으로 과다투입 · 사고 발생	• 자동화 건설기계가 AI의 관제에 따라 자율주행 · 시공 - 작업 최적화로 생산성 향상, 인적 위험 요인 최소화로 안전성 향상

2) 시설 구축 단계

[현장 콘크리트 타설]

[공장 모듈 제작]

[현장 조립, 자동화]

[3D 프린팅]

현재	미래
• 현장에서 거푸집 · 동바리를 설치하고 콘크리트 타설 · 양생	• 공장 모듈 생산하고 현장조립, 비정형모듈은 3D 프린팅 출력 - 공사기간 · 비용 획기적 감축 - 현장 주변 교통혼잡 · 환경피해 최소화

3) 현장 안전관리 단계

[인력중심 안전관리]

[가상체험 안전교육]

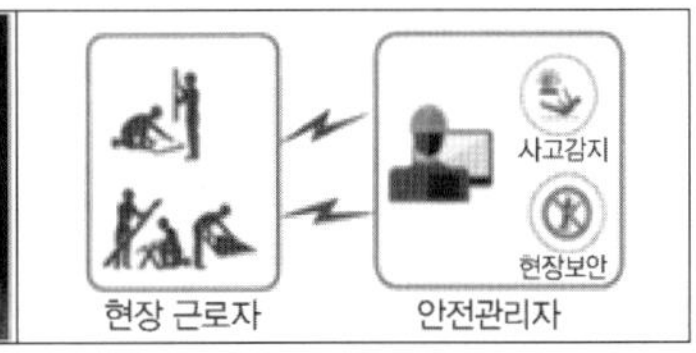

[ICT를 통한 안전관리]

현재	미래
• 안전지침에 따라 안전관리자가 현장과 작업자 안전을 점검	• 장비 · 작업자 위치 실시간 파악, 안전 정보 즉시 제공 - 위험 지역 접근 경고, 장비 · 작업자 충돌 경고 등 예측형 안전관리로 사고 예방

(3) 유지관리 단계의 스마트 건설기술

1) 시설물 점검 · 진단

[인력중심 시설물 점검]

[초연결형 센서 정보수집]

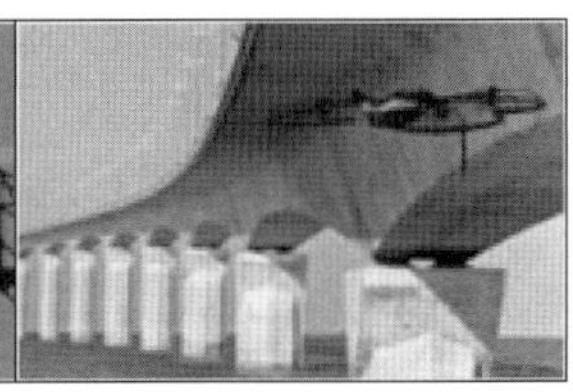
[로보틱 드론의 시설점검]

현재	미래
• 육안 관측 등 인력중심 점검 · 진단으로 시간 · 인력 많이 소요 - 노후시설이 급격히 증가하고 있어 시설물 안전관리에 차질 발생 우려 * 30년 이상 1 · 2종 시설물 비율 : ('18.9) 15.5% → ('23) 23.1% → ('28) 38.3%	• IoT 센서로 실시간 모니터링, 로봇으로 자동 점검 · 진단 - 정밀 · 신속한 시설물 점검 - 접근이 어려운 시설물 점검 · 진단 용이

2) 시설물 관리 정보시스템

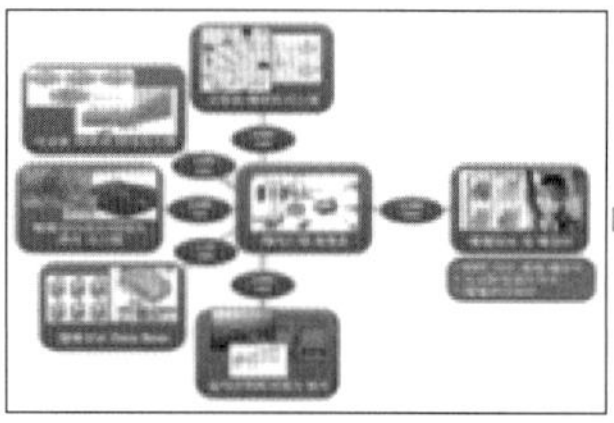

[개별 시스템 구축 및 관리]

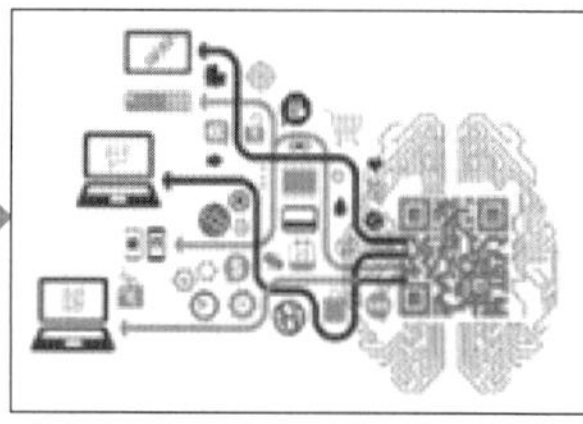

[유지관리 빅데이터 구축]

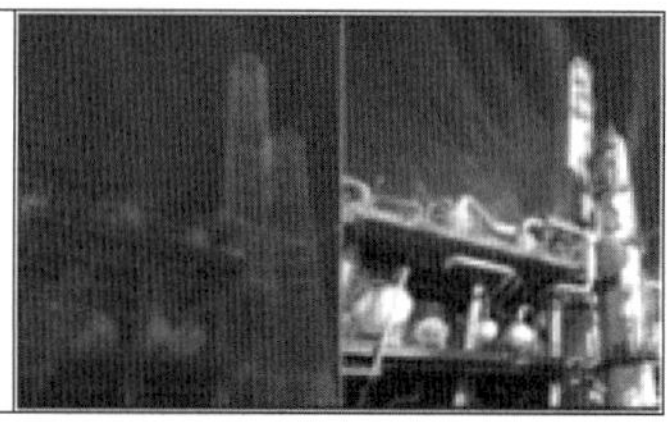

[디지털 트윈 기반 유지관리]

현재	미래
• 관리주체별로 기능이 제한적인 유지관리시스템 운영 - 주로 안전점검 진단결과 및 유지관리 이력 저장 용도로 사용	• 시설물 정보를 빅데이터에 축적, AI로 관리 최적화 - 실제 시설물과 동일한 3차원 모델(디지털 트윈)을 구축함으로써 다양한 재난상황을 시뮬레이션하여 시설물의 영향을 사전에 파악 - 예방적 유지관리를 통해 유지관리 비용 절감 및 시설물 수명 연장 - 시설물 단위 디지털 트윈이 모여 가상도시 · 국토로 시스템 확장 가능

3.3. 이행방안

국토교통부는 스마트 건설기술 목표 달성을 위한 이행방안을 제시하면서 민간의 기술개발을 유도하겠다고 밝혔다. 공공 발주제도를 활용하여 스마트 건설기술 개발 여건을 조성하고 기술의 진입장벽이 되는 2D 기반 납품기준 등 규제를 개선하게 된다. 스마트 건설기술 적용 공사는 턴키(설계 · 시공 일괄입찰) 확정가격 기술경쟁 방식으로 발주하고, 턴키 입찰평가 시에 스마트 건설기술 적용 여부를 중점적으로 평가하게 된다.

모태펀드(Fund of Fund)를 조성해 민간자본이 유망기술에 투자하여 스마트 건설기술 개발을 활성화하고, 기존 기술과의 분쟁 해소를 지원하는 절차도 도입하게 된다. 또한 스마트 건설기술의 우수성을 널리 알릴 수 있도록 사례집을 배포하고 설명회를 개최하는 등 홍보도 병행하게 된다.

스마트 건설기술의 저변을 확대하기 위해서 공공의 역할도 강화될 예정이다. 공공 기술개발이 필요한 분야는 국가 연구개발(R&D) 사업을 적극 추진하여 핵심기술을 보급할 계획이다.

스마트 건설기술의 핵심인 BIM이 시장 전반에 확산될 수 있도록 턴키 대상 사업과 500억원 이상 도로 사업 등에 대한 공공사업에서부터 BIM을 단계적으로 의무화하고 관련 제도를 정비할 계획이다. 한국토지주택공사(LH), 한국도로공사, 국가철도공단 등 발주청을 통해 스마트 건설 시범사업을 시행하여 성과를 공유하고 제도개선 사항도 도출하게 된다.

기술혁신의 지속성을 확보하기 위해 스마트 생태계도 조성할 계획이다. 또한 스마트 건설기술을 개발 보급하는 한편 관련된 창업기업을 적극 지원할 계획이며 건설기술인 교육훈련 기관에 스마트 건설기술 교육과정을 신설하는 등 전문 인력 양성의 기반도 구축하게 된다.

아울러 설계자, 연구자 등이 다양한 데이터를 활용해 새로운 가치를 창출할 수 있도록 2003년부터 운영 중인 건설사업 정보시스템을 지식플랫폼으로 개편하게 된다. 시스템 정보로부터 민간이 부가가치를 창출할 수 있도록 정보를 자유롭게 검색 · 활용이 가능한 "샌드박스"를 구축함으로써 제공할 수 있는 정보의 종류와 범위, 활용 가능성 등을 검토한 후에 정보를 완전히 공개할 계획이다.

국토교통부는 스마트건설기술 로드맵이 실질적인 성과로 이어질 수 있도록 필요한 법령 등에 대한 규정 개발과 연구개발 사업 등을 차질 없이 추진할 계획이고, 시너지 효과 창출을 위하여 관계부처, 민간기업, 학교와 연구기관 등과도 긴밀히 협력해 나간다는 방침이다.

CHAPTER

2

건설용 로봇

1 미래, 로봇이 주도하는 건설산업

1.1. 로봇의 미래

로봇은 건설산업에 있어서 점점 더 역할이 중요해지고 있다. 건설산업의 기술 부족 문제를 해결하는 데 도움을 주는 것부터 새로운 가능성을 추구하는 것에 이르기까지 로봇은 의심할 여지없이 미래의 주역이 될 것이다. 그런데 문제는 어떤 규모 어떤 방법으로 접근할 것인지가 문제이다. 영국의 발포어 비티(Balfour Beatty)에 따르면 '로봇 자동화는 숙련된 작업자를 위한 새로운 역할을 생성할 것'이라고 이야기하고 있다. 로봇은 이미 건설 분야에 일부 배치되고 있고 2025년에는 더 로봇화된 미래를 향한 전환의 해가 될 것으로 보인다.

로봇은 미래에 제 역할을 다할 것이지만 인간의 노동을 완전히 대체하지는 않을 것으로 보인다. 건설용 로봇은 현장 작업자의 안전을 향상시키는 것을 포함하여 인간이 그동안 수행하였던 작업을 지원하는 역할을 할 것이다.

BIM, 5G, IoT는 작업 효율을 향상시키고 작업자를 지원하기 위해 엔지니어링, 시공, 측량 분야에서 로봇 공학을 더 쉽게 채택할 수 있도록 도와주는 역할을 할 것으로 보인다.

일반적으로 인간인 우리들을 밀어내는 로봇이 작업하는 공상 과학의 미래에 대해서 당황하는 것은 정상적이다. 그러나 로봇은 미래의 업무에 가치와 새로운 직업 기회를 추가할 뿐이라는 점에서 안심하여도 될 것 같다.

1.2. 미래의 건설로봇 활용을 지원하는 기술 4가지

(1) 빌딩 정보 모델링(BIM)

영국에서는 현재 약 70%의 건설 전문가들이 BIM을 이해하고 있고 실제 실무에 적용하고 있다. 모든 BIM이 동일하거나 똑같이 정교하지는 않지만 보다 높은 수준의 채택은 더 나은 데이터 공유를 위한 토대를 마련하고 있다.

기본적으로 BIM은 데이터베이스 기술로써 이를 통해 전문가 간의 협업이 가능하다. 각 분야 전문가는 필요할 때 가장 적절한 방식으로 건설관련 데이터에 접근할 수 있다. 전통적으로 BIM

은 건축, 엔지니어링, 건설시공 팀 간의 커뮤니케이션을 지원하기 위해 적용되었다.

- 사전 제조 지원 : BIM 설계는 제조공장에서 사전 제조를 지원하는 데 오랫동안 사용되어 왔다. 정교한 디지털 디자인과 실제 출력을 일치시키는 기능을 활용하여 품질 검사를 실시하였다. 상세한 디지털 계획은 로봇이 제조공장에서 제조할 때를 작업 흐름을 최적화하고 효율성을 개선할 수 있도록 해주었다.
- Field-to-BIM : BIM을 사용하면 세부적인 단계별 시공계획을 만들 수 있다. 이러한 디지털 계획도면은 현장 건설용 로봇의 안내지도로 사용되어 로봇과 인간작업을 위해서 작업 시기와 위치를 지시할 수 있다. 일반적으로 이 프로세스를 "Field-to-BIM"이라고 한다.

시스템에 입력할 수 있는 BIM 데이터가 정확할수록 로봇을 활용한 건설은 더 가치가 있다. BIM 시스템의 효율성을 극대화하는 데 중요한 것은 다양한 수준의 BIM을 이해하고 실제로 효과적인 데이터 조작을 허용하는 기능에 투자하고 있는지 여부를 확인하는 것이다. 데이터베이스 우선의 BIM은 건설 프로젝트 일정을 27% 단축하고 더 나은 협업과 작업 효율성을 개선하고 있다.

(2) 포인트 클라우드(Point Cloud)

포인트 클라우드(Point Cloud)는 LiDAR(Light Detection and Ranging) 또는 기타 현실적인 스캔 기술에서 제공하는 공간 정보를 저장하는 강력한 방법이다. 포인트 클라우드를 활용한 측량 방법의 사용은 오랜 역사를 가지고 있다. 포인트 클라우드 등록 방법(알고리즘 개선 및 클라우드 기반 등록)의 발전으로 스캔 생성 비용이 감소했고, 이는 건설 시공팀이 건설 과정 중 여러 지점에서 매우 상세한 시공도면을 생성할 수 있음을 의미한다. 계획수립을 지원하고 오류를 교차 확인하고 로봇 사용에 따른 작업을 안내하게 된다.

포인트 클라우드는 밀리미터 단위의 정확한 스캔을 제공하여 계획단계에서 관련 정보를 제공하고 3D 모델링을 물리적 공간과 연결한다. 이것은 BIM을 활용하는 기술이며 다양한 방법으로 로봇 활용을 촉진하는 데 도움이 된다.

- Scan-to-BIM : 건설작업에서 포인트 클라우드의 주요 응용 분야는 BIM을 중심으로 이루어진다. Scan-to-BIM은 BIM에 알리기 위해 포인트 클라우드 스캔을 사용하는 것으로써 이는 모델의 기초를 구축하거나 각 구성 단계에서 모델을 업데이트하기 위해 수행할 수 있다. 이 접근 방식이 제공하는 세부 사항과 정밀도는 BIM을 로봇 공학과 연계시키는 데 있어서 더욱 가치 있게 만든다.
- 상호 참조 출력 : Scan-to-BIM 작업 흐름 내에서 레이저 스캔은 상호 참조 출력에 대한 특별한 가치를 가지고 있다. 로봇 기반 조립식 제조방식은 디지털 모델로 계획할 수 있을 뿐만 아니라 출력물을 스캔 한 다음 계획과 비교하여 정확성을 보장할 수 있다.
- 로봇 안내 : 라이다(LiDAR)는 현장에서 로봇을 안내하는 '감지 기술'로 사용되는 여러 옵션 중 하나이다. 포인트 클라우드 처리는 더 많은 표준 측량 기능과 함께 이와 같은 기능을 개선하고 있다.

측량 기술과 프로세스의 추가 통합은 건설산업의 미래에 있어서 매우 중요하다. 건설시공팀의 측량기사를 활용한다면 현실 스캔 기술을 더 잘 사용할 수 있을 것이고 이러한 방법은 로봇 채택을 하는 데 있어서 도움이 될 수 있다.

(3) 5G 연결

네트워크 연결은 로봇이 현장에서 실시간으로 정보를 수집하고 공유할 수 있는 길을 마련하는 데 매우 중요하다. 건설로봇의 적극적인 활용을 위해서는 차세대 글로벌 무선 네트워크 기술인 5G를 최대한 활용해야 한다. 5G 연결은 대역폭이 많은 통신을 가능하게 한다. 이를 통해 작업 흐름을 개선할 수 있는 방법은 거의 무한하게 된다.

- VR 지원 차량 : VR과 연계된 5G는 현장에서 무인 차량운영을 가능하게 한다. 완전히 자율적이지는 않지만 정교한 원격 제어 차량은 자율적으로 작동하거나 필요한 경우에는 사람에 의해 조정될 수도 있다.
- 공중 드론 : 5G 네트워크를 통해 드론을 보다 쉽고, 빠르고 정확하게 제어할 수 있으며 라이브 비디오 연결이 가능하다. 5G 지원하의 드론은 작업자가 접근하기 곤란한 위험한 위치를 쉽게 조사하고 그곳을 실시간으로 볼 수 있는 기능을 제공한다.

5G는 최대 100 mbps의 네트워크 속도를 제공하므로 로봇은 빠르고 정확하게 작동할 수 있다.

(4) 사물인터넷(IoT)

사물인터넷(IoT) 세계 시장은 2024년까지 1조 달러 이상 증가할 것으로 예상된다. IoT는 상황에 맞는 정보를 제공하여 건설현장의 로봇 적용 방법을 유도하고 있다.

IoT가 보다 자동화된 건설로봇을 만드는 방법에는 세 가지 요인이 있다.

- 저비용 센서 기술 : IoT 센서를 더 저렴한 가격에 도입하면 관련 정보를 분석 소프트웨어에 더 많이 연결할 수 있어 로봇을 비롯한 모든 사물의 광범위한 통합이 가능하다.
- 지연 시간 개선 : IoT는 소프트웨어로 더 빠른 데이터 입력과 분석을 지원하므로 로봇은 현장에서 무제한 이동을 할 수 있다.
- 투자 : 기업들이 2023년까지 IoT에 최대 1조 1천억 달러를 투자할 것으로 예상됨에 따라 건설산업에서 로봇 적용은 더욱 활성화될 것으로 기대된다. 연구개발에 많은 투자가 이루어짐에 따라 향후 몇 년 동안 새로운 로봇이 개발되고 실용화될 것으로 보인다.

IoT의 발전 덕분에 건설현장에 도움이 되는 고급 로봇의 탄생은 앞으로도 계속될 것이다. 그 외에 미래의 건설로봇 활용을 지원하는 기술은 추가적으로 다음과 같다.

- 센서 기반 신체 웨어러블 : 건설 작업자가 현장에서 웨어러블을 착용하면 작업자에게 위험 구역, 장비 결함 또는 이동하는 자율주행 트럭을 경고하여 부상을 줄일 수 있도록 설계되었다. 또한 작업자에게 피로 가능성을 경고하고 사고 발생 가능성을 긴급히 알려준다.
- 데이터 모니터링 센서 : 센서를 기계에 부착하면 장비의 성능 문제를 식별하고 고장이 발생하기 전에 수리할 수 있다. 하나의 예로서 IoT 센서는 쓰레기통에 배치되어 폐기물 작업자들이 현장 쓰레기 수준을 모니터링하고 언제 쓰레기를 수거할 것인지 알 수 있도록 해준다. IoT 로봇은 폐기물 관리, 현장 직원이나 작업자들의 안전, 높은 건설 비용과 같은 중요한 문제를 해결하기 때문에 건설에 필수적이다. 끊임없이 진화하는 첨단기술은 여러 영역에서 영향력 있는 결과를 제공하고 있다. 따라서 미국 제조회사의 80% 이상이 IoT 장치를 사용하거나 사용할 계획이라는 것은 결코 놀라운 일이 아니다 .

  건설 프로세스에 IoT를 통합하면 로봇 적용은 한층 업그레이드 될 것이다. 그러나 어떻게 계획을 하든 IoT 도구와 협력하려면 좋은 데이터 모니터링 센터를 사용해야 한다는 사실을 잊어서는 안 된다. 다시 말하지만 BIM과 5G는 여기서 중요한 역할을 할 수 있으며 실시간 정보수집 기술은 IoT 데이터를 더 효과적으로 맥락화하는 데 도움이 될 수 있을 것이다.

- Google 스마트 안경 : Google의 스마트 안경은 작업자가 작업 중인 현장 상황을 시각화시켜준다. VR을 통해 설치위치를 확인하고 올바른 도면에 따라 정확한 작업이 가능하도록 도와준다.

2 로봇 자동화

2.1. 로봇 자동화는 여전히 먼 길인가?

건설산업에서는 경쟁력 있고 시장 지향적이며 합리적인 기술을 필요로 하고 있다. 오늘날 개발된 신기술 중에서 자동화되고 로봇화된 건설 시스템이 적용되고 있다. 건설 프로젝트는 짧은 설계기간과 시공 기간을 특징으로 하고 있는데 양호한 품질과 저렴한 비용, 빠른 공기 등에 대한 문제를 해결하기 위해서 로봇 자동화가 채택되고 있다. 로봇 자동화는 그 동안 건설산업보다는 제조 산업에서 널리 채택되었고 대부분 자동차, 가전제품 분야에서 적용되었다.

그림 2.1 자동차 공장에서 자동차 부품을 용접하는 산업용 로봇[1)]

로봇 자동화는 더 높은 생산 효율성, 더 안전한 작업환경, 더 낮은 비용과 우수한 품질을 제공한다. 수년간의 개발과 실증 끝에 이제 로봇 자동화 프로세스는 최소한의 운영인력만을 필요로 하고 있다. 그러나 아직까지 건설현장에서는 높은 수준의 자동화를 거의 찾아볼 수가 없는 실정이다. 건설산업에서 사용가능한 로봇 자동화에 대한 제한 사항을 세부적으로 파악하여 지속적으로 개선해 나갈 필요가 있다.

1) 출처 : Factory Easy, Shutterstock

2.2. 로봇기술 적용의 한계점

고대 이집트의 사원과 피라미드는 그 크기뿐만 아니라 건설에 사용된 기술로 인해 매우 매혹적이고 신비롭다. 경사로와 레버와 같은 단순한 도구가 피라미드 건설을 위해서 발명되었다. 그러나 수천 년이 지난 아직까지 그때나 지금이나 건설방식에는 큰 차이가 없다. 현재의 건설산업은 고대보다 더 정교하고 효율적이 되었지만 아직까지 자동화되지 않은 기계·기구를 사용하고 있는 대표적인 노동 집약적 산업이다.

오늘날 건설산업은 작업자에 대한 안전과 환경규제 강화에 이르기까지 다양한 문제에 직면해 있다. 전 세계적으로 노동 인구가 고령화됨에 따라 숙련된 작업자 수는 줄어들고 작업 중에 발생하는 사망자나 부상자 수는 감소하기는커녕 증가하고 있다.

산업용 로봇은 1960년대에 주목을 받았다. 6자유도를 이동하여 최대 228 kg의 물체를 처리할 수 있는 로봇인 "Unimate"가 공개되었고 이는 제조라인에서 완전 자동화를 위한 길을 열어주었다. 오늘날 전 세계적으로 사용되는 산업용 로봇의 수는 225만 대로 지난 20년 동안 3배가 증가했다.

산업용 로봇도입은 1993년부터 2016년까지 OECD 국가에서 1인당 GDP가 10% 성장하는데 기여했다. 그러나 이러한 분명한 이점이 있음에도 불구하고 건설산업 분야에서는 지금까지도 이러한 건설로봇과 자동화 추세를 수용하지 못하고 있다. 자동화된 로봇 시스템은 생산성 향상과 인건비를 줄이는 데 도움이 된다는 것은 명백한 사실이다. 그러나 경제적 이익만 가지고서는 건설산업에서 로봇을 적용시키기에 충분하지 않다. 더 많은 장애물이 도처에 산재해 있기 때문이다.

로봇은 일반적으로 잘 정의되고 예측 가능한 실내 작업환경에서 작동하는 데 탁월하다. 지정된 작업을 수행하고 고정된 조립라인이나 작업 공간에서 사용하는 데 전혀 문제가 없다. 그러나 건설산업에서 적용하기에는 완전히 다른 이야기이다. 건설현장은 가변적이고 불확실성으로 가득 차 있는 경우가 비일비재하기 때문이다. 작업자들은 습하고 건조하며, 뜨겁고 차가우며, 모래와 물이 많고, 개방적이고 좁은 공간과 같이 극도로 자주 변화하는 작업 환경 속에서 작업해야 한다. 이는 건설로봇 발명가가 직면한 거대한 기술적 과제임에 틀림없다. 모든 일을 할 수 있고 이러한 다양한 작업 환경에서 적응할 수 있는 로봇을 만드는 데는 아무래도 상당한 시간과 비용이 들 수밖에는 없다.

이외에도 건설 자동화의 발전을 가로막고 있는 과제는 법적인 안전기준이나 복잡한 작업 절차에서도 비롯된다. 건설공사의 품질과 안전을 보장하기 위해서는 복잡하고 엄격한 법적 규정과 기준들이 있다. 작업자에 대한 경력이나 학력, 자격과 같은 조건과 계약서에 명시된 법적 책임은 건설공사의 품질과 안전을 보장하고 있다. 로봇이 작업자를 대체한다면 로봇에 이러한 요구 사항을 어떻게 부과할 수 있겠는가? 결함이 있는 작업이나 사고에 대한 책임은 누구에게 있을까?

또한 건설작업의 복잡성은 로봇 기술의 채택을 제한하기도 한다. 건설 프로젝트에는 일반적으로 수백 개의 개별적인 단위 작업과 여러 단계가 포함된다. 개별 작업을 위한 정교한 로봇은 있지만 완전한 자동화된 관리 시스템은 아직까지 개발을 못하고 있는 실정이다. 전문적인 감독이 없는 스타 선수들의 축구팀과 같은 원리이다. 이러한 시스템을 개발하려면 건설사업관리에 대한 깊은 지식과 프로세스 흐름에 대한 이해가 필요하지만 이에 대한 연구와 과학적 모델은 부족한 실정이다. 건설현장의 많은 개별 작업에 대한 자동화는 향후 10~20년 내에 가능할 수 있을 것으로 보인다.

2.3. 로봇만이 살길이다.

건설산업은 가장 오래된 산업분야 중 하나이며 제조업과 더불어 경제 부문을 대표한다는 사실에도 불구하고 로봇 공학과 자동화 부분에서는 적응이 느린 분야 중 하나이다. 선진국의 경우 GDP에 대한 건설산업 기여도는 약 7~10%이고 미국에서는 이 기여도가 12% 정도이다. EU에는 대부분 중소기업이지만 약 270만 개의 기업이 건설 관련 사업에 참여하는 데 이 수치는 제조업의 수치와 비슷하다. 그러나 R&D 투자는 제조업이 건설업에 비하여 두 배이다.

역사적으로 건설산업의 기술 수준은 매우 높았다. 오래된 문명은 피라미드, 아크로폴리스, 수로, 성당 등과 같은 매우 고난이도의 건축 구조물을 지었다. 그들은 현대의 일반 건축 절차와 같은 혁신적인 프로세스와 요소를 사용했다. 그러함에도 불구하고 건물 건립 과정은 지난 수 세기 동안 거의 변하지 않았다. 과거에 사용되던 도르래는 오늘날 크레인으로 대체되었다. 건설 방식은 수 세기 전보다 더 정교해졌지만 아직까지 수동 제어, 작업자의 시각적 피드백 등 예전과 동일한 원칙으로 작동된다. 변경된 유일한 요소는 단지 인간의 힘과 목재 요소를 철 구조물이 대체했을 뿐이다. 이러한 발전으로 인해 높은 속도와 탑재 하중, 도달 높이 등은 증가했지만 건설 철학 자체는 거의 변하지 않았다.

건설산업에서 로봇과 건설 자동화(RAC) 적용의 주요 어려움은 일반적으로 구조화되지 않은 작업환경 특성과 관련이 있다. 이러한 환경에서 작업하는 것은 수많은 비조정 행위자(건축가,

건설업체, 공급업체 등)의 개입 외에도 무거운 물체, 낮은 수준의 표준화가 포함된다. 따라서 자동화 수준을 높이고 생산성을 향상하기 위해서는 더 많은 프로세스를 조정하기 위한 노력이 필요하다.

90년대에 건설 자동화(RAC) 분야의 R&D 활동은 일본 기업과 대학이 주도했으며 대부분 원격 운영이지만 새로운 로봇 시스템 개발과 기존에 사용되던 건설기계 자동화에 중점을 두었다. 이때의 RAC 연구 시대를 하드 로봇 공학이라고 부르는데 주로 주택과 토목의 여러 건설 프로세스를 자동화하려고 했다. 이 로봇은 건물 내부 마감, 벽돌조적, 모듈식 건물 건설, 도로 포장기계의 센서 기반 작업, 굴착기 제어 등에 사용되었다.

건설과 건축의 미래에 대한 토론에서 로봇 기술은 항상 토론에 없어서는 안 될 주제였다. 로봇 기술은 아마도 건설업계의 오랜 문제를 해결하는 데 사용할 수 있는 최적의 기술이기 때문이다.

일본의 경우 로보틱스 기술은 1980년대, 특히 일본에서 작업자 고령화와 젊은 작업자들이 힘든 육체노동을 꺼려하는 노동력 부족 문제를 해결하기 위해 빠르게 발전했다. 우리나라도 마찬가지이지만 선진국에서도 작업자들의 고령화 문제는 심각한 실정이다. 미국에서는 건설 작업자의 중간 연령이 2000년 37.9세에서 2010년 40.4세로 상승했다는 연구결과도 있다.

2011년 AFL-CIO(미국 노동 총연맹 산업별 조합회의)와 제휴한 건설 연구 및 훈련 센터의 연구에 따르면, 고령 작업자의 경우 부상이 더 심하므로 작업자의 연령에 따라 보상 비용이 증가하며 건설 작업자는 45년의 경력을 쌓는 동안 장애가 있는 부상을 입을 가능성이 약 75%이지만 사무실에서 사무직에 종사하는 작업자들이 직장에서 치명적인 부상을 입을 확률은 약 200분의 1이라고 주장하고 있다.

따라서 향후에는 로봇이 철거나 고소 작업과 같은 고위험 작업을 수행하고 특정 숙련 작업에서 노동력 부족을 해결할 수 있을 것으로 기대된다. 24시간 연중무휴로 작업할 수 있고 오류 없이 작업할 수 있는 능력은 인간 작업자보다 로봇을 더 선호하게 만들고 있다. 인간은 기계가 아니다. 인간의 경우 피로는 피할 수 없는 취약점이며 결과적으로 오류를 발생시켜 설계도와의 품질 불일치 현상을 작업 현장에서 자주 볼 수 있다. 반대로 로봇은 피로감을 느끼지 않으며 동일한 작업을 높은 정밀도로 수행할 수 있다.

건설 분야에서 로봇과 자동화는 아직 활발한 적용과 논의가 미흡하지만 설계 부분에서 먼저 그 가능성을 열고 있다. 건축가는 항상 창의적인 디자인 아이디어를 가지고 있지만 현실에서는 작업자의 숙련기술, 시간, 건축 비용 등의 요소를 고려해야 하기 때문에 건축가의 창의적인 아이디어 실현을 방해하고 있는 실정이다. 완전히 자동화된 로봇의 도입은 이러한 제한 요소 중 일부를 제거함에 따라 앞으로 더 복잡하고 예술적인 건물이 건설될 것으로 예상된다.

그림 2.2 스마트 슬래브[2)]

2017년 홍콩 중문대학교(CUHK)의 건축학부 아담(Adam Fingrut) 교수와 연구원들은 케이블로 구동되는 로봇이 젠가(Jenga) 블록을 사용하여 CU 벽돌조 건물을 구축하는 데 성공했다. 건물의 불규칙한 구조로 인해 젠가 블록은 매우 작은 오차 범위로 지정된 위치에 정확하게 배치되어야 했다. 이 프로젝트는 '디자인 가능성은 무한하다'라는 개념으로써 건축가의 꿈을 실현하는 데 로봇이 어떻게 도움이 되는지를 보여주는 좋은 예이다. CU Brick 로봇은 시스템의 액추에이터를 활용하여 다양한 환경에서 건물의 벽과 지붕에 금속 프레임 구조를 장착할 수 있는 휴대형 로봇이다. 시스템의 소프트웨어는 케이블 당김을 계산하고 제어하여 그리퍼(Gripper)가 벽돌(Brick)을 배치할 때 정확히 움직이도록 하고 있다.

연구팀들은 최근 고층 파사드 작업 로봇을 개발하고 있다. 파사드 로봇은 새로운 벽돌 구조 설계의 가능성 범위를 확장하는 로봇이 아니라 시공과 유지 관리 분야에서 중요한 문제인 높은 작업장소에서 작업자 없이 창문 청소, 외부 도장, 수리 작업과 같은 광범위한 작업 수행을 목표로 개발되고 있다. 현재 이러한 작업은 곤돌라에서 작업자가 직접 수행함에 따라 위험하고 운영비용이 많이 드는 부분이다. 홍콩 중문대학교(CUHK) 연구팀들은 인간 작업자를 대체하는 로봇을 만드는 것이 아니라 더 안전한 작업환경을 만들기 위해서 노력하고 있다. 그들은 중문대학교 건물의 외관에서 로봇의 실용성과 효율성을 입증하기 위해 계속해서 로봇을 테스트하고 있다.

---

2) 출처 : Mike Lyrenmann(https://www.archdaily.com)

건설산업계는 최근에서야 작업자 고령화에 대한 대안으로써 자동화 로봇에 대한 필요성을 인식하기 시작했다. 연구기관의 성공적인 연구 작업과 정부 기관의 정책적 지원으로 기업들은 로봇 기술을 상용화하고 이를 현장에 적용할 수 있는 파트너십과 기회를 적극적으로 모색하고 있으며 이러한 현상은 자동화 속도를 더욱 높일 수 있을 것으로 보인다.

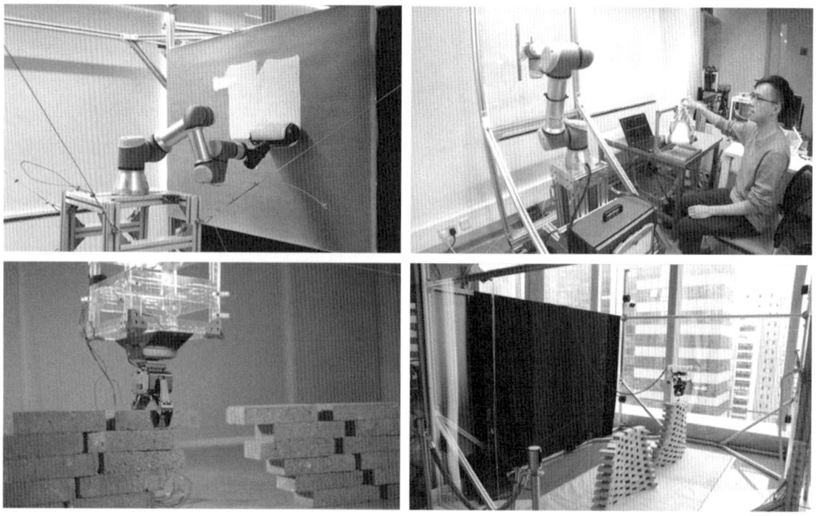

그림 2.3 파사드 로봇 시스템[3)]

3) 출처 : Darwin Lau 교수(https://www.archdaily.com)

3 로봇의 종류

건설산업은 가장 노동집약적인 산업 중 하나이다. 건설산업계에서 만연되어 있는 지속적인 노동력 부족으로 인해 건설산업계는 최근에서야 건설로봇을 개발하게 되었다. 건설로봇은 건설작업을 지원하는 자동화 기계이다. 일부 주장처럼 로봇이 일자리를 빼앗는 것에 대한 두려움은 이해할 수 있지만 로봇은 일자리를 없애는 것보다는 새로운 일자리를 창출하는 역할을 수행하고 있다.

요즘 건설이나 제조 부문에서 로봇에 대한 의문을 많이 가지고 있다. 로봇이 생산성 향상과 숙련된 작업자 부족과 같은 문제를 해결하는 데 어떻게 도움을 줄 수 있는지에 대한 의문이 많다.

우리가 로봇이라는 단어를 사용할 때 정확히 무엇을 의미하는지 그리고 다양한 유형의 로봇이 실제 고난도의 작업을 어떻게 개선할 수 있을지 호기심이 많다. 로봇과 함께 일한 적이 없는 소규모 회사들이라면 로봇이 각 세부 작업 공종에서 어떻게 작업이 가능할지 상상하기 어려울 수도 있다.

금속으로 만든 이족 보행 로봇만이 건설로봇의 유일한 유형이 아니다. 무인 차량에서부터 실제 인간형 로봇에 이르기까지 건설작업을 지원하는 다양한 종류의 로봇이 있다. 건설 분야에서 사용되고 있는 로봇의 일반적인 종류는 산업용 로봇, 드론, 자율주행 건설기계, 휴머노이드 로봇 등이 있다.

3.1. 산업용 로봇

일반적으로 산업용 로봇은 제조업에 많이 사용되고 있는 자동화 기계의 일부이다. 건설업계는 반복적이고 품질이 높은 작업을 수행하기 위해 로봇의 사용이 증가하고 있다.

(1) 다관절 로봇

다관절 로봇은 보통 제조분야에 주로 사용되고 있는 로봇이다. 그들은 인간의 팔과 매우 흡사하며 다양한 작업에서 사용된다. 간단한 조립부터 용접까지 다양한 용도로 사용된다. 실제 다관절 로봇은 다재다능하여 우주기지 건설에 사용되고 있기도 하다.

1) 다관절 로봇

다관절 로봇은 대부분의 사람이 로봇이라는 단어를 생각할 때 떠오르는 로봇 유형이다. 다관절 로봇은 CNC 공작기계와 마찬가지로 회전 지점이나 축의 수에 따라 분류된다. 가장 일반적인 것은 6축 다관절 로봇이지만 시장에는 4축, 7축 장치도 출시되어 있다.

유연성이나 손의 자유로운 활용도, 도달 거리는 공작물이나 장애물 주변에 쉽게 접근할 수 있도록 도와준다. 밀폐형 조인트와 보호 슬리브를 사용하면 다관절 로봇은 깨끗하거나 더러운 환경에서도 탁월한 성능을 발휘할 수 있다.

다관절 로봇은 다른 로봇 유형에 비해 비용이 많이 드는 단점이 있다. 다관절 로봇은 더 복잡한 운동학과 상대적으로 더 무거운 부품 등으로 인해 초고속 작업에는 적합하지 않다.

2) 수평 다관절 로봇암(SCARA)

수평 다관절 로봇암(SCARA)은 두 개의 평행 평면 사이에서 작업을 수행하는 데 적합하고 비용이 효율적이다. 스카라(SCARA) 로봇은 수직 강성으로 인해 핀을 삽입하는 것과 같은 수직 조립 작업에 탁월하며 가볍고 설치 공간이 작아 혼잡한 공간에서 사용하기에 이상적이다. 또한 매우 빠른 사이클 시간의 작업이 가능하다. 그러나 작업 공간 내의 고정물이나 지그 또는 공작기계와 같은 물체 주변에서 작업하거나 내부 물체에 도달해야 하는 작업에는 한계가 있다.

3) 델타 로봇

"스파이더 로봇"이라고도 하는 델타 로봇은 3개의 기본 장착 모터를 사용하여 움직이는 물체를 멈춤 없이 빠르게 집을 수 있는 로봇이다. 기본 델타 로봇은 3축 유닛이지만 4축, 6축 모델도 사용될 수 있다.

액추에이터를 각 관절이 아닌 고정베이스에 장착하거나 관절식 로봇의 경우처럼 매우 가깝게 장착하면 델타 로봇의 팔이 매우 가벼워질 수 있다. 이를 통해 델타 로봇은 초고속 작업에 이상적인 빠른 이동이 가능하다.

델타 로봇을 사용할 때 유의해야 할 사항은 델타 로봇의 도달 거리는 일반적으로 다관절 로봇이나 SCARA의 경우와는 달리 베이스에서 반경이 아닌 작업 범위의 직경으로 정의된다는 점이다. 예를 들어, 도달 거리가 40인치인 델타 로봇은 다관절 로봇이나 SCARA 도달 거리의 절반에 불과하다.

4) 갠트리 로봇(데카르트 로봇)

갠트리 로봇은 일반적으로 특정 응용 분야에 맞게 조립된 3개 이상의 선형 액추에이터로 구성된다. 작업 공간 위에 배치된 갠트리 로봇은 바닥 공간을 최대화하고 다양한 공작물 크기를 수용하기 위해 높이를 조절할 수 있다.

갠트리 로봇은 일반적으로 표준 선형 액추에이터와 마운팅 브래킷을 사용하여 비용과 복잡성을 최소화한다. 고용량 장치는 시스템 기능을 향상시키기 위해 다관절 로봇과 통합될 수도 있다.

갠트리 로봇은 장애물에 쉽게 접근할 수 없고 먼지가 많거나 더러운 환경에는 적합하지 않다.

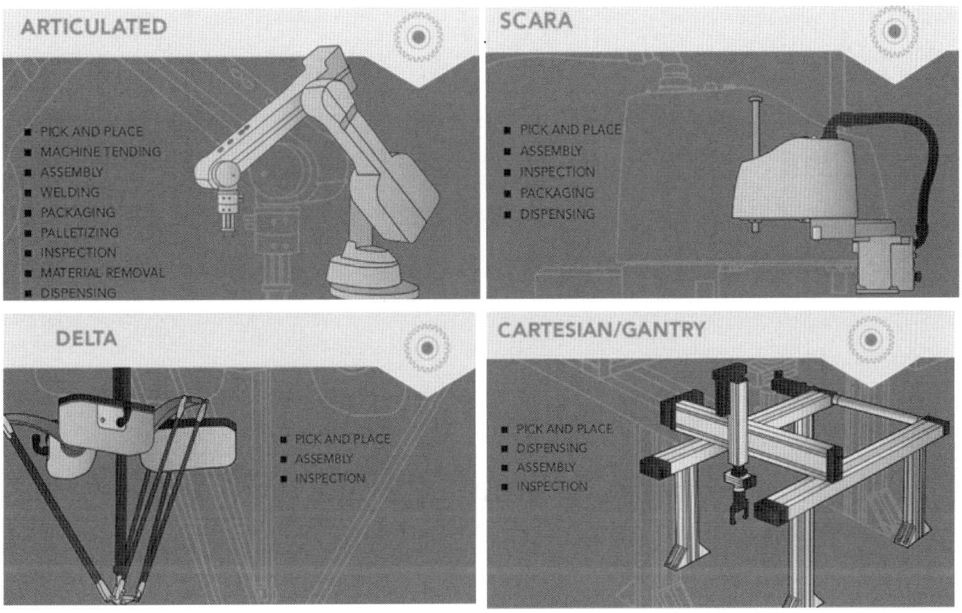

그림 2.4 4 가지 로봇 유형 분류[4)]

(2) 선형 로봇

선형 로봇은 데카르트 좌표(Cartesian Coordinate)의 3축 시스템(X, Y, Z)을 사용하는 로봇이다. 이 로봇은 줍기, 운반, 적재와 같은 다양한 작업에 효율적으로 사용되고 있지만 최근에는 3D 프린팅과 결합되어 사용되고 있다.

---

4) 출처 : https://www.nist.gov/blogs/manufacturing-innovation-blog

3D 프린팅은 향후 건설산업에서 가장 많이 사용되어질 응용 프로그램 중 하나이다. 이는 3D 인쇄를 통하여 다양한 제품을 만들 수 있는 능력 때문이다. 빠르고 효율적이며 비용이 저렴한 3D 프린팅 방식은 전통적인 주택 건설방식을 혁신적으로 바꿀 수 있는 획기적인 방법이다.

(3) 협동 로봇

협동 로봇(코봇)은 인간과 함께 작동되도록 설계된 로봇이다. 코봇은 인간이나 로봇이 혼자 하기에는 너무 어려운 작업을 수행한다. 노동력 부족은 건설산업측면에서 불행한 추세이지만 코봇은 이러한 부담을 덜어줄 수 있고 언젠가는 저숙련 작업자를 대체할 수도 있을 것이다.

3.2. 드론

건설산업에서 드론의 인기는 하늘 높이 치솟고 있다. 이는 건설현장의 다양성으로 인해 드론은 프로젝트 전반에 걸쳐 안전과 공사 진행에 도움이 되기 때문이다. 건설산업이 계속 성장하고 혁신이 계속됨에 따라 드론 사용은 계속 증가할 것이다.

(1) 드론을 사용한 3D 매핑

드론 매핑을 통해 작업 현장의 상세한 항공지도를 생성하게 된다. 이를 통해 시공자는 계획 과정에서 잠재적인 문제를 파악하고 사전에 대비할 수 있다. 이는 정확한 예산 추정을 가능하게 함에 따라 장기적인 측면에서 비용을 절감할 수 있다.

(2) 작업장 원격 모니터링

접근하기 어려운 구조물을 검사할 때 고소작업 차나 대형 크레인을 임대하는 대신 드론은 중요한 검사를 할 수 있도록 도와준다. 드론은 항공 능력으로 인해 접근하기 어려운 구조물을 손쉽게 검사할 수 있다.

(3) 보안 유지

보안은 건설현장에서 가장 중요한 측면 중 하나이다. 도난으로 인해 연간 3억 달러에서 10억 달러 사이의 비용이 발생하고 있다. 인간이 직접 감시할 수 있는 일이 많지만 드론을 사용하면 보안을 쉽게 향상시킬 수 있다. 한 명의 드론 운영자가 드론을 공중으로 날려 모든 건설현장을 공중에서 감시할 수 있다.

3.3. 자율주행 건설기계

자동차 산업은 Tesla의 자동조종장치(Autopilot) 기능을 가지고 있는 자율주행 자동차를 사용하고 있지만 건설산업은 이제서야 자율 건설장비를 도입하기 위해 노력하고 있다. 대표주자인 Built Robotics 사는 인공지능(AI) 안내 시스템으로 기존의 건설기계 성능향상을 위해 노력하고 있다.

교통량이 많은 거리에서 작업하는 것은 건설 작업자들에게 위험할 수 있다. 이 경우에는 최고의 도로 안전 계획을 수립하여 항상 사람의 실수에 대비하여야 한다. 하지만 자율 건설 차량을 사용하면 이러한 인적 오류를 크게 줄일 수 있게 된다.

(1) ATL(자율주행 트랙로더)

Built Robotics 사의 ATL(Autonomous Track Loader)은 LiDAR, 조명 감지와 거리 측정 센서, 증강 GPS가 장착된 소형 트랙 로더로 작업자 없이도 스스로 작동할 수가 있다. 이 자율주행 트랙로더는 소형 주택의 기초굴착과 같이 비교적 용이한 건설작업을 위해 개발되었다.

(2) 도저

도저는 무거운 토사를 깎아서 운반하고 지반을 평평하게 하는 다목적 건설기계이다. 로봇 기술을 접목한 자율 도저는 사람이 운전하지 않아도 모든 작업을 수행할 수 있다.

(3) 굴착기

다른 굴착기와 마찬가지로 Built Robotics 사의 자율 굴착기는 기초 굴착, 도랑 굴착과 트럭 적재 작업이 가능하다. 개발된 자율 굴착기는 대기 중인 트럭과 상호 연계되어 작업의 대기시간을 단축하는 등 작업 효율성을 높여 준다.

IUOE(International Union of Operating Engineers)는 Built Robotics 사와 제휴하여 개발

된 자율주행 건설기계를 운영하는 방법을 교육하고 있다. 자율주행 건설기계를 사용하는 또 다른 이유는 안전 때문이다. 건설장비 운전자와 관련된 사고는 여전히 계속해서 발생하고 있는데 자율주행 건설기계를 사용하면 이러한 인적 오류로 인한 사고를 제거할 수 있게 된다.

3.4. 휴머노이드 로봇

현재 건설산업을 곤란하게 하는 또 다른 부분은 심각한 노동력 부족 문제이다. 일자리는 많이 있지만 건설업에 대한 젊은 청년층들의 관심이 부족해 이러한 현상은 가중되고 있다. 따라서 인간과 거의 유사한 기능을 가진 자율 인공지능(AI) 로봇인 휴머노이드의 활용이 기대되고 있다.

(1) HRP-5P

인간과 유사한 업무를 수행하는 휴머노이드 로봇을 생각하면 HRP-5P가 가장 가까울 것 같다. 일본에서 개발된 HRP-5P는 주변 환경을 감지하고 물체 인식 기술을 결합하여 다양한 작업 수행이 가능한 휴머노이드 로봇이다.

아직 시범 단계에 있지만 HRP-5P는 그 누구의 도움도 없이 혼자서 건식 벽체를 스스로 시공할 수 있다. 그러나 HRP-5P를 사용하여 작업을 할지라도 인간 작업자는 여전히 필요하다.

(2) NASA의 발키리

NASA는 R5를 사용하여 화성에 식민지 기지를 건설하려는 시도를 하고 있다.

NASA의 R5 일명 발키리(Valkyrie)는 Johnson Space Center(JSC) Engineering Directorate가 개최한 2013 DARPA Robotics Challenge(DRC)에서 첫 선을 보였다. 노르웨이 신화에서 따온 이름인 발키리(Valkyrie)는 성능이 저하되거나 손상될 수 있는 환경에서도 작동될 수 있도록 견고하게 만든 전기식 휴머노이드 로봇이다. 발키리는 이름에서 유래한 것처럼 견고하고 탄력적으로 만들어져 인간을 새롭고 희망의 땅인 우주로 인도하는 휴머노이드 로봇이다.

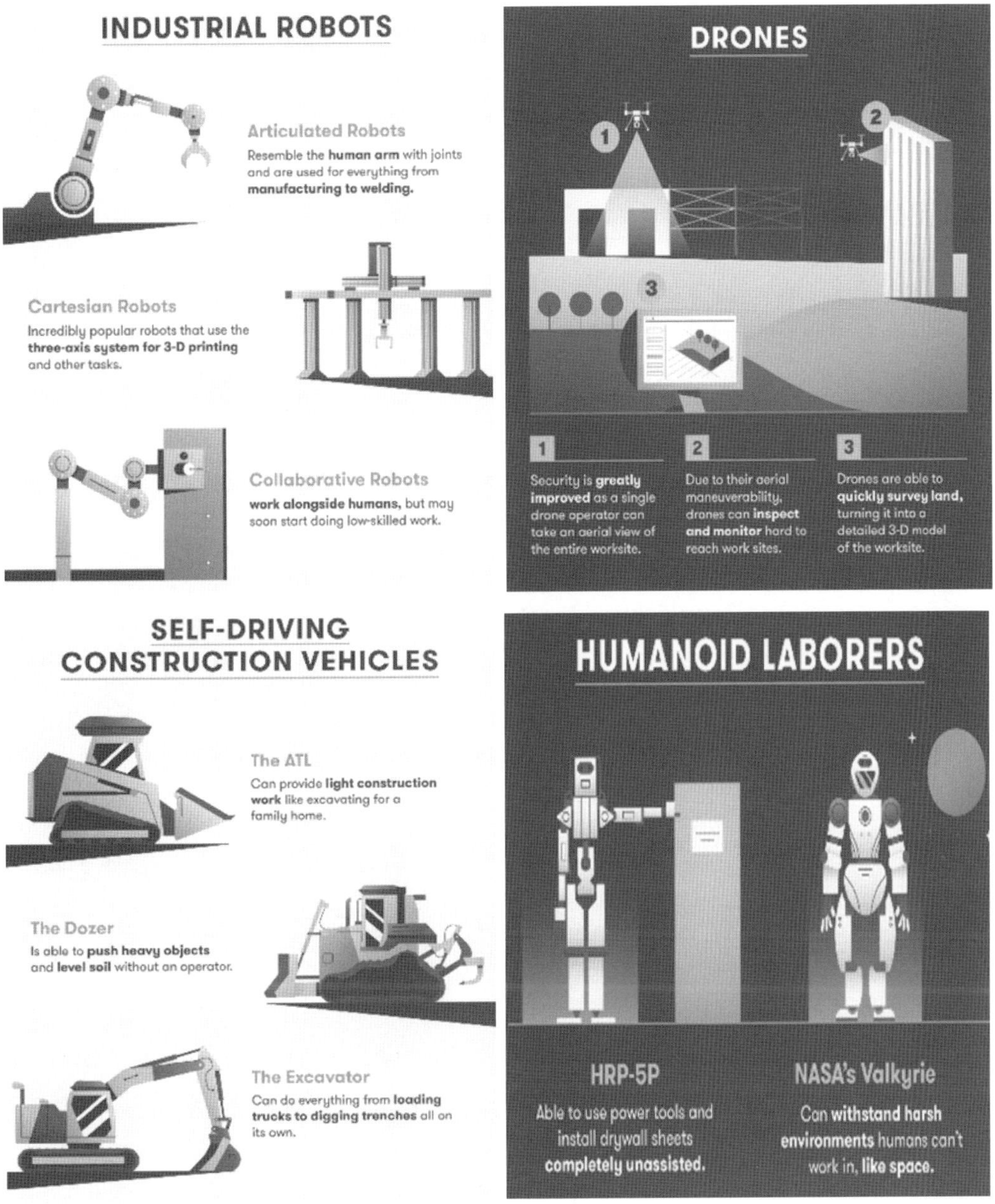

그림 2.5 로봇의 종류[5)]

5) 출처 : https://www.bigrentz.com/blog/construction-robots

4 로봇 활용의 장단점

4.1. 로봇 활용의 장점

로봇 자동화는 기존 건설시장에 엄청난 변화를 야기할 정도의 혁신적 아이디어를 가진 게임 체인저(Game Changer)로서 호평을 받았지만 로봇은 우리의 기대를 제대로 만족시켜 본 적은 없었다.

로봇은 미래 건설 과정의 필수적인 요소가 되겠지만 단지 퍼즐의 한 요소일 뿐이다. 2030년 이후 로봇이 건설산업을 장악하는 해가 될 것인지 아닌지는 자못 궁금하다. 로봇활용의 장점은 다음과 같다.

(1) 생산성과 품질향상

건설자동화를 위한 로봇은 인건비를 줄이는 동시에 생산성과 품질을 향상시키는 데 있어 매우 효과적이라는 사실이 입증되었다. 로봇을 사용하면 생산성을 향상시키고 노동력 부족 문제를 해결할 수 있을 것이다. 로봇을 건설현장에 적용하면 고급 기술을 가진 작업자의 임금은 더욱 상승할 수도 있을 것이다. 최소한 10년 이상 걸릴 것으로 보이는 직업 전환 기간에는 로봇의 성능 개선과 원활한 작업을 위해서 고급 기술을 가진 사람들을 더 많이 요구할 것으로 보이기 때문이다. 이것이 현실적으로 의미하는 바는 2030년까지 최대 2억 개의 추가 일자리 증가와 함께 건설 일자리의 수가 줄어들기보다는 오히려 증가할 것이라는 점이다.

더 많은 건설 프로세스를 자동화하면 단기적으로는 인력을 대폭 줄이지 않고서도 사회기반시설인 인프라와 건물을 더 빨리 공급할 수 있다. 로봇은 숙련된 인력 부족 문제를 최소화하는 데 도움이 되겠지만 인간을 완전히 대체하지는 않으며 새로운 유형의 숙련된 작업자에 대한 수요를 창출할 것으로 예상된다.

(2) 공장 사전제작으로 시공속도 향상

현장에서 콘크리트를 타설하던 기존 건설방식에서 모듈식 방식으로의 실질적인 이동은 건설

시공속도 등에 상당한 영향을 미칠 수 있지만 아무래도 전환에는 시간이 걸릴 것 같다.

Katerra와 같은 일부 건설회사는 이미 이러한 모듈 생산체계를 구축하고 있다. 공장에서 부재 제작은 대부분 수동으로 진행되고 있지만 시간이 지나거나 규모가 증가함에 따라 완전 자동화 방식을 채택할 것으로 보인다. 이것은 또한 3D 프린팅과 같은 적층제조 기술이 적용될 수 있을 것이다.

맥킨지(McKinsey)는 2030년까지 신축 건물의 15~20%가 모듈식이 될 것으로 예상하고 있다. 이러한 현상은 비교적 느리게 진행될 것이지만 이는 상당한 변화이며 효율성과 비용 절감으로 인해 더욱 증가할 것으로 보인다.

(3) 효율적인 현장조성

자동화 로봇 시스템은 전 세계 건설현장에서 종종 시범 운영되고 있다. 벽돌쌓기, 강철 트러스 조립, 용접, 도장, 콘크리트 타설과 같은 작업 모두는 자동화가 가능하다는 것을 보여주고 있다. 이러한 유형의 로봇 시스템은 단일 작업을 반복적으로 실행하는 단일 작업 건설로봇(STCR)으로 알려져 있고 전형적인 예는 벽돌 쌓기에 사용되는 로봇팔인 Hadrian X가 있다.

지금까지 로봇 자동화의 실용화가 어려웠던 점은 이러한 단일 작업 로봇이 복잡하고 혼란스러운 건설현장에서 함께 작동하도록 하는 데 있었다. 작업 환경을 표준화하기 위해 로봇이 적응하도록 건설현장을 공장화하는 방안이 하나의 솔루션으로 제시되었지만 아직은 초기 단계이다.

로봇 도입에 따라 벽돌공을 해고하고 벽돌공이 한 모든 일을 로봇으로 처리할 가능성은 거의 없다. 로봇 기계가 수행할 역할 내에서 작업자들은 보조적인 역할과 새로운 작업 활동을 대신할 가능성이 더 높다. 작업자는 로봇과 나란히 또는 하이브리드(Hybrid) 역할로 작업하는 방법을 배우게 될 것이다. 일반 건설 작업자들은 태블릿 PC를 사용하여 건물 설계도면에 접근하고 실제 현장을 둘러보는 대신 드론을 활용하게 된다. 공사 관리자와 감독자는 정기적인 검사를 수행할 때 3D 스캔 데이터 모델을 BIM과 연계하여 검사 수행 작업을 할 수 있다.

(4) 보다 안전한 작업환경 제공

안전한 작업환경 조성은 건설공사 관리자가 수행하는 업무 중 가장 중요한 책임 중 하나이다. 안전하지 않은 작업 현장은 안전사고의 품질저하와 공기지연으로 상당한 비용을 초래할 수 있다. 로봇은 철거공사와 같은 위험한 작업에서 안전성을 향상시키는 대체 수단으로 간주되고 있다.

드론은 화재나 보안, 검사에 이르기까지 다양한 분야에서 점점 더 많은 역할을 수행하고 있다. 드론은 프로젝트 진행 상황을 추적할 수 있으며 건설현장에서 사람, 장비 및 중장비 등을 조화롭게 조정하고 통제하는 역할을 할 수 있다.

로봇은 안전 측면에 잠재력이 있지만 여전히 해결해야 할 과제가 많은 실정이다. LiDAR, 포인트 클라우드, 정보수집 기술은 로봇을 발전시키고 훨씬 더 상세한 3D 모델을 만드는 데 일조하고 있다.

(5) 고령작업자 문제해결

군대에서 처음으로 개발된 외골격 로봇은 의료 분야에서 시작하여 제조와 건설산업 분야로 확장되어 사용되고 있다. 외골격 로봇은 고령화된 건설인력 구조에서 발생 가능한 모든 문제에 대한 해결책이 될 수 있다. 이 로봇으로 인해 고령 작업자는 현장에서 계속 작업이 가능하고 육체적으로 힘든 작업을 수행할 수 있다.

4.2. 로봇 활용의 한계점

(1) 시공 과정의 복잡성

일반적인 건설공사 현장은 대략 80건의 세부 작업 공종이 있다. 이러한 여러 건의 세부 작업을 손쉽게 수행할 수 있는 솔루션이 나와 있지만 대부분의 건설현장은 기존과 같은 작업방법에 의하여 작업을 수행하고 있다. 구조화되지 않고 변화하는 작업환경 속에서 로봇이 원활하게 작동되도록 만드는 것은 사실 어려운 일이다. 로봇과 사람들이 안전하게 협력할 수 있도록 하려면 작업현장의 구조화된 표준화가 필요하다. BIM은 이러한 전환과정에서 굉장히 큰 역할을 할 것이다. 해당 정보를 디지털화하여 로봇에 더 쉽게 공급할 수 있는 방식으로 진행된다.

(2) 사용자 저항

건설 로봇 연구의 대부분은 새로운 시스템 개발에 초점을 맞추고 있다. 센서, 자동화된 3D 스캔, 데이터 등록, 경로 계획, 인공지능(AI)과 같은 많은 첨단 기술을 사용하여 시스템을 구축한다. 그러나 로봇을 판매하고 운영하는 것은 사실 로봇이 수행하는 기능에 관한 것이다. 로봇 기능에 대한 지원과 교육, 훈련 없이는 그 누구도 로봇을 사고 싶어 하지 않을 것이다. 이러한 문제가 해결되지 않고서는 결코 로봇의 대중화가 힘들 것이다.

(3) 기술의 한계

로봇 기술은 계속해서 진화하고 있지만 건설산업은 기존부터 가지고 있는 고유한 문제로 인해 발전이 더딘 상황이다. 건설산업에서 로봇을 효과적으로 사용하려면 다음 사항을 해결해야 할 것이다.

- 실외와 거친 환경에 대처
- 작동을 제한하는 배터리 수명
- 운영 교육
- 비용 증가가 필요한 복잡하고 비구조적인 작업
- 비용을 증가시키는 엄격한 규정
- 건강과 안전에 대한 잠재적 추가 위험

이러한 문제를 해결하기 위해서는 방해 요소와 저항 정도의 수준을 고려하면서 다양한 접근 방식으로 접근해야 한다. 로봇 시스템의 점진적 활용은 장비나 자재의 조달 계획에 포함되어야 한다. 3D 스캐닝, 포인트 클라우드 등록과 같은 기술은 건설현장에 로봇을 도입하기 위한 디딤돌로 사용될 수 있을 것이다.

5 건설산업을 혼란에 빠뜨릴 건설로봇의 등장

5.1. 로봇과 건설산업

건설로봇은 오늘날 우리가 살고 있는 세상을 돕고 적응하도록 설계되었다. 로봇이 인간을 대체하고 있는지에 대한 질문은 단순한 '예 또는 아니오'보다 조금 더 복잡한 문제이다.

로봇이 건설현장 작업자들을 단시간 내에 대체하지는 않을 것이다. 인간의 손길은 드론이나 코봇과 같은 다양한 로봇들에 있어서도 여전히 필요하다. 그들이 스스로 땅을 굴착하고 구조물을 만들 수 있다고 하더라도 인간인 작업자들은 여전히 작업 현장에 있어야 한다. 로봇이 우리들 곁으로 오고 있지만 그들은 사실 우리의 적이 아니라 친구이다.

최근 건설산업은 전 세계에서 가장 디지털화되고 자동화된 산업 중 하나로 변화되고 있다. 건설로봇은 똑같은 작업을 계속해서 반복적으로 수행이 가능하기 때문에 많은 건설 프로젝트를 보다 효율적으로 완료할 수 있다.

그러나 아직까지도 작업자에 의한 육체적인 노동은 현대 건설산업의 근간을 이루는 거대한 구성요소이다. 건설기술은 고대에 최초로 사용했던 도르래에서 시작하여 최근에는 대다수 작업자들이 사용하고 있는 전동 공구에 이르기 까지 꾸준히 발전해 왔고, 최근에는 로봇이나 드론, 자율주행 차량, 3D 프린팅, 외골격이 적용되어 빠른 시간 내에 저렴한 비용으로 작업을 완료하는데 도움을 주고 있다. 작업자가 부족하고 숙련된 노동력이 부족한 상황에서 건설 자동화는 지속적인 경제 성장을 이루기 위한 핵심 요소이다.

건설로봇은 현재 벽돌쌓기, 도장, 자재 적재, 굴착작업과 같은 특정 작업 수행이 가능하다. 향후 2년 안에는 주로 운반 작업만을 수행하는 자율이동 로봇(AMR)이 사용될 것으로 보인다. 이러한 로봇은 위험한 작업환경에서 작업자를 보호하고 부상을 줄여주며 노동력 부족 문제를 해결하는 데 도움이 될 것으로 보인다. AMR 로봇은 2D 및 3D 카메라, 360도 라이더, 관성측정장치(IMU) 등 센서 기술을 융합해 데이터를 수집하며 작업여건이 열악한 작업 환경에서도 장애물 회피, 이동 경로 조정 등의 기능을 수행한다. AMR 로봇은 머신 러닝 알고리즘을 채택한 FMS(Fleet Management software)에 의해 제어되고 관리된다.

예를 들어 무인 크레인이 작업장 주변에 자재를 운반한다거나 공중 드론이 작업장에서 정보를 수집할 때 인공지능(AI)과 머신 러닝에 의하여 작업을 수행하게 된다.

그림 2.6 포워드 X 사의 자율이동 로봇(AMR)[6)]

5.2. 로봇이 개발되는 이유

현재까지 개발되었거나 개발 중인 건설로봇은 그 종류와 활용 분야가 매우 다양하지만 다음과 같이 3가지의 목적을 가지고 개발되었다.

- 단일 공종, 단순 반복 작업의 자동화를 통한 생산성 향상
- 안전성 개선
- 인력투입이 어려운 극한환경에서의 작업

(1) 단일 공종, 단순 반복 작업의 자동화를 통한 생산성 향상

선진국도 마찬가지이지만 우리나라 건설산업의 가장 큰 문제 가운데 하나는 역시 작업자들의 고령화 문제이다. 극심한 취업난과 청년들의 취업절벽이 사회문제로 자리 잡았지만 건설현장은 젊은 인력들이 빠져나간 지 아주 오래됐다. 급속한 고령화와 저숙련 외국 인력으로의 대체는 건설 목적물의 품질 저하는 물론이거니와 안전사고 증가와 같은 부작용을 발생시키고 있다. 건설 기능인력 수급 불균형이 심각한 문제로 대두되고 있는 시점에서 건설 자동화와 로봇의 수요는 필연적으로 더욱 늘어날 것으로 보인다.

6) 출처 : 로보틱스 앤 오토메이션 뉴스

기존의 산업용 로봇은 제조 공장 등 고정된 환경에서 단순하고 반복적인 업무 수행이 가능했지만 복잡한 환경에서는 적응하지 못했다. 특히 매번 다른 상황의 작업을 수행해야 하는 건설현장에서는 부적합하다고 여겨져 왔다. 이러한 문제를 해결하기 위해서 건설 숙련 작업자가 수행하던 업무 패턴을 프로그래밍화 해서 기존의 다관절 로봇에 입력시켜 움직임을 자동으로 제어할 수 있는 기술이 개발되었다. 이 기술은 그동안 작업자들이 수행하던 특정한 작업을 소프트웨어 언어로 전환해 사람의 손과 팔 만큼 정밀한 작업을 가능케 한다. 또한, 로봇이 작업 위치까지 이동할 수 있도록 자율주행 기술을 보유한 운반용 기계 차량에 탑재해 건설현장 어디에서나 작업이 가능하다.

미래 기술로만 인식되던 로봇 기술은 어느새 건설산업의 핵심기술로 자리매김하고 있다. 무거운 벽돌을 대신 쌓아주는 로봇부터 용접을 하거나 건물을 건설하는 로봇까지 그 종류는 다양하다. 더 나아가서는 영화에서처럼 사람이 직접 착용하는 웨어러블 로봇도 속속 등장하고 있다.

건설로봇 개발 초기 단계에는 미장이나 조적공사와 같이 한정된 공간 내에서 단순하고 반복적인 작업을 하는 데 로봇이 사용되었다. 최근에는 GPS나 레이저 스캐너 등의 센서기술의 발달과 더불어 드론(Drone) 등을 활용한 지형측량 시스템, 정보통신기술 등의 ICT 기술들을 상호 융합해서 건설로봇의 활용범위를 점차 넓혀가려는 시도가 진행되고 있다.

구체적인 사례로서 미국에서 개발된 벽돌쌓기 로봇인 샘(SAM 100: Semi-Automated Mason, 반자동 벽돌공)은 조적작업자들과 함께 작업을 한다. 샘은 반복적으로 벽돌을 쌓고 조적작업자들은 줄눈설치와 같은 상세한 마무리 작업을 수행한다. 인간과 로봇의 협동 작업에서 로봇은 벽돌을 집어서 모르타르(Mortar)를 묻히고 이를 지정된 위치에 놓는 것과 같이 좀 더 틀에 박힌 작업을 수행한다면 조적작업자들은 작업장을 설치한다든지 모서리와 같이 까다로운 장소에 벽돌을 설치하고 과다한 모르타르를 제거하는 등 로봇이 할 수 없는 세심한 작업을 수행한다.

로봇 샘은 경사각, 속도, 방향 등을 측정하는 센서와 레이저, 일련의 알고리즘 등을 이용하여 이 모든 작업을 수행한다. 레이저는 로봇 샘의 작업 공간에서 왼쪽과 오른쪽 양쪽 끝에 있는 2개의 막대기 사이에 설치되며, 로봇 샘을 위한 고정점으로 동작하기 위하여 작업이 진행되면서 벽을 따라 위아래로 이동한다. 만약 레이저 센서가 없다면 샘 로봇은 어디에 벽돌을 놓을지, 벽의 위치와 대비되어 비계 상에서 자신의 운동이 어떻게 평가되는지를 정확히 알지 못할 것이다.

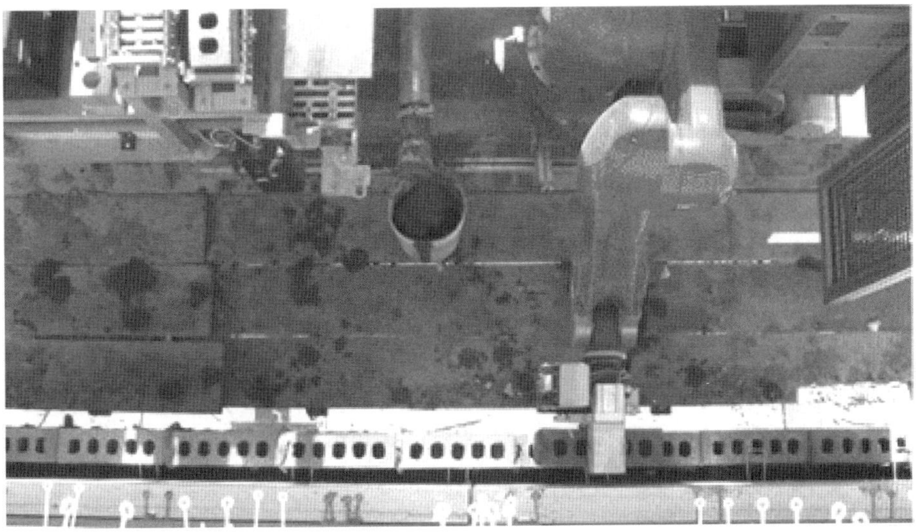

그림 2.7 조적공사용 Robot(SAM 100, 미국)

로봇 샘의 목표는 조적작업자들을 완전히 대체하는 것이 아니라 인간의 작업을 도와주는 역할을 제공하기 위함이다. 조적작업자들은 하루에 300~500개 정도의 벽돌을 쌓을 수 있지만, 로봇 샘은 하루에 800~1,200개 정도의 벽돌을 쌓을 수 있다. 한 명의 조적작업자와 로봇 샘의 조합은 동일한 조적작업에 대하여 4명 이상의 조적작업자들이 수행하던 것과 같은 생산성을 나타낸다.

(2) 안전성 개선

우리나라는 1960년대부터 시작된 고도 경제 성장으로 인해 삶의 질적 수준이 크게 향상되었으며 최근에는 안전에 대한 인식도 변하고 있다. 이에 따라 건설과 관련된 안전 문제가 사회적인 이슈로 대두되면서 안전과 관련된 기준이 점차 강화되고 있는 추세이다. 이러한 현상은 비단 국내에서만 나타나는 현상이 아닌 전 세계적인 추세이다.

로봇은 작업자의 숙련도나 컨디션에 영향을 받지 않아 시공 시 균일한 품질을 얻을 수 있는 장점을 가진다. 여기에 24시간 작업이 가능해 공사기간을 획기적으로 단축시킬 수 있으며, 사고 위험이 높은 공정에 투입할 경우에는 안전사고 예방이 기대된다. 이를 통해 건설산업의 고질적인 문제로 여겨지던 건설 작업자들의 작업환경 개선에도 긍정적인 영향을 미칠 것으로 예상된다.

이러한 추세에 발맞춰 건설공사 중 안전을 확보하기 위한 로봇 개발이 활발히 진행되고 있다. 시공 과정에서 안전을 확보하기 위한 로봇은 대부분 추락의 위험이 있는 높은 장소에서 고소 작업을 대신하여 수행하게 된다. 로봇은 빠른 시간 내에 더욱 많은 작업을 안전하게 작업할 수 있기에 건설현장 적용이 더욱 많아질 것으로 기대된다.

국내의 경우, H 건설사는 '건설 로보틱스' 산업을 미래 신기술의 한 축으로 삼고 새로운 사업 기회를 모색하고 있다. 2022년부터 다관절 산업용 로봇을 드릴링, 도장작업 등 단일 작업이 가능한 건설현장에 투입할 계획이다. 용접, 자재 정리 등 보다 정밀한 작업이 필요한 공정에서도 산업용 로봇을 투입해 2026년까지 건설현장 작업의 약 20%를 로봇으로 대체할 계획이다. 또한 현장 맞춤형 로보틱스 기술을 개발하고 적용을 확대해 건설현장에서도 제조업과 같은 자동 생산 개념을 도입하여 글로벌 시장에서 품질, 공기, 안전 경쟁력을 강화할 계획이다. 건설로봇의 현장 도입은 인구 감소와 고령화로 인한 숙련공 부족, 안전사고 감소 문제, 건설 생산성 향상을 위한 장기적인 대안이 될 수 있을 것으로 기대된다.

스페인 바르셀로나에 위치한 로봇 스타트업체인 스케일드 로보틱스(Scaled Robotics) 사는 건설현장에서 발생하는 시공상의 오류를 최소화할 수 있는 모니터링 로봇을 개발했다. 건설비용의 20% 정도는 건설 과정에서 발생하는 실수나 오류를 교정하는 데 들어가지만 이러한 실수나 오류를 교정하는 역할을 로봇이 대신 수행하게 된다. 건설현장을 자율적으로 이동하면서 건설 공정에 관한 각종 데이터를 수집해 건설 공정을 보다 효과적으로 관리할 수 있도록 지원한다. 로봇은 라이더와 자율주행 기술을 탑재하고 있으며 건설현장을 스스로 이동하면서 건설현장 맵(Map)을 자동으로 작성한다. 이를 토대로 로봇이 수집한 이미지, 비디오, 데이터 등을 결합해 모니터링 분석 정보로 활용한다.

우리나라의 로보프린트 사는 아파트나 건축물 외벽에 도장 공사를 수행하는 벽화로봇을 개발한 회사이다. 벽화로봇 아트봇(Artbot)은 원격으로 건물 외벽에 사진이나 명화, 디자인 등을 프린팅 하듯 찍어주는 세계 최초의 기술이다. 원격 제어와 실사 출력 시스템, 이송 장치, 도료 분사 노즐 등 첨단 ICT 융복합 기술의 대표 모델이다. 대형 건축물이나 아파트 외벽의 벽화작업은 사람이 직접 하기가 위험하고 어려운데 아트봇은 사람이 수작업으로 표현하기 어려운 이미지를 원격 제어를 활용하여 도색한다.

그림 2.8 스페인 스케일드 로보틱스와 벽화로봇 아트봇(Artbot)

그림 2.9 벽면 Painting Robot과 Panel Handling Robot(일본)

그림 2.10 Facade Cleaning Robot(독일)

그림 2.11 커튼월 설치 로봇(영국)과 풍력발전 유지관리 로봇(독일)

(3) 인력투입이 어려운 극한환경에서의 작업

중국, 일본, 미국, 유럽의 여러 선진국가들은 해양개발에 대한 관심을 가지고 있고, 해양개발과 관련된 기술의 중심에는 수중탐사와 수중건설을 위한 로봇이 있다. 선진국들은 이미 다양한 수중건설 로봇을 현장에 투입하고 있고 수중건설용 로봇 기술을 미래 해양 개척의 핵심요소 기술로 선정하고 있다. 하지만 우리나라는 관련 기술이나 장비를 수입하거나 임대하여 사용하고 있는 실정이다.

그림 2.12 해저 계통연계 시공 로봇(영국)과 해저 지반조성 로봇(프랑스)

해저 케이블이나 파이프를 매설하는 건설용 로봇은 인력투입이 어려운 극한환경에서 건설공사를 수행하기 위한 필수 불가결한 장비이다. 핵심기술 선점을 위해 국가 간 치열한 경쟁이 예상되는 분야이다. 바다에 설치된 해양 구조물의 노후화 등에 따라 시설물 유지 보수와 신설

공사를 위해 무인잠수정 등에 대한 수중 장비 수요가 증가할 전망이다.

그림 2.13 수중 무인화 시공을 위한 수중 로봇

5.3. 벽체 조적용 로봇

건설로봇이 건설산업을 혁신하는 사례 중의 하나는 호주에 기반을 둔 FBR(Fastbrick Robotics) 사의 하드리안 엑스(Hadrian X) 벽돌쌓기 로봇에서 볼 수 있다. 이 회사는 최근 로봇팔을 탑재한 건설용 트럭인 Hadrian X로 3개의 침실과 2개의 욕실을 갖춘 벽돌집을 작업자의 개입 없이 단 3일 만에 완공했다. Hadrian X가 건설현장에 배치되면 탑재된 레이저 유도 부착 장치가 사전에 입력된 프로그램에 따라 로봇팔의 동작을 자동으로 유도해 벽돌을 정확하게 쌓아 올릴 수 있게 한다. CAD가 지원하는 지능형 제어 시스템을 이용하여 벽돌쌓기에 필요한 재료와 움직임을 계산하게 된다. 또한 Hadrian X는 작업현장의 바람이나 진동으로 인한 환경변화를 실시간으로 측정하고 이렇게 수집된 데이터는 건설하는 과정에서 정밀도를 개선하는 데 사용된다.

Hadrian X는 조직 작업에 특화된 특수 블록과 접착제를 사용하고 있다. FBR 사의 블록은 표준 주택용 벽돌보다 12배나 크지만 더 가볍고 강하며 환경적으로도 지속 가능한 특징을 가지고 있다. Hadrian X는 하루 만에 집의 벽면을 지을 수 있는데 이는 기존의 방법보다 훨씬 빠르다. 시연을 성공적으로 완료한 FBR 사는 본격적인 상용화를 시작할 계획이고 이의 일환으로 벽돌 생산 기업인 Wienerberger 사와 MOU를 체결했다. MOU에 따라 Wienerberger 사는 Hadrian X용으로 특별히 설계된 최적화된 벽돌을 공급하게 된다.

그림 2.14 FBR(Fastbrick Robotics) 사의 Hadrian X7)

뿐만 아니라 뉴욕에 기반을 둔 컨스트럭션 로보틱스(Construction Robotics) 사의 벽돌조적용 SAM 100은 공사비용과 재료 낭비를 줄이고 안전한 작업환경을 제공하면서 생산성을 향상시키는 로봇을 개발해서 운영 중에 있다.

그림 2.15 Construction Robotics 사의 벽돌쌓기 로봇 SAM 1008)

7) 출처 : FBR(Fastbrick Robotics) 사 하드리안 엑스(HadrianX) 홍보 동영상(https://youtu.be /ino8oz189fw)
8) 출처 : Construction Robotics

5.4. 조종사가 필요 없는 자율주행 건설기계

자율주행 건설기계는 이미 건설로봇의 일부로 자리매김하고 있고 이러한 장비들은 건설현장의 자재와 기구들을 운반하고 있다. 예를 들어, 볼보는 추가적인 장치 없이 무거운 하중을 이동할 수 있는 자율 전기 적재 캐리어인 HX 2를 개발했다. 운전실이 없고 대신 볼보가 "비전 시스템"이라고 부르는 디지털 물류 기반 제어 기술을 사용하여 자율주행 중에 사람과 장애물을 감지한다.

그림 2.16 볼보의 HX-02[9)]

빌트 로보틱스(Built Robotics) 사는 자율주행 불도저와 굴착기를 개발하여 제공하고 있다. 인공지능(AI) 안내 시스템은 장비를 목적지로 안내하고 작업이 안전하고 정확하게 완료되도록 하고 있다.

자율주행 건설기계와 건설용 로봇은 작업자의 수작업을 완전히 대체하는 것이 아니라 작업 효율성을 높이고 생산성을 향상시키기 위한 것이다.

9) 출처 : 볼보 HX-02 홍보 동영상(https://youtu.be/z4sXv92FtGM)

5.5. 결합 이미징 기술을 사용하는 스마트 로봇

라이다(LiDAR/S) 센서를 사용하는 건설로봇과 드론은 작업 현장에 대한 중요한 정보를 제공하며 인공지능(AI)은 필요한 작업을 예측하기도 한다. 독셀(Doxel) 사의 트레드 기반 로봇은 건설현장 곳곳을 누비고 다니며 건설작업 진행 상황을 스캔하고 평가한다. 이렇게 수집된 정보는 잠재적인 시공 오류와 하자 문제를 조기에 감지하는 데 사용되고 있다. Doxel 사 로봇에서 수집된 데이터는 클라우드에 저장되며 딥 러닝 알고리즘을 통해 필터링 되어 더 많은 세부 정보를 인식하고 평가한다. 예를 들어, 공사 중인 건물 내의 환기 덕트가 잘못 설치되었음을 지적할 수 있고, 이렇게 조기 감지를 통해 공사비용이 증가하기 전에 적절한 예방조치를 취할 수가 있다.

그림 2.17 Doxel 사의 트레드 기반 로봇[10)]

5.6. 원격으로 조정되는 로봇

건설로봇은 사물인터넷(IoT), 인공지능(AI), 첨단 센서, 디지털화 등의 여러 가지 공학적인 첨단 기술과 인간의 장점을 결합한 공학의 결합체이다.

건설 도장용 드론은 태블릿이나 스마트 폰의 앱을 통해 클라우드에서 분석한 데이터를 활용

10) 출처 : Doxel 사의 홍보 동영상(https://youtu.be/0369vlp_fjg)

하여 원격으로 제어할 수 있다. 원격 제어 기술은 반자율 건설기계에도 적용될 수 있고, 공사 관리자는 이러한 기술을 사용하여 작업자에게 즉시 작업 지침과 명령 등을 신속하게 내릴 수 있다.

바르셀로나에 기반을 둔 스케일드 로보틱스(Scaled Robotics) 사는 모바일 장치로 원격 제어할 수 있는 건설로봇을 제공하고 있는데 개발된 무인 지상 건설로봇은 건설현장 곳곳을 돌아다니며 여러가지의 센서를 통해 중요한 정보를 수집하여 저장한다. 이렇게 수집된 데이터는 클라우드로 전송되어 프로젝트의 BIM(건설정보모델링)과 연계되어 사용된다.

그림 2.18 Scaled Robotics 사의 원격 조정 로봇[11)]

5.7. 감시와 조사용 로봇

건설공사 이전과 작업 중, 그리고 작업이 완료된 이후에 수행하게 되는 검사를 하려면 작업장과 주변 지역을 면밀하게 검토해야 한다. 작업자를 감독하고 현장을 관리하기 위해서는 아무래도 제한된 감시가 필요하다. 공사 관리자와 감독자가 현장관리를 위한 검사를 수행하기 위해서는 반드시 현장을 걸어 다녀야 했지만 이제는 건설로봇과 드론이 현장관리를 위한 이러한 모든

11) 출처 : Scaled Robotics의 홍보 동영상(https://youtu.be/FAMJpijwQnQ)

과정을 손쉽게 도와주고 있다.

공중 드론과 지상 기반 로봇은 센서를 사용하여 작업장을 조사하고 여러 유형의 데이터를 수집한다. 이때 운영자는 증강현실과 가상현실을 통해 드론이나 로봇이 보고 있는 내용을 실시간으로 느낄 수 있다. 예를 들어 VR 헤드셋을 착용하고 그 과정을 시청하는 작업관리자는 드론에서 캡처한 비디오의 생생한 현황을 볼 수 있다. 한 단계 더 나아가 증강현실과 가상현실과 같은 몰입작업이 원격으로 제공되므로 작업관리자는 작업 현장에 있을 필요가 없다. 생생한 현장 중계는 나중에 재생할 수 있도록 녹화되어 필요할 때 언제든지 볼 수 있다.

그림 2.19 Skycatch 사의 Explor 1과 드론[12)]

외국의 선진 기업들은 이미 이러한 작업을 위해 드론 기술을 사용하고 있다. 2018년 중국의 드론 제조업체 DJI 사는 3D 사이트 맵(Site Map)과 프로젝트 사이트 모델을 생성하기 위해 1,000대의 고정밀 맞춤형 드론을 사용하기로 Skycatch 사와 파트너십을 체결했다.

12) 출처 : Skycatch의 홍보 동영상(https://youtu.be/3A7pvw92Cj4)

5.8. 로봇 시장의 미래

건설로봇에 대한 글로벌 시장은 로봇 개발자와 공급업체에게 엄청난 기회를 제공할 것으로 보인다. 시장조사기관인 트랙티카(Tractica)는 2018년 기준 2,270만 달러에서 2025년 2억 2,700만 달러로 건설로봇 시장이 급성장할 것이라고 예측하고 있다. 또한 글로벌 시장조사기관인 리서치 앤 마켓(Research and Markets)은 건설로봇 시장이 2025년 1억 2,640만 달러로 성장할 것이라고 예상하고 있다.

국제로봇협회(International Federation of Robotics and the Robotic Industries Association)에 따르면 건설로봇 시장은 2018년에서 2022년 사이에 8.7%의 연평균 성장률(CAGR)을 기록할 것이라고 밝혔다. 리서치 회사인 IDC는 20.2%의 연평균 성장률(CAGR)을 예상하여 더 낙관적으로 보고 있다.

자동화와 디지털화는 전통적으로 새로운 기술을 채택하는 데 소극적이던 건설산업에서 새로운 혁명을 주도하고 있으나 설계부터 시공, 최종 검사, 유지 관리에 이르기까지 건설로봇이 가지고 있는 모든 이점은 아직 실현되지 않고 있다.

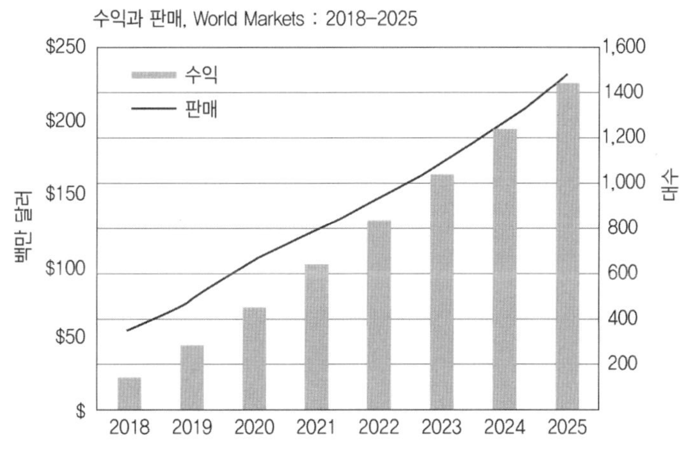

그림 2.20 트랙티카(Tractica)의 건설로봇 시장 예측[13)]

13) 출처 : 트랙티카(Tractica)

6 벽돌조적 로봇

6.1. Construction Robotics, MULE

최근 들어 중노동에 가까운 힘든 작업에 자동화 건설로봇을 활용하는 건설회사들이 증가하고 있다. 일부 작업자들은 자동화 건설로봇이 그들의 수고를 덜어주는 수단으로 보고 있는 반면 다른 이들은 그들의 일자리를 빼앗는 위협으로 보고 있다.

미국 Construction Robotics 사의 MULE(Material Unit Lift Enhancer)은 건설현장에서 최대 61 kg의 건설용 자재를 운반하여 특정 위치에 배치하도록 설계된 리프트 보조 장치이다. MULE을 사용하면 무거운 건설용 자재를 가볍게 들어 올릴 수 있기 때문에 작업자들의 피로와 부상을 줄이면서 생산성을 높일 수 있다. MULE의 장점은 아래와 같다.

- 인력 : 작업자들의 일자리를 감소시킬 것 같지만 실질적으로는 작업자들을 난이도가 있는 고급 기술작업을 할 수 있도록 전환시켜준다. 또한 새로운 인력을 유치하여 노동 부족 문제를 해결해 준다.
- 비용 : 블록 세트당 소요되는 공사 비용 감소
- 생산성 : 하루 종일 쉬지 않고 일관되게 작업하기 때문에 생산성이 크게 향상
- 안전보건 : 무거운 자재의 반복적인 인양 작업이 제거되어 작업자의 피로 감소
- 투자자본수익률(ROI) : 대부분의 경우 6개월 미만의 빠른 ROI
- 폐기물 감소 : 재료의 낭비를 줄이고 칩핑(Chipping)이나 손상 감소

MULE 로봇은 3.6 m의 거대한 팔을 사용하여 무거운 시멘트 블록을 들어 올려 조적하고자 하는 설치 위치에 블록을 놓는 역할을 한다. MULE은 최대 61 kg의 건설용 자재를 처리하며 작업자의 피로와 부상을 줄일 수 있으며 생산성을 50~400%까지 증가시킬 수 있다. 이 로봇은 조적작업자들이나 석공을 완전히 대체하지는 않고 대신 작업 방법을 개선함에 따라 작업자들은 고난이도의 품질을 향상시키는 작업 등에 투입된다.

그림 2.21 Construction Robotics 사의 MULE[14)]

6.2. Construction Robotics, SAM100

2007년에 설립되어 뉴욕에 본사를 두고 있는 Construction Robotics 사는 MULE과 SAM 100이라는 건설용 로봇을 개발하여 제공하고 있다. Semi-Automated Mason의 약자인 SAM 100은 Construction Robotics 사에서 벽돌조적 공사를 위해 최초로 상용화 시킨 벽돌쌓기 로봇이다. SAM 시스템은 공사비용을 절감하고 생산성을 높이면서 작업 품질도 높이기 위해서 벽돌조적공과 함께 작업하도록 설계되었다. 이 시스템은 벽돌을 들어 올리고, 모르타르를 바르고, 각 벽돌을 설치 위치에 배치함으로써 단순하고 반복적인 중노동 작업을 제거한다. 조적공은 벽돌이 정확하게 배치되었는지 확인하고 과도한 모르타르는 청소하며 조적 작업이 올바르게 되도록 관리하는 역할을 수행한다. SAM 100의 장점은 다음과 같다.

14) 출처 : https://www.construction-robotics.com/mule/

- 협업 : 조적공과 협업하도록 설계
- 비용 : 낮은 설치 비용(인건비 50% 이상 절감)
- 생산성 : 일반 조적공 대비 생산성 3~5배 향상
- 안전보건 : 작업자에 대한 건강 관리와 안전사고 감소
- 작업 계획 : 정밀한 작업 계획과 견적 능력 향상
- 데이터 : 생산 데이터는 지속적인 작업능력 개선에 반영

새 발톱 모양의 금속팔을 가지고 있는 SAM 100은 벽을 따라 앞뒤로 움직이며 7~10초마다 벽돌에 모르타르를 바르고 벽돌을 겹쳐서 조적 작업을 진행한다. 작업자들은 기존처럼 벽돌에 모르타르를 바르는 대신 품질향상을 위해 모르타르 줄눈 작업 등을 실시한다. 컨베이어 벨트와 로봇팔을 사용하는 SAM은 벽돌을 쌓는 반복적인 작업을 수행하는 반면, 조적공은 벽돌과 모르타르를 기계에 투입하고 SAM이 배치한 벽돌 주변을 청소하는 작업을 한다.

SAM 100과 같은 벽돌쌓기 로봇은 2017년에 처음으로 건설현장에 도입되었다. 반자동 기계인 SAM 100은 인간 작업자보다 더 빠르고 정확하게 벽돌을 쌓을 수 있고 날씨가 덥거나 춥다고 집중력을 잃거나 휴식을 취하지도 않는다. 조적작업자가 600개의 벽돌을 쌓을 수 있는 시간에 SAM 100은 같은 시간에 최대 4,000개를 조적할 수 있고 정확하게 조적작업이 가능하기 때문에 오류의 한계는 이제 밀리미터(mm) 단위로 줄어들었다.

그러나 SAM 100에게도 단점이 있다. SAM 100은 통제된 조건과 사람들이 모니터링 하는 상태에서만 간단한 조적작업을 할 수 있다는 점이다.

미국 일리노이주 해군 기지에서 7~10초마다 벽돌을 쌓을 수 있고 최대 61 kg의 블록을 들어올려 조적작업을 할 수 있는 SAM 100과 MULE의 도움으로 600명의 군인을 위한 300개의 침실이 있는 군용막사를 건설한 실적이 있다.

로봇들은 병가를 내거나 근육통을 앓지도 않으며 24시간 계속해서 일할 수 있다. 컨설팅 기업인 맥킨지에 따르면, 대다수의 대형 건설공사는 처음 계획하였던 예산보다도 20% 정도 초과하여 공사를 하게 되고 공사기간 또한 처음 예상했던 기간보다도 상당한 기일이 지연되고 있다고 분석했다. 이러한 문제가 발생하는 원인은 노동력 부족에 따른 생산성 하락이 가장 큰 원인으로 분석되었다.

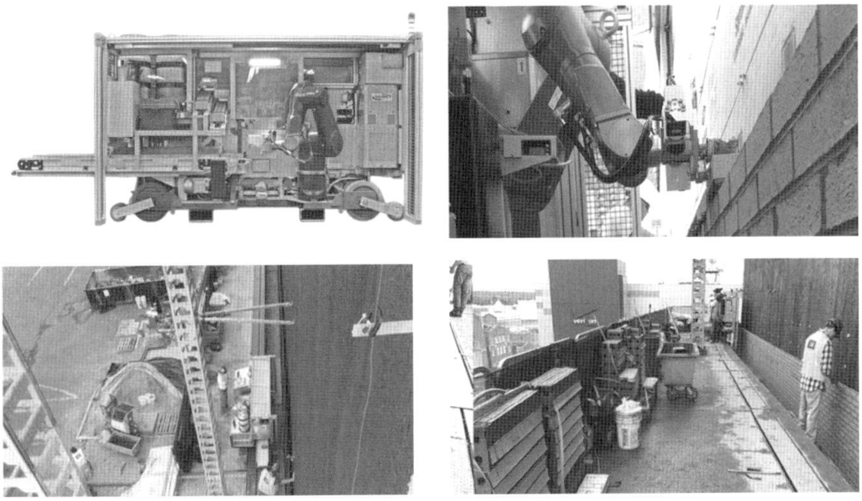

그림 2.22 Construction Robotics 사의 SAM 100[15)]

교량이나 도로 혹은 주택을 건설하는 건설공사는 제조업과 달리 기후가 악조건인 상태인 외부에서 주로 작업을 하게 된다. 가끔은 먼지를 뒤집어쓰기도 하고 몸이 피곤하여 잠깐 방심하면 생명을 잃을 수도 있는 매우 위험한 일이다. 따라서 건설부문은 보통의 제조업에 비하여 산업재해가 가장 많은 분야이기도 하다.

미국 노동통계국(Bureau of Labor Statistics)에 따르면 2017년 건설업 종사자 965명이 건설현장에서 사망했다. 그러나 이익률이 적고 작업 중 사고위험이 크며 공사기간이 빠듯한 건설공사 현장은 로봇과 같은 첨단기술 도입에 매우 신중한 태도를 보이고 있다. 새로운 첨단기술을 도입하려면 기존의 작업방식을 바꾸어야 하는데 이는 새로운 작업방식의 변경은 필연적으로 비용과 위험을 증가시키기 때문이다. 건설 일정 관리 소프트웨어, 조립식 주택 제조 공장, SAM 100과 같은 건설로봇 등을 개발하는 기업들은 첨단기술 도입만이 그동안 건설산업이 안고 있던 문제를 해결할 수 있다고 생각한다.

건설용 로봇을 활용하여 건설작업에 적용하는 움직임은 아직까지 초기 단계이다. 벽돌조적작업과 같은 특정 종류의 작업을 위한 로봇기술이 존재하긴 하지만 보다 세밀하고 정교함을 요하는 전기나 배관 작업과 목공작업을 대신할 만한 로봇은 아직까지 개발되어 있지는 않다.

15) 출처 : https://www.construction-robotics.com/sam100/

구매나 임대하는 데 소요되는 가격 또한 현장 적용을 가로막고 있는 주요 장애물이다. 예를 들어, 컨스트럭션 로보틱스 사가 판매하는 건설용 로봇의 가격은 7만 5,000~50만 달러를 호가하고 있다.

현장 적용을 가로막고 있는 또 하나의 문제점은 건설회사의 경영진이 건설로봇과 같은 첨단 기술을 선호할지라도 현장 감독부터 일선 작업자들까지 모든 관계자들을 설득해야 한다는 점이다. 벽돌 쌓는 로봇 SAM 100이 처음 공개됐을 때 일부 조적공들은 자신의 일자리를 잃을 수도 있다는 두려움 때문에 로봇에 대한 불안과 로봇이 과연 제대로 작업을 할 수 있을지에 대하여 불신을 나타냈었다.

그러함에도 불구하고 건설로봇인 MUEL은 세계벽돌공 및 세공사연맹(International Union of Bricklayers and Allied Craftworkers)으로부터 비교적 따뜻한 환대를 받았다. MULE의 팔은 최대 61 kg의 작업 도구나 석재, 콘크리트 패널 등을 신속히 들어 올릴 수 있어 작업자들의 육체적 피로를 덜어 줄 수 있기 때문이다. 그러나 MULE과는 달리 건설로봇인 SAM 100은 다른 대우를 받았다. 작업자들은 SAM 100이 그들을 언제든지 대체할지도 모른다는 불안한 감정을 가지고 있었기 때문이다.

6.3. Fastbrick Robotics, Hadrian X

호주 퍼스에 거점을 둔 벤처 기업인 패스트브릭 로보틱스(Fastbrick Robotics, FBR) 사는 아주 오래 전부터 적용되어 왔던 건설 방식을 자동화할 수 있다고 주장하고 있다. 아직 완벽하게 완성된 것은 아니지만 자동화 로봇인 Hadrian X를 개발했기 때문이다. FBR의 Hadrian X(로마 황제의 이름을 따서 명명)는 트럭에 장착된 크레인의 일종으로써 작업자들의 개입 없이 집 전체를 건설할 수 있다.

Hadrian X 로봇은 트럭이나 자동차에 장착할 수 있는 30 m 길이의 로봇팔을 가지고 있고 한 시간에 1,000개의 벽돌을 쌓을 수 있다. Hadrian X는 일반적인 규격보다 12배 큰 특수한 블록을 사용하여 50초마다 한 개의 블록을 쌓을 수 있다. 로봇은 다양한 작업 환경 조건에 적응할 수 있는데 바람이 불어 로봇 팔이 흔들릴지라도 특수 CAD 소프트웨어를 이용하여 초당 수백 번의 보정을 통하여 해당 블록을 정확한 위치에 쌓을 수가 있다.

10년의 연구 끝에 개발된 Hadrian X는 실내 테스트 기간 중 3일 만에 180 m^2의 집을 건설했다. 세계 최초로 전자동 로봇으로 실제 주택을 건설하는 데 성공한 것이다. Hadrian X가 3개의 방과 2개의 욕실을 갖춘 단독 주택을 건설하는 데는 불과 3일밖에 걸리지 않았다. 패스트브릭 로보틱스 사는 자동화 로봇을 사용해 건설한 주택이 법정 건축 기준을 충족시켜 건설용 로봇 상용화를 위한 가능성을 제시하였다.

영국에 거대한 방벽을 건설한 로마 황제 하이드리아누스의 이름을 딴 Hadrian X의 첫인상은 마치 굴착기와 유사하게 보이지만 하는 일은 완전히 다르다. 이 로봇이 하는 일은 고대로부터 수천 년 간 인간이 수작업으로 해왔던 벽돌쌓기를 자동으로 작업하는 것이다. Hadrian X는 몸체에 블록 유닛을 가지고 있다가 30 m에 달하는 거대한 팔을 통해서 차례로 공급을 한다. 블록 하나를 쌓을 때마다 시멘트 모르타르를 발라 주는 자동화된 장치가 존재하고, 벽돌 나르기에서 쌓기까지의 과정을 한 번에 해결하기 때문에 작업속도는 사람이 할 때보다 20배는 빠르다고 한다.

조적작업에 있어서 블록을 쌓는 일 자체보다 더 중요한 것은 블록을 정위치에 정확히 올리는 것이다. 숙련된 작업자라면 블록을 엉성하게 쌓아 올리지 않을 것이지만 블록을 정확하게 쌓아 올리는 작업에서는 로봇이 인간보다 못할 수도 있다. 아직 완전하게 모든 작업을 수행할 수 있는 로봇을 개발한 것은 아니지만 최근 호주 퍼스에서 첫 시범운영을 보여주었다.

자동화 로봇은 제조업체의 공장과 같은 좁은 범위의 작업공간 내에서 반복적인 작업을 수행하는 데 있어서는 탁월하다. 그러나 건설작업은 작업공간과 작업상황이 제조공장과는 정반대이다. 수시로 변하는 작업환경으로 인해 작업조건을 정확히 예측하기가 곤란하고 건설현장 전반에 걸쳐 다양한 제약 요인이 많다. 순간적으로 변화되는 날씨와 고르지 못한 지형 등과 같은 외부 요인은 말할 것도 없다.

최근 엔지니어링과 소프트웨어의 개선으로 로봇이 건설 세계에 진입하는 것을 볼 수 있다.

첨단기술을 결합한 벽돌쌓기 로봇은 CAD와 연동해서 건물을 건설하는 데 사용될 수 있다. 원리적으로 보면 벽돌을 일종의 잉크로 사용하는 일반 3D 프린터와 비슷하다고 생각하면 이해가 쉬울 수도 있다. 다만 벽돌쌓기 로봇은 벽돌이라는 흔한 소재를 사용함으로써 기존의 건축물과 이질감을 줄이고 건설현장에서 쉽게 통합해서 사용할 수 있는 장점을 가지고 있다. 그러나 이론은 그럴듯하지만 현실은 항상 다를 수 있다. 특히 경제성이라는 측면을 만족시키지 못하면 아무리 혁신적으로 보였던 제품이라도 사장되는 것이 시장의 원리이다. 벽돌쌓기 로봇이 이런 문제점들을 해결하고 빠른 시간 내에 상용화될 수 있을지는 자못 궁금하다.

건설로봇의 매력은 건설구조물을 더 빠르고 저렴하게 만들며 자동화를 통해 작업자들의 안전사고를 감소시키고 있는 점이다. 현재 미국 건설현장에서는 매년 약 1,000명이 낙하물과 기계로 인해 사망하는 사고가 발생하고 있다. 건설작업은 종종 반복적이며 부상 위험이 항상 존재하며 실외 환경은 최악의 조건이기 때문이다.

로봇을 이용한 건설 자동화는 이러한 모든 문제를 해결하기 위한 돌파구이다. 로봇은 무더운 여름이나 추운 겨울 동안 작업자들이 더 이상 야외에서 일할 필요성을 없게 만든다. 미래에는 로봇을 사용하면 집을 짓는 데 며칠밖에 걸리지 않고 현재 가격의 반값 이하로 건설이 가능하므로 건설산업 전체에 혁명을 일으킬 것으로 보인다.

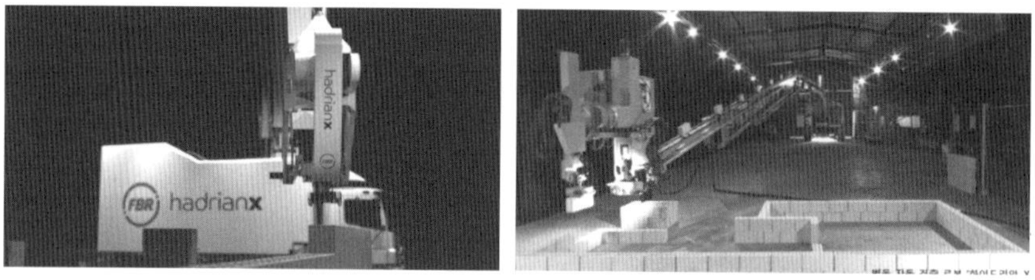

그림 2.23 Fastbrick Robotics 사의 Hadrian X

6.4. EU 프로젝트 ROCCO, 벽돌조립 로봇

지난 10년 동안 건설 자동화를 위해 벽돌쌓기 로봇과 파사드, 벽면 조립식 로봇 등 여러 가지 종류의 로봇이 개발되었다. EU 프로젝트 ROCCO는 벽돌조립을 위해서 도달거리가 10 m이고 최대 500 kg의 무게를 들어 올릴 수 있는 유압 6 DOF 로봇을 개발했다. 이 로봇은 벽돌조립을 수행하기 위해 자동 추적 레이저 거리계를 갖추고 있어 로봇의 팔 굴곡을 방지할 수 있다.

그림 2.24 EU 프로젝트 ROCCO, 벽돌조립 로봇[16]

16) 출처 : Carlos Balaguer and Mohamed Abderrahim(2008), Trends in Robotics and Automation in Construction, www.intechopen.com, InTech China

7 철근 배근, 운반 로봇

7.1. TyBot

Construction Robots 사의 TyBot는 철근 설치 작업을 위한 전용 로봇으로서 작업자 부상을 줄이면서 작업시간을 절약하는 데 도움이 되는 로봇이다. 이 로봇은 철근 결속을 낮이나 밤이나, 비가 오거나 눈이 오거나 쉬지 않고 계속해서 결속하는 작업을 실시하며 시간당 최대 1,000개를 결속할 수 있다.

그림 2.25 Construction Robots 사의 TyBot[17)]

17) 출처 : https://www.constructionrobots.com/tybot

주요 TyBot 로봇의 사양을 보면 다음과 같다.

- 철근을 결속 할 작업 영역의 자율 탐색
- 사전 매핑이나 보정이 필요 없음
- 작업속도 : 1,000타이/시간
- 작업일수 : 기존 대비 최대 50% 감소
- 휴식이나 부상 없이 낮이나 밤, 비가 오거나 눈이 오거나 작업실행
- 로봇 감독자 배치 필요 : 로봇 감독자는 로봇을 모니터링하고 현장에서 유지 보수 수행
- 크기가 다양한 철근 결속

7.2. IronBot

IronBot는 완전 자동화된 철근 운반 및 배치 로봇이다. 철근 설치 작업을 최대한 빠르게 하기 위해 철근 작업자와 함께 작업이 가능하도록 특별히 제작되었다. IronBot는 건설 설계도면에 따라 가로와 세로방향으로 철근을 운반하고 배치할 수 있다. IronBot가 한 묶음의 철근 배치를 마치면 다음 작업을 위해 이동하고 이러한 반복 작업은 작업이 완료될 때까지 계속된다.

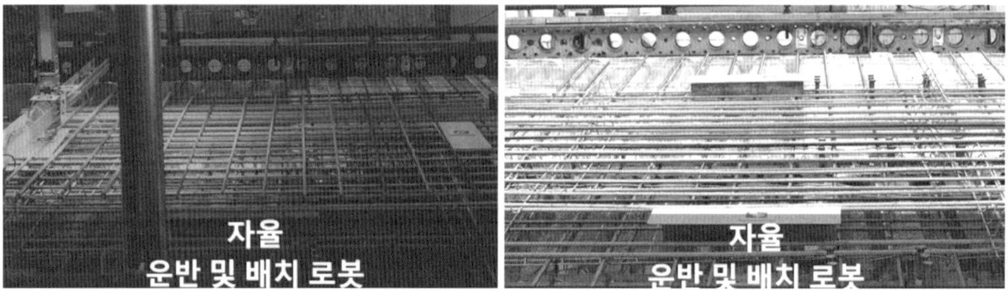

그림 2.26 Construction Robots 사의 IronBot[18)]

18) 출처 : https://www.constructionrobots.com/IronBot

IronBot는 철근 운반과 배치를 하는 작업활동 시간 동안 생산 속도가 매우 높다. IronBot와 TyBot는 비용 효율적인 측면에서 제한된 자원으로 최대한의 작업을 수행할 수 있도록 작업 인력을 최적화한다. IronBot와 TyBot를 함께 사용하면 작업시간을 최소한 1/2정도 단축이 가능하고 작업생산성은 두 배 정도가 향상된다. IronBot는 2021년 말에는 상용화될 예정이다.

7.3. 철근 운반용 토글(Toggle) 로봇

뉴욕 소재 토글(Toggle) 사가 제작한 약 1.5 m 크기의 로봇들은 콘크리트 건설에 사용되는 육중한 철근을 들어 올리고 자재를 능숙하게 취급한다. 그동안 작업자들은 정밀도가 요구되는 마무리 작업을 담당한다.

그림 2.27 철근 운반용 토글(Toggle) 로봇

8 해체 및 검사용 로봇

8.1. ERO 콘크리트 해체 로봇

ERO(Concrete Recycling Robot) 콘크리트 해체 로봇은 스웨덴 Umeå 디자인 스쿨의 Omer Haciomeroglu라는 학생이 개념을 처음으로 고안했는데 콘크리트를 자동으로 분쇄해 재사용이 가능하도록 도와주는 로봇이다.

해체할 콘크리트 벽의 서로 다른 위치에서 작업하는 두 로봇은 고압 워터제트를 사용하여 철근에서 콘크리트를 벗겨 내고 그 자리에서 재활용한다. 재건축 예정인 기존 건물의 콘크리트를 자동으로 분해해서 재활용하도록 돕도록 하는 신개념의 콘크리트 로봇이다.

그림 2.28 ERO 콘크리트 해체 로봇19)

대형 파쇄 장비나 굴착기의 도움 없이 건물의 벽에서 손쉽게 콘크리트만을 떼어내어 사용할 수 있도록 고안되었다. 지금까지 건물이나 빌딩을 해체할 때는 다이너마이트 폭탄을 쓰거나 대형 크레인과 굴착기와 같은 중장비를 사용했다. 그러나 이런 중장비들은 콘크리트 폐기물을 재활용할 수 있도록 분해해 주지는 못했지만 개발된 ERO 콘크리트 해체 로봇은 재활용이 가능하다. 이 로봇에는 단단한 콘크리트 벽에서 콘크리트를 떼어낼 수 있도록 고압 분사기와 강력한 흡입력을 만들 수 있는 진공청소기 기술이 적용되었기에 재활용이 가능하다. 이 로봇을 이용하여 작업하면 지금까지와는 달리 건물의 해체 잔해가 거의 발생하지 않게 된다. 부서져서 수거된

19) 출처 : https://www.omerh.co/product-design/

콘크리트는 다시 새로운 건축물의 재료가 되어 블록으로 제작되고, 철골도 새로운 건축물 구조 재료로 다시 만들어지게 된다. 지구 환경보호와 자원의 재활용 측면에서 이 로봇이 반드시 필요한 이유다.

8.2. 검사용 로봇

인공지능(AI)과 결합된 로봇이 건설현장을 서서히 침범하고 있다. 센서와 인공지능(AI)의 발전에 힘입어 로봇이 건설산업을 자동화하는 데 앞장서고 있다. 2020년 1월에 발표된 IDC 보고서에 따르면 건설로봇에 대한 수요는 2023년까지 매년 25% 정도 증가할 것으로 예상했다.

건설작업을 수행하는 작업환경은 매우 다양하고 복잡하며 작업공정이 수시로 변화하기 때문에 건설현장에 로봇을 배치하는 것은 사실 오랫동안 비실용적이라고 생각했었다. 그러나 지난 몇 년 동안 레이저 센서, 저렴한 로봇팔과 그리퍼[20], 탐색 장비와 컴퓨터 소프트웨어 등의 비약적인 기술 발전으로 인해 드디어 건설작업을 자동화할 수 있게 되었다.

건설현장을 서서히 침범하고 있는 자동화 기계인 로봇은 건설시장에서 자원의 낭비를 줄이는 데 도움을 줄 것이고 건설생산성을 향상시켜 줄 것이다. 건설 자동화와 로봇의 활용은 건설시장에서 노동에 대한 수요를 더 많이 변화시킬 수 있을 것이다.

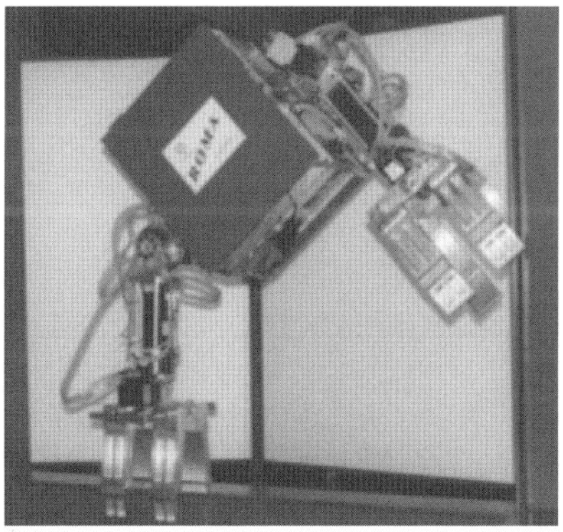

그림 2.29 ROMA 등반 검사 로봇

20) 로봇 그리퍼(Gripper)는 사람의 손과 발에 해당한다. 로봇 그립핑 시스템은 반복적인 사이클, 무거운 하중 처리, 사람의 손이 작동할 수 없는 극한의 온도와 환경에서 작동하기 때문에 사람의 손을 대체하기 위한 것이다.

국가 인프라 시설의 정기 점검과 유지 보수는 또 다른 중요한 분야이다. 건물 구조부재, 복잡한 지붕, 연안 플랫폼, 교량, 터널 등의 검사는 광범위하고 매우 중요한 작업 분야이다. EU에는 42,000개 이상의 강철 교량이 있는 것으로 추정된다.

그 동안은 검사를 위해 점검원들이 위험한 장소에 올라간다든지 밀폐된 공간에 들어가 점검을 하다 보니 위험하고 제대로 검사도 수행할 수가 없었다. 이러한 문제를 해결하기 위해서 개발된 것이 검사용 로봇이다.

복잡한 3D 환경에서 이동할 수 있는 ROMA 등반 검사 로봇은 현장 데이터를 지상 시스템으로 전송하기 위해 여러 검사 센서(레이저 거리계, 컬러 카메라)를 보유하고 있다. 이 로봇의 핵심 요소기술은 고소에서 땅으로 떨어지지 않고 버틸 수 있는 방법(그리퍼, 전자석, 흡입 컵 등)에 있다.

8.3. 보스턴 다이내믹스, 로봇 개 스팟(SPOT)

미국 보스턴 다이내믹스 사가 개발한 로봇 개인 스팟(SPOT)이 샌프란시스코 국제공항 하베이밀크 터미널 신축공사 현장에 투입되어 작업을 하였다. 로봇 개인 스팟(SPOT)은 가상현실 소프트웨어를 장착하여 대형 건설공사 현장에서 현장을 관리하고 점검하는 일을 수행했다. 스팟의 임무는 가상현실 소프트웨어를 이용해 현장 구석구석을 360도 사진으로 촬영하는 것이다. 이렇게 촬영된 사진정보를 이용해 현장을 가상현실로 재구성하면 엔지니어들이 이를 보고 작업의 진행 상황을 점검하는 방식으로 운영된다. 지금까지 현장 촬영 작업은 사람이 직접 카메라를 들고 다니며 수행했는데 이를 스팟으로 대체한 것이다. 이러한 자동화 시스템을 이용하면 현장 점검 결과를 문서로 작성하여 보고까지 걸리는 시간을 절반으로 줄일 수 있게 된다.

스팟은 기본적으로 자율주행이 아닌 원격 제어로 이동한다. 하지만 일단 경로정보가 입력이 되면 그 다음부터는 센서로 장애물을 피하면서 경로를 스스로 이동해갈 수 있다. 처음 한 번만 전용 스마트폰 앱인 '스팟워크(Spot Walk)'로 스팟을 원격 조종하여 경로 지도를 작성해 놓으면 나머지는 스스로 알아서 작업을 수행하게 된다. 스팟 스스로 가야 할 경로 중에서 어느 지점의 사진을 찍을지를 결정하여 정하면 스팟은 그 위치의 사진을 찍게 된다.

그림 2.30 원격 제어를 받으며 건설현장을 이동하는 로봇 개 '스팟'

그림 2.31 전용 앱으로 통제되고 있는 로봇 개 스팟

스팟은 일반적인 보통의 개처럼 한 번은 꼭 훈련을 시켜야 된다. 마치 살아있는 개처럼 자연스러운 동작으로 건설현장을 누비고 다니는 스팟의 모습은 가히 감탄을 자아내게 한다. 그러나 능숙하고 민첩한 스팟의 이동이 자율 제어가 아닌 원격조종에 의한 것이라는 점과 장애물은 피할 수는 있지만 제거할 줄은 모른다는 한계를 가지고 있다. 상상 속의 로봇과 현실 사이엔 아직도 꽤 많은 거리가 있다.

보스턴 다이내믹스 사의 대표작인 4족 보행 로봇인 스팟은 2015년 처음 선보인 이후 장애물 피하기, 계단 오르내리기, 발로 차도 쓰러지지 않기, 문 여닫기, 쓰레기 버리기, 캔맥주 전달하기, 음악에 맞춰 춤추기 등 다양한 동작 능력을 계속해서 추가해 왔다.

미국 MIT의 로봇공학 교수 마크 레이버트(Marc Raibert) 박사가 2002년 창업한 보스턴 다이내믹스 사는 초기엔 미국 국방부와 군사용 로봇 개발 프로젝트에 치중하다 구글을 거쳐 2020년 말에 국내 현대자동차그룹에 인수된 이후 로봇 상품화에 적극적으로 나서고 있다.

8.4. 배관작업 검측용 독셀(Doxel) 로봇

로봇 스타트업체인 독셀(Doxel) 사는 3D 비전과 인공지능(AI)을 탑재한 상태에서 건설현장을 돌아다니고 그 위를 비행하는 드론과 자율운행 로봇을 제작했다. 이 로봇과 드론들은 현장에서 배관작업이 얼마나 진행됐는지 그리고 제대로 마무리됐는지 여부를 검측한다. 샌프란시스코 베이 에어리어(Bay Area) 지역에 위치한 로봇과 드론을 개발하는 다수의 스타트업체들도 이러한 흐름에 가담하고 있다.

그림 2.32 건설현장이 쉬는 동안에도 묵묵히 일하는 독셀(Doxel) 로봇

8.5. 더스티(Dusty) 로보틱스, 위치표시 소형로봇

더스티 로보틱스(Dusty Robotics) 사가 제작하는 소형로봇들은 현장을 돌아다니며, 설계 도면에 따라 콘크리트 바닥에 벽과 기반시설의 위치를 표시한다.

그림 2.33 더스티 로보틱스, 위치표시 소형로봇

더스티 로보틱스(Dusty Robotics) 사의 첫 번째 제품인 Field Printer는 배치 계획을 인쇄하는 자율형 모바일 로봇으로써 콘크리트 바닥에 벽과 기타 고정 장치의 설치 위치를 표시해주고 있다. 기존의 방법보다 10배 빠르고 정확하게 이러한 과정을 수행한다. Field Printer는 BIM 소프트웨어에서 작성된 레이아웃을 사용하여 배치 계획을 현장에 표시하는 프로세스로 운영된다.

9 건물 내부 마감용 로봇

9.1. Kajima의 내벽 조립 로봇

건물의 내부 마감 작업은 시간이 많이 소요되고 높은 정확도를 필요로 한다. 콘크리트 타설, 다짐 및 바닥 콘크리트의 두께 제어, 도장, 철골 기둥 화재 방지 작업, 내부 벽과 천장 조립 등과 같은 다양한 작업을 수행할 수 있는 여러 종류의 모바일 조립로봇 등이 개발되어 사용되고 있다. 이러한 로봇의 대부분은 이동이 쉽고 간단히 작업을 수행할 수 있다.

이 유형의 가장 대표적인 로봇은 일본 카지마(Kajima) 사의 Mighty Hand 로봇인데 주로 내벽 조립작업을 위해 무거운 물건 등을 들어 올리는 데 사용되고 있다.

그림 2.34 Kajima의 내벽 조립 로봇[21)]

9.2. Takenaka의 콘크리트 콤팩터 로봇과 Kajima의 콘크리트 마감 로봇

다케나카(Takenaka) 사의 SurfRobo는 콘크리트 콤팩터 로봇으로써 두 세트의 회전식 플로트(Float)를 사용하여 콘크리트 바닥을 자동으로 다짐한다. 또한 Kajima 사의 콘크리트 바닥 표면 마감 로봇도 같은 역할을 수행한다. 두 로봇은 이미 여러 건설현장에서 사용된 지 오래되었고 수천 개의 건설공사현장에서 수많은 작업자를 대체하는 데 성공했다.

21) 출처 : Carlos Balaguer and Mohamed Abderrahim(2008), Trends in Robotics and Automation in Construction, www.intechopen.com, InTech China

그림 2.35 Takenaka의 콘크리트 콤팩터 로봇과 Kajima의 콘크리트 마감 로봇[22)]

9.3. 기둥 용접용 WR 이동 로봇

철골구조의 조립은 기둥 대 기둥, 기둥 대 보 접합부를 용접으로 수행하는 경우가 많다. 일본의 WR 이동 로봇은 다양한 철골 기둥 용접을 수행하는 로봇으로써 최대 100 mm 두께의 원형, 정사각형, H형 강철기둥이나 상자 단면 부재 용접이 가능하다.

그림 2.36 기둥 용접용 WR 이동 로봇[23)]

22) 출처 : Carlos Balaguer and Mohamed Abderrahim(2008), Trends in Robotics and Automation in Construction, www.intechopen.com, InTech China

23) 출처 : Carlos Balaguer and Mohamed Abderrahim(2008), Trends in Robotics and Automation in Construction, www.intechopen.com, InTech China

9.4. 시미즈 건설의 시미즈 스마트 사이트 로봇

일본은 건설공사 현장에 건설용 로봇을 적극적으로 투입하고 있다. 건설 분야는 오랫동안 3D(더럽고 위험하며 힘들다는 표현으로서 일본에서는 3K로 표현한다) 업종의 대표로 꼽히고 있다. 일본에서 건설현장의 로봇 투입은 당장 부족한 인력을 대체하는 수준이지만 머지않아 건설산업의 스마트(Smart)화된 이미지로 개선하는 데 주도적인 역할을 할 것으로 보인다.

일본의 4대 건설사 중 한 곳인 일본 시미즈 건설(Shimizu Corp.)은 로봇과 사람이 공동으로 작업을 진행하는 차세대 건축생산 시스템인 시미즈 스마트 사이트를 고층 호텔 건설현장에 투입하였다. 시미즈 스마트 사이트 로봇은 자재 반송 수평 로봇인 '로보 - 케리어'와 철골 용접 로봇인 '로보 - 웰더', 그리고 천장 시공용 로봇인 '로버 - 버디' 등으로 이루어져 있다.

천장 마감 작업 로봇인 '로버 - 버디'는 센서로 자신의 위치를 파악하고 끝에 달린 카메라로 주변 상황을 입체적으로 파악하여 1.8 m 길이의 팔 2개를 이용해 합판을 정확하게 천장에 부착할 수 있다. 천장 마감 작업은 작업자들이 비계상의 작업 발판 위에서 머리로 합판을 떠받치며 전동 공구 등을 이용해 고정하는 일이기에 작업자들의 목이나 허리 등 신체에 큰 부담을 주었던 것이 사실이다.

그동안 건설현장은 좁은 실내공간에서 여러 명의 작업자가 함께 작업하는 경우가 흔해서 로봇 활용이 어려웠던 것이 사실이다. 또한 장애물도 많아 GPS 전파 전달도 쉽지 않았지만 꾸준한 기술개발을 통해 이러한 문제점의 상당 부분이 해결되었다.

건설용 로봇인 시미즈 스마트 사이트는 현장 작업자가 단말기를 통해 작업 지시를 내리면 로봇은 24시간 동안 작업이 가능하므로 인력난이 심화되고 있는 건설현장에 유용한 해결책이 될 것으로 기대를 모으고 있다. 이 로봇은 장기적으로 건설공사 작업 공정에 필요한 기술 인력을 70%까지 절감할 수 있을 것으로 전망되고 있다.

그림 2.37 시미즈 건설의 천장 시공 로봇 '로버 버디'

9.5. 타이세이 건설(大成建設)의 콘크리트 바닥 작업용 로봇

일본의 또 다른 건설사인 타이세이 건설(大成建設)은 건설공사 과정에서 콘크리트 바닥 마무리 작업은 작업자의 허리가 상하기 쉽기 때문에 작업자를 대체할 수 있는 로봇을 개발했다. 작업자들이 불편한 자세로 장시간 작업을 수행해야 하는 콘크리트 바닥 마무리 작업을 로봇이 대신함으로써 작업자의 육체적인 피로를 줄이고 작업장에 투입되는 인력도 절감할 수 있게 됐다. 현장 작업자들이 마무리 작업하는 것과 비교해 3~4배 정도 작업효율이 높은 것으로 알려졌다.

이 로봇은 무게가 약 90 kg으로 소형 트럭이나 작업용 엘리베이터를 활용해서 손쉽게 운반될 수 있다. 충전 가능한 착탈식 배터리를 사용하면 3시간 정도 구동이 가능하고 건축이나 토목 작업에 구애받지 않고 콘크리트 바닥을 마무리할 필요가 있는 건설현장 어느 곳에서나 이용할 수 있다. 컨트롤러를 활용해 무선 조종도 가능하다.

그림 2.38 타이세이 건설(大成建設) 콘크리트 바닥 작업용 로봇

일본의 건설회사들이 건설용 로봇을 적극적으로 개발하는 이유는 다음과 같다.

- 유럽이나 미국 등과는 달리 위험하고 더럽고 힘든 3D 업종 기피에 따른 문제를 로봇으로 대체 차원
- 일본의 건설업 부가가치 노동생산성은 지난 10여 년간 약 5% 저하되어 제조업에 비하여 상당히 낮고 심각한 건설 작업자 부족 문제를 해결하는 차원
- 일본 국토교통성이 건설산업 생산성 향상을 위하여 로봇 활용을 중점 4개 과제 중의 하나로 선정함에 따라 현장 시공 성력화(省力化)를 도모하기 위해서는 로봇화의 필요성이 강하게

제기

- 새로운 기술을 개발하기 위한 건설회사의 연구소가 세계에서 가장 잘 갖추어져 있을 뿐만 아니라 정부의 적극적인 협조와 건설로봇 개발에 대한 세제 해택

9.6. Shimizu의 SMAT 시스템

고층 건물에 적용된 일본의 건설 자동화와 로봇화 중 특이한 프로젝트는 시미즈(Shimizu) 사가 개발한 SMAT 시스템으로써 30층 이상인 건물 건설에 사용되었다. 건물은 제조공장에서 완전히 건설된 다음 구축하고자 하는 최종 위치로 운송된다. 'Bolder'라고 불리는 10층 건물은 3일 동안 물에서 운송되었다.

그림 2.39 물에 의한 대형건물 운송

지금까지 개발된 일본 건설로봇의 활용 현황을 살펴보면 건축공사 중 철근공사나 콘크리트 공사 등에서 많이 사용되었고 콘크리트 타설 · 균등화 · 면 고르기, 실드 작업 등의 다양한 작업을 위한 건설용 로봇이 개발되어 있다. 도시의 지하쉴드(Shield) 터널 작업에서 세그먼트 조립작업의 자동화는 이미 실용화 단계에 있는 것으로 보인다. 토목공사에서는 기초공사, 터널공사 등에서 사용이 많았는데 이러한 이유는 비교적 이동이 별로 없고 상대위치가 쉽게 결정될 수 있으며 재료의 품질 등도 사전에 쉽게 알 수 있기 때문인 것으로 생각된다.

일본 국토교통성은 로봇 활용을 적극적으로 지원하기 위해 신규 발주 건설공사에서 로봇을 도입할 경우 입찰 평가 기준의 하나인 공사 실적에 가산점을 주고 있다.

10 Tiger Stone, 도로 보도블록 설치 로봇

네덜란드의 타이거 스톤(Tiger Stone)이라는 회사는 모내기 하거나 양탄자를 깔듯이 보도블록을 까는 방법을 고안해 냈다. 보도블록은 건설기계의 호퍼에서 원하는 패턴으로 작업자들이 손으로 공급한 다음 보도블록을 하나의 연속 시트로 배치한다. 보도블록 설치를 위해서는 이양기 모판처럼 기계 위에서 사람이 서서 조립을 해줘야 한다. 아직까지 전자동은 아니므로 두세 사람이 위에 올라가 패턴에 맞게 보도블록을 조립작업만 해주면 된다. 보도 설치가 완료 되면 다짐기계를 이용하여 다짐작업을 해 주면 되고 작업이 끝나면 트레일러를 이용하여 손쉽게 기계의 이동이 가능하다. Tiger Stone은 단 두 명의 작업자를 사용하여 하루 만에 3,229개의 보도블록을 설치할 수 있다.

그림 2.40 보도블록을 설치하는 타이거 스톤[24)]

24) 출처 : 타이거 스톤(Tiger Stone)

11 KEWAZO의 Liftbot, 비계 설치 로봇

독일 뮌헨의 스타트 업체인 케와조(KEWAZO) 사는 비계 조립 중에 자재를 적시적소에 제공하여 비계 설치·해체 공사를 크게 개선하는 Liftbot 로봇을 개발하였다. 이 회사는 건설현장과 산업 플랜트 현장을 위해서 엘리베이터와 호이스트를 개발하여 제공하고 있다. 지능형 로봇 솔루션인 Liftbot은 비계 조립 중에 비계 부재를 효율적이고 안전하게 운송할 수 있으며 자동 운송과 무선 제어가 가능하다. 로봇은 필요한 운반 높이를 감지하고 자동으로 그 높이까지 비계 부재 등을 전달한다. Liftbot은 전원 케이블이 필요 없고 배터리로 구동되며 기존의 건설용 리프트에 필요했던 에너지의 25%만 사용한다. Liftbot의 장점을 살펴보면 다음과 같다.

- 비용 절감 : 자동화된 조립으로 인건비를 최소 33% 절감할 수 있다. Liftbot을 사용하면 두 명의 작업자만으로도 대형 비계를 조립할 수 있다.
- 유연성 증가 : 간편하게 재설치가 가능한 경량 운송 로봇이다.
- 인력 부족 문제 해결 : 작업자 수를 줄이고 높은 신체적 부담을 줄여 비계 조립의 효율성을 높일 수 있다.
- 공기단축 : 일정한 자재 공정 흐름으로 인해 조립 속도가 최대 42%까지 빨라진다.

그림 2.41 KEWAZO의 Liftbot[25)]

25) 출처 : https://www.kewazo.com/

- 안전 보장 : 고소에서 위험한 운반작업이 자동화되어 사고를 줄이는 데 도움이 된다.
- 실시간 데이터 제공 : 비계 조립 공정(재료, 사람, 공정)에 대한 정보를 지속적인 제어로 작업 최적화가 가능하다.

KEWAZO는 2019년 7월부터 건설현장과 플랜트 산업현장에서 Liftbot을 성공적으로 시범 운영하고 있다. 첫 번째 프로젝트는 응용 프로그램 파트너인 Bilfinger arnholdt 사와 함께 독일 최대 정유소에서 수행되었다. 시범 운영 결과 KEWAZO의 Liftbot은 비계조립 작업 시간의 21~44%를 절약할 수 있었다.

12 건식 벽체 마감을 위한 캔버스 로봇

건설용 로봇은 용접, 드릴링, 벽돌쌓기 등의 특수한 건설 작업을 대신할 수 있다.

캔버스(Canvas) 사는 숙련된 인간 작업자만큼이나 예술적이고 정밀시공이 요구되는 건식 벽체를 만들 수 있는 인공지능을 접목한 로봇을 개발했다. Canvas 사의 공동 창립자이자 CEO인 Kevin Albert는 보행 로봇으로 유명한 Boston Dynamics 사에서 근무한 적이 있다. 그는 건설 산업을 모바일 제조로 간주하면서 건설 분야에서 연간 1조 4천억 달러의 시장 창출이 가능하고 미국 GDP의 약 7%를 차지하는 훌륭한 시장이 될 것이라고 예상했다.

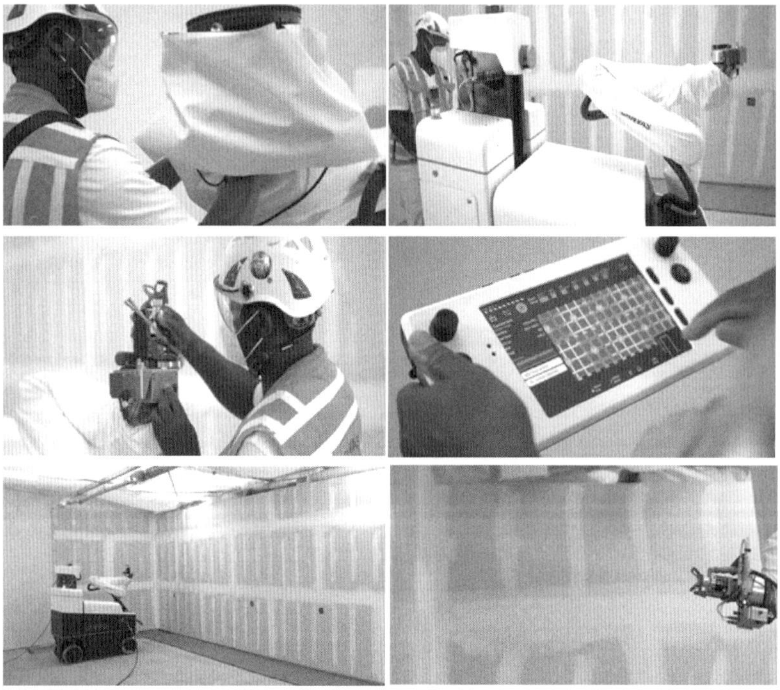

그림 2.42 건식 벽체 마감을 위한 캔버스 로봇[26)]

26) 출처 : https://www.wired.com/story/robots-invade-construction-site/

캔버스 로봇은 짧은 시간에 많은 건식 벽체 작업을 수행할 수 있다. 비록 아직까지는 사람에 의하여 관리 감독이 필요하지만 로봇을 운영하는 사람은 꼭 전문 건식 벽체 작업자이거나 로봇 공학자일 필요는 없다.

주방용 스토브 크기의 4륜 로봇인 캔버스 로봇은 레이저 스캐너와 수직 플랫폼에 장착된 로봇팔을 활용하여 작업할 공간을 탐색한다. 작업할 공간에 배치되면 라이다를 사용하여 미완성된 벽을 스캔하게 된다. 그런 다음 건식 벽체를 만들기 전에 표면을 거의 완벽하리만큼 매끄럽게 처리한다. 이때 센서를 사용하기 때문에 작업자가 전혀 필요 없게 된다.

2020년 이 로봇은 몇 달 동안 샌프란시스코 국제공항의 Harvey Milk Terminal과 Chase Center 경기장에 연결된 사무실 건물 등의 건설현장에 배치되어 운영된 적이 있다.

13 일본 Obayashi의 댐을 건설하는 로봇

일본의 건설업체인 오바야시(Obayashi) 사는 노동력 부족과 고령화 문제를 해결하기 위해 댐을 건설할 때 로봇을 사용하기 시작했다. 시범적으로 적용된 프로젝트 현장은 일본 남동쪽 해안에 있는 미에현의 콘크리트 댐 현장이며 84 m 높이의 이 구조물은 2023년 3월에 완공될 예정이다.

높이 84 m, 길이 334 m의 댐 건설을 위한 모든 과정에는 어떤 형태가 됐든 일부 자동화 기술이 포함된다. 오바야시 사는 콘크리트 층을 쌓아 댐을 형성하는 자동화 장비를 개발하여 작업공정을 간소화시켰다. 오바야시의 자동화 시스템은 댐 건설과 기타 응용 분야에서 판도를 바꿀 것으로 예상된다. 오바야시의 자동화 시스템은 댐 기초를 작업하고 콘크리트를 타설하는 초기 작업에 집중된다. 콘크리트를 타설하기 위해 설치된 타워 크레인은 사무실 컴퓨터에 의해 원격으로 제어되며 작업 위치와 공사 진행 상황을 모니터링 하게 된다.

댐 건설은 누수 침투를 방지하기 위해 모든 틈새를 긴밀하게 밀폐해야 한다. 타설된 콘크리트 표면은 서로 단단히 결합하도록 하기 위해서 숙련된 작업자가 평평해질 때까지 다짐작업을 실시해야 한다. 오바야시 사는 사람이 칫솔질을 하는 것처럼 작동하는 로봇을 개발했다. 주기적인 솔질의 빈도와 표면의 압력이 자동으로 원격 제어된다.

그림 2.43 자동화 장비를 활용한 댐 건설현장[27)]

오바야시 사가 이 로봇을 개발하였지만 실제 운영하는 과정에서 작동이 잘 안 될 경우 즉시 작업자들을 현장에 투입해야 했기에 생산성은 약 10%만 증가했다. 오바야시 사는 계속해서 더 많은 기술개발과 노하우를 습득하여 작업에 필요한 인력을 줄일 계획이다. 아마도 향후에는 공사시간을 30% 정도 단축할 수 있을 것으로 보인다.

일본의 또 다른 건설회사들도 자동화 작업을 추진하고 있다. 카지마(Kajima) 사는 자율주행 불도저와 덤프트럭을 개발하여 하루 24시간 동안 공사를 계속할 수 있도록 했고, 홋카이도의 댐 건설공사 현장에서 처음으로 콘크리트 거푸집의 인양작업을 자동화하여 사용하기도 했다.

댐 건설은 수많은 반복 작업이 필요하고 넓은 부지에서 작업하는 경향이 있기 때문에 자동화 장비를 사용함에 따라 작업자가 다른 건설기계나 장비에 부딪힐 위험은 상대적으로 적다.

일본 건설협회에 따르면 일본의 건설산업은 현재 전체 작업자의 35%가 55세 이상으로 빠르게 고령화되고 있다고 한다. 기업들은 현재 근무하고 있는 작업자들이 은퇴하기 전에 그들의 전문 지식을 바탕으로 자동화 로봇을 만들기 위해 노력하고 있다. 이렇게 개발된 첨단기술은 건설산업을 기피하는 젊은 세대가 가지고 있는 건설업에 대한 부정적인 고정 관념을 해소하고 건설 분야에 유입되도록 하는 데 일조할 것으로 기대된다.

2024년부터 건설현장에 적용되는 초과 근무에 대한 엄격한 규제가 자동화 로봇 개발에 크게 기여했다. 건설회사들은 건설공사 현장에서 일주일에 이틀을 쉴 수 있다는 목표를 달성하기 위해서 고군분투하고 있다. 건설회사들은 댐 현장이 아닌 다른 유형의 건설현장에서도 자동화 기술을 적용하려고 노력하고 있다. 자동화된 건설용 로봇은 건설현장의 생산성을 높이는 최고의 방법일 뿐만 아니라 일본 건설회사 경쟁력의 주요 요소가 될 것이다.

27) 출처 : 일본 오바야시 건설회사 및 NIKKEI Asia(https://asia.nikkei.com)

14 인간과 닮은 휴머노이드 로봇

14.1. 휴머노이드의 진화

'휴머노이드 로봇(Humanoid Robot)'이란 인간의 신체와 똑같은 구조로 만들어져 인간을 대신하거나 인간과 협력할 수 있는 지능을 가진 로봇을 말한다. 인간을 대신하고 협력하기 위해 인간과 똑같은 인식 기능과 운동기능을 구현토록 하기 위해서는 총체적 기술 발전이 요구되기 때문에 가장 고난도의 지능형 로봇이라고 할 수 있다.

다시 불붙은 인간형 로봇 한·미·일 삼국지

* 자료 : 각 사

	휴보(HUBO)	로보티즈 미니	T-HR3	아시모(Asimo)	아틀라스(Atlas)
개발자	한국 KAIST	한국 로보티즈	일본 도요타	일본 혼다	보스턴 다이내믹스
크기	175 cm, 85 kg	27 cm, 667 g	154 cm, 75 kg	130 cm, 50 kg	150 cm, 75 kg
특징	2015년 미 재난로봇 경진대회에서 우승	뉴욕타임스 선정 2014년 10대 가정용 로봇	인간의 동작대로 원격 조종 가능	관절 57개로 자연스러운 움직임	뒤 공중제비, 점프가능
상용화 방향	인간과 일하는 산업용 협동 로봇(코봇)	코딩교육 대화형	가정용 서비스	구조·탐색용	구조·탐색용

그림 2.44 휴머노이드의 진화

미국 보스턴 다이내믹스가 만든 휴머노이드(Humanoid, 인간형 로봇)인 '아틀라스(Atlas)'는 점프를 하고 뒤로 공중제비를 완벽하게 할 수 있다. 일본 자동차업체 도요타가 개발한 신형 휴머노이드 'T-HR3'는 온몸에 32개의 관절과 10개의 손가락이 있어 사람처럼 움직이고 걸을 수 있다.

휴머노이드 로봇 개발은 로봇공학자들의 오랜 꿈이었다. 인간 곁에서 곤경에 처한 인간을 도와주는 휴머노이드 로봇은 공상과학 영화나 애니메이션의 단골 주제였지만, 인간의 형상을 하고 인간처럼 사고하며 행동하는 휴머노이드 로봇 개발은 결코 쉽지 않은 과제였다. 지금의 기술로는 아직 인간을 완벽하게 대신하기에는 무리가 있지만 끊임없는 연구와 발전이 계속되고 있다.

최근 가장 핫한 AI 로봇인 '소피아'는 홍콩에 본사를 둔 한슨 로보틱스(Hanson Robotics)가 개발한 휴머노이드 인공지능 로봇이다. 소피아는 사우디아라비아의 시민권을 취득한 최초의 인공지능 로봇이다. 그녀의 얼굴은 오드리 헵번을 본떠 만들어졌는데 소피아는 62개 이상의 얼굴표정을 갖고 있으며, 농담도 하고 다양한 표정을 지으며 사람들과 대화를 나눈다. 사람과 대화를 나눌수록 소피아는 더욱 진화하고 성장한다. 상황에 따른 사람의 표정과 제스처 등을 관찰하고 습득해 더욱 인간과 흡사한 표현을 하게 된다.

일본의 소니 사는 인공지능 로봇인 강아지 '아이보(AIBO)'를 공개했다. 아이보(AIBO)는 주인을 알아보고 주인이 부르면 꼬리를 흔들고 머리를 갸우뚱하거나 몸을 긁는 행동 등을 한다. 진짜 살아있는 강아지와 똑같이 행동을 한다. 단순히 행동만을 묘사하는 것이 아니라 공간과 사람을 인식하고 시간이 지남에 따라 더욱 친숙하게 진화한다.

중국 링테크(LingTech) 사에서 개발한 '루카'는 큰 눈이 귀여운 AI 올빼미 로봇으로 잠자기 전 아이들에게 책을 읽어주기 위해 개발되었다. '루카'는 클라우드 메모리를 통해 책을 인식할 수 있으며 메모리에는 현재 10,000권 이상의 책이 등록되어 있다고 한다. 아이가 잠자기 전 부모가 책을 읽어주는 것을 대신해 루카가 큰 소리로 책을 읽어주며 아이들의 양육을 도와주고 있다. 루카와 함께 책을 읽으며 아이들은 책 읽는 법도 배울 수 있다.

우리나라에서도 개발된 휴머노이드가 있는데 바로 '휴보(HUBO)'이다. 휴보는 외부의 소리와 사물을 인지할 수 있어 장애물을 피해 걸어 다니고 가위, 바위, 보와 같은 게임을 할 수 있을 정도로 다섯 손가락을 독립적으로 움직일 수 있다. 심지어 가벼운 춤까지 출 정도로 부드러운 동작을 구현할 수 있다.

시간이 지날수록 발전하고 있는 휴머노이드 로봇들은 아직까지 완벽하게 인간을 대체하기에는 많이 부족하고 기술이 미흡하지만 멀지 않은 미래에는 인간의 일을 로봇이 완벽하게 대신할 것으로 전망된다.

14.2. 휴머노이드, 어디까지 왔나?

아마 몇 년 후에는 인간을 닮은 로봇과 특정 주제를 놓고 지적인 토론을 하고 때론 소소한 대화를 통해 정서적인 교감을 나누는 일상을 경험하게 될 것이다.

또한 로봇이 공사 현장이나 재난 현장에서 위험한 일을 대신해줘 작업자들이 위험에 노출되지 않는 사회가 조만간 우리 곁으로 다가올 것이다.

집안일과 같은 단순 반복 노동은 로봇에게 맡기고 인간은 창의력과 사고 능력이 필요한 일만 하게 되는 세상, 로봇의 도움으로 우주를 개척해 인간의 활동 반경이 비약적으로 늘어난 세상, 머지않아 휴머노이드 로봇이 우리에게 가져다줄 것으로 예상되는 미래의 세상이다.

휴머노이드는 '사람'을 의미하는 단어 'Human'과 '~와 같은 것'이라는 의미를 담은 접미사 'oid'의 합성어로 '인간과 가까운 지능과 신체를 가진 로봇'을 의미한다.

SF 영화에서나 나오던 상상 속의 존재였지만 첨단 과학 기술의 발전으로 가까운 미래 인류의 일상에 등장할 것으로 기대되는 로봇이다.

휴머노이드 로봇은 사람처럼 얼굴, 몸통, 팔, 다리를 가진 로봇이다. 인간을 모방한 휴머노이드는 기술 발전에 대한 상징성이 매우 크고 현재 사람들이 생활하고 있는 생활공간에 직접 투입하여 활용할 수 있다는 측면에서 기술 개발을 위한 노력이 지속되고 있다.

처음으로 이족(二足) 보행에 성공한 휴머노이드는 1973년 일본 와세다대학교 가토 이치로 교수팀이 개발한 '와봇-1(WABOT-1)'으로 알려져 있다.

그 당시에는 두 발로 단 몇 걸음만 걷는 것에 불과했지만 이후 걸음마 수준이던 로봇 기술은 눈부신 발전을 거듭했고, 최근에는 로봇이 스스로 알아서 장애물을 피해 움직이거나 달리는 수준까지 발전했다.

미국 보스턴 다이내믹스(Boston Dynamics)가 개발한 '아틀라스(Atlas)'의 경우 주위 지형이나 장애물을 활용해 이동하는 곡예는 기본이고 공중에서 360도 회전하기도 한다.

인간과의 상호작용 측면에서도 계속 기능이 향상되고 있다. 일본 소프트뱅크(Softbank) 사의 '페퍼(Pepper)', 홍콩 핸슨 로보틱스(Hanson Robotics) 사의 '소피아(Sophia)'와 같은 최신 휴머노이드는 카메라와 오디오 인식 프로그램으로 대화 상대의 표정과 음성을 인식한 뒤 인공지능인 AI 알고리즘으로 이를 분석해 인간과 자연스럽게 대화할 수 있고 기쁘거나 슬픈 몇 가지의 감정을 표현할 수도 있다.

우리나라 기술로 만들어진 휴머노이드로는 한국과학기술원의 '휴보' 시리즈가 첫손에 꼽힌다. 2015년 미국의 재난대응 로봇경진대회인 '다르파 로봇 챌린지(DRC)'에서 세계 유수의 휴머노이드들을 제치고 당당하게 1위를 차지해 한국의 높은 로봇 기술 수준을 과시한 바 있다. 이후 '휴보'는 2018년 평창 동계올림픽에서 성화 봉송 주자로 나서 다시 한번 화제를 모았고 2020년에는 TJB 대전방송에서 뉴스의 앵커로 깜짝 등장하기도 했다.

최근 LG전자는 웨어러블 로봇인 'LG 클로이 수트봇(LG CLOi SuitBot)'을 공개했다. 이 로봇은 사람이 몸에 착용하는 타입으로 하체를 지지하고 근력을 향상시켜 주는 효과를 가지고 있어 제조업이나 건설업 등 하체 근력이 필요한 작업 현장에서 사용할 수 있을 것으로 기대된다. 적은 힘으로 무거운 짐을 손쉽게 옮길 수 있고 보행이 불편한 사용자가 쉽게 빨리 걸을 수 있도록 도와줄 수도 있다. 기존 웨어러블 로봇의 부자연스럽고 불편한 착용감을 해소했다.

휴머노이드의 시장 전망은 밝다. 시장조사기관인 '리포트앤리포트'에 따르면 휴머노이드 시장은 2023년 39억 달러 규모로 성장할 전망이라고 밝혔고 또 다른 기관인 '모도 인텔리전스'도 관련 시장이 2024년 약 33억 달러로 커질 것으로 전망했다.

물론 휴머노이드가 일상에서 적극적으로 활용되는 상용화 단계에 이르기까지는 아직 시간이 필요하다. 현재의 과학 기술이 해결해야 할 과제가 산적해 있기 때문이다. 현재의 휴머노이드는 배터리 문제로 구동할 수 있는 시간과 움직일 수 있는 공간이 한정적이며 인공지능 수준도 사람과 비교하면 아직도 아쉬운 부분이 많다.

외형 역시 대부분 사람보다는 기계에 가깝고 데이터 저장과 처리방식 역시 자체 저장된 데이터를 활용하는 방식이 아닌 외부 클라우드와 온라인으로 연결되는 방식으로 많은 변수에 대처하기에는 아직도 미흡하다.

14.3. 현대자동차그룹, 보스턴 다이내믹스 인수

깜짝 놀랄만한 일이 일어났다. 2020년 말에 국내 현대자동차그룹이 세계적인 로봇 기업인 보스턴 다이내믹스 사를 인수했다.

현대자동차그룹은 로봇 기업을 인수함에 따라 제조 · 생산, 기술개발, 물류 역량 강화는 물론 자율주행차 · 도심항공 모빌리티(UAM) · 목적기반 모빌리티(PBV) 등의 선도적 입지 구축에도 기여할 것으로 분석된다.

자율주행차 · UAM 등은 센싱(인지) 기술을 기본적으로 요구한다. 이와 함께 인공지능(AI)을 활용한 대응과 판단 기술, 외부환경 변화에 따라 정밀하게 구동시키는 제어 기술 등은 향후 완전한 자율주행 구현에 필수적인 요소이다.

현대자동차그룹이 보유하고 있는 착용형 로봇 기술과 생산·물류 자동화 기술 등이 보스턴 다이내믹스 사의 혁신적인 로봇 기술과 결합할 경우 상당한 시너지효과가 발생할 것으로 추정된다.

실제 현대자동차그룹은 보스턴 다이내믹스 사 인수를 계기로 우선은 시장 규모가 크고 성장 가능성이 높은 물류 로봇 시장에 진출할 방침이다. 이어 건설현장 관리감독이나 시설 보안 등 각종 산업에 안내와 지원 역할을 수행할 수 있는 서비스형 로봇 사업에 집중할 계획이다. 이에 따라 물류 로봇 시장과 안내와 지원 로봇 시장은 향후 7년간 큰 폭으로 성장할 것으로 관측되고 있다.

보스턴 다이내믹스 사는 이미 2019년 4족 보행 로봇인 '스팟'을 양산형으로 개발한 뒤 일부 시장에 시범 공급했고 향후 본격 판매에 나설 예정에 있는 만큼 국내외 각종 건설현장에도 서비스형 로봇이 조만간 투입될 것으로 보인다.

생산과 물류 공장에서 제품을 선별하고 이송하는 공정에도 보스턴 다이내믹스가 개발한 '픽'과 '핸들'과 같은 물류형 로봇이 도입될 예정이다. 현대자동차그룹은 장기적으로 혁신적인 시장 성장이 예측되는 '휴머노이드(Humanoid: 인간형)' 로봇 사업에도 진출할 예정이다.

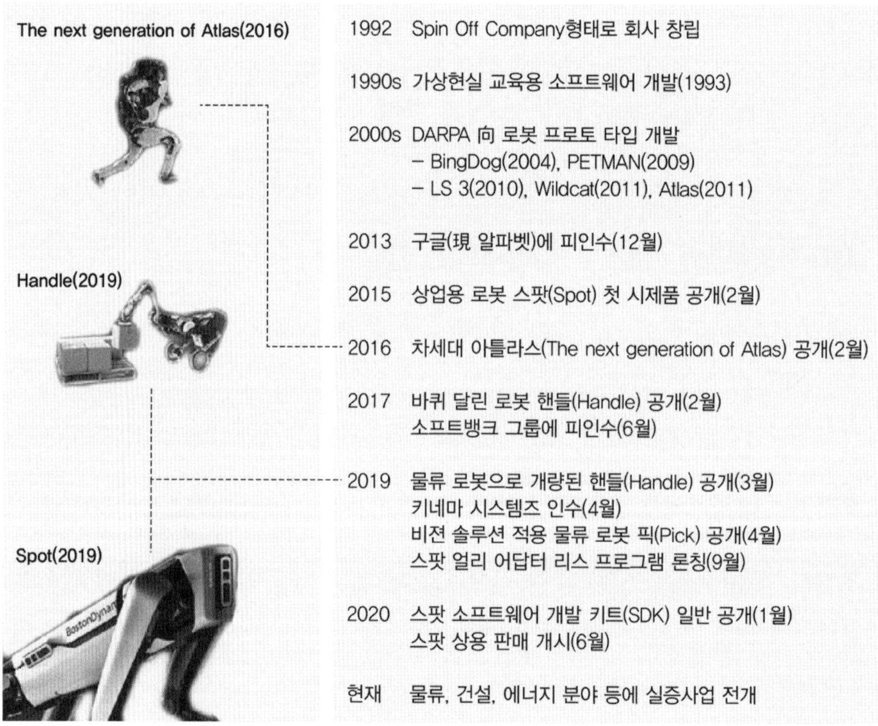

그림 2.45 보스턴 다이내믹 사의 주요 역사[28)]

28) 출처 : 현대자동차그룹

휴머노이드 로봇은 사람과 유사한 2족 보행이 가능한 다리 등을 갖고 있고 팔과 손을 사용해 사람과 같은 움직임을 구현할 수 있는 첨단 로봇으로써 환자 간호 등의 부문에서 인력을 대체하거나 보조할 수 있을 것으로 예측된다.

위험 요소를 줄이고 정밀한 작업을 수행하기 위한 로봇의 필요성이 높아지는 추세에서 로봇 기술은 우주 산업에서도 다양하게 쓰일 수 있다.

보스턴 다이내믹스 인수에 참여한 현대모비스, 현대글로비스 등 계열사는 로봇 중심의 사업 역량을 강화할 예정이다. 기존의 부품 제조 역량과 물류 역량과의 시너지 효과를 통해 현대자동차그룹 차원에서 로보틱스를 중심으로 새로운 가치 사슬도 형성할 수 있을 것으로 기대된다. 그룹 내 로보틱스 기술의 성능과 안전성을 검증하는 최적의 테스트 베드 기능도 수행한다.

뿐만 아니라 현대자동차그룹이 개발한 로봇은 위험성이 높은 건설현장이나 구호 활동 등이 필요한 험지, 재난 현장 등에도 투입될 수 있다.

14.4. 건설업계에 부는 로봇 바람, AIST의 HRP-5P

건설작업은 3D 작업으로서 어렵고 힘든 일임에 틀림이 없다. 많은 건설기계와 장비가 활용되고 있지만 작업자가 담당해야 할 힘든 작업은 여전히 많다. 이로 인한 높은 업무 강도로 인하여 건설현장에서는 젊은 인력이 계속 줄어들어 심각한 인력난을 겪고 있는 실정이다. 건설인력 부족에 대한 해법으로 휴머노이드 로봇을 비롯한 다양한 로봇들이 주목받고 있다.

그러나 일부에서는 이러한 기술의 발전이 작업자들의 일자리를 빼앗고 있다는 불만의 목소리도 있다. 실제로 미국 일리노이 중서부 경제정책연구소는 로봇이 2057년까지 약 270만 개의 일자리를 대체할 것으로 전망했다.

로봇의 활용은 인력 부족에 시달리는 건설업계에 입장에서는 다소 기분 좋은 전망일 수도 있다. 건설업계는 건설 작업자 부족 문제를 해결하기 위해서 건설용 로봇과 자동화 장비, 기계를 적극적으로 활용하는 추세에 있다.

저출산과 고령화 단계를 겪고 있는 일본 건설업계는 세계 어느 나라보다도 적극적으로 로봇을 도입하고 있다. 고령의 건설 작업자들과 위험한 환경에서 일하는 작업자들을 대체하는 휴머노이드 로봇의 사례 중 하나는 바로 일본의 국립산업기술연구소(AIST)가 개발한 HRP-5P이다.

이 로봇은 건설현장에 즉시 투입할 수 있는 건설전문 로봇으로써 벽돌과 시멘트 등의 무거운 자재를 손쉽게 나르며 공구 등을 사용해 천장이나 벽체의 석고보드를 조립하는 등 건설현장의 인력 대체 효과를 가져다 줄 것으로 기대를 모으고 있다.

AIST는 최근 HRP-5P 로봇의 동영상을 공개했는데 해당 동영상에서는 약 11 kg의 석고보드를 들어 올린 뒤 공구를 직접 사용해 벽에 조립하는 과정의 모습이 포함되어 있다.

(1) 휴머노이드 로봇 프로젝트 시리즈

AIST는 가와다 로보틱스 사와 같은 다양한 민간기업들과 공동으로 HRP 로봇 시리즈를 수년간 개발해 왔다. HRP는 원래 가정에 도움을 주기 위한 로봇 개발 프로젝트였다. 일본의 경제산업성이 후원해 처음으로 개발이 시작된 것으로 가장 최초로 만들어진 로봇 플랫폼은 HRP-1P였다. 이 로봇은 원격 명령 시스템과 같은 기능을 가지고 있으며 체중은 130 kg, 160 cm의 신장 그리고 보행 속도는 2 km/h였다.

AIST의 휴머노이드 리서치 그룹의 수우지 카지타는 HRP 로봇이라는 연구를 통해 HRP-1이 동일한 로봇 하드웨어로 다른 플랫폼을 개발하는 데 중요한 역할을 했다고 평가했다.

그리고 이후 HRP-2가 도입됐다. 이 로봇은 고르지 않은 표면에서도 제대로 대응할 수 있는 개선된 2족 보행 휴머노이드 로봇이었는데 이 분야에서는 가장 성공적인 플랫폼 가운데 하나로 인정받았다. 이후 AIST는 휴머노이드 로보틱스 플랫폼-3를 HRP-2의 후속 모델로 발표했다. 인간과 비슷한 크기의 이 HRP-3은 호우에도 견딜 수 있는 지능형 로봇으로 재난 구조 작업을 수행할 수 있고 인간에게 위험하다고 판단되는 환경에서도 작동이 가능하다.

HRP-3는 일본이 급속하게 고령화되면서 로봇의 개발 요구가 증가했던 시기에 실제 환경에서 작동할 수 있는 로봇이 필요하여 개발하게 되었다.

이처럼 개선된 HRP-3는 로봇 본체의 내부에서 발생하는 열을 대응할 수 있는 향상된 냉각 시스템도 갖추고 있었다. 또한 이전의 HRP-2가 60분간 작동할 수 있던 것에 비해 두 배인 120분간 작동할 수 있었다. 보다 정교한 로봇의 손 조정 작업을 위해서 다중 손가락 시스템도 채택됐다.

2009년에는 사람과 같이 머리 부위가 탑재된 성인 크기의 여성 안드로이드 로봇인 HRP-4C가 개발되었고 바로 이듬해 HRP-4가 등장했다. 이 로봇은 10년간 이어진 연구기간 이래로 세계에서 가장 발전된 휴머노이드 로봇 가운데 하나로 인정받았다. 개발사인 AIST와 카와다 로보틱스 사는 이 로봇이 인간과 함께 작업이 가능하고 인간과 동일한 움직임을 자연스럽게 수행할 수 있다고 강조했다.

그리고 최근 건설 프로젝트를 목표로 한 HRP-5P가 선보였다. 이전 HRP 시리즈에서 사용되었던 기술을 계승하고 혼다 모터스의 특허권도 적용되었다. 건설현장에서 일하기 위해서 설계된 만큼 고급 지능과 견고한 몸체를 결합시켜 자체적으로 자율적인 작업이 가능하도록 만들어졌다. 자유도는 다리가 6도, 팔은 8도, 그리고 허리가 3도, 손은 2도 정도이고 손 부분이 최대한 자유롭게 움직일 수 있도록 제작된 것이 특징이다.

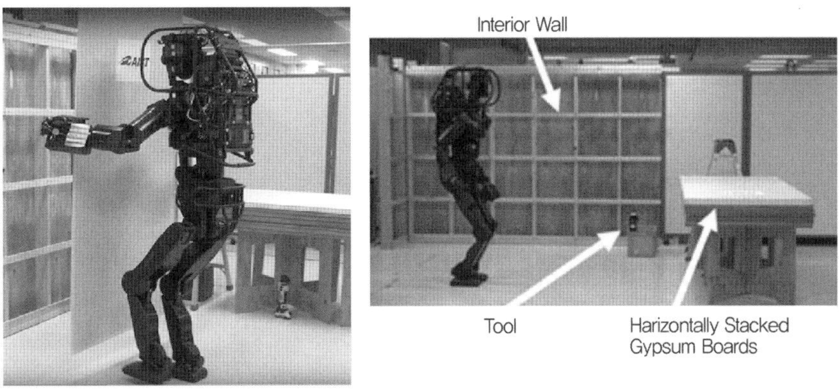

그림 2.46 일본 산업기술종합연구소(AIST)가 개발한 휴머노이드 로봇 HRP-5P[29]

(2) HRP-5P의 구성

이 로봇은 다음과 같은 기능으로 만들어졌다.

- 대상 인식 기술
- 환경 측정
- 시스템화 기술
- 작업 관리 기술
- 작업 설명 및 제어 기술
- 전신 운동 계획

29) 출처 : AIST 동영상 캡처

일본 국립산업기술연구소(AIST)가 개발해 공개한 HRP-5P 로봇은 2010년에 출시된 HRP-4[30] 휴머노이드 로봇의 업그레이드 버전이다. 두 개의 긴 팔과 다리를 갖춰 건설현장을 비롯하여 항공기, 선박 등의 조립작업에 활용될 수 있는 용도로 개발되었다.

HRP-5P 로봇은 신장 182 cm, 무게 101 kg이며 시간당 1,000개의 벽돌을 쌓을 수 있고 목재를 자르고 운반할 수도 있다. AIST에 따르면 1,820 × 910 × 10 mm 크기의 석고보드(약 11 kg)나 1,800 × 900 × 12 mm의 합판 패널(약 13 kg)의 큰 물체까지도 운반할 수 있다.

이 로봇은 인간의 움직임을 모방했지만 더 넓은 범위로 관절을 움직일 수 있도록 하여 작업을 더 효과적으로 수행할 수 있다. 예를 들어 인간의 둔부 관절은 140도 범위 내에서만 움직이지만 HRP-5P는 202도까지 움직일 수 있다. 허리 관절도 인간의 운동 범위인 80도보다 넓은 300도까지 움직임이 가능하다. 실시간 3D 측정을 가능하게 하는 복합 센서와 AR 마커를 사용하여 로봇은 스스로 도구를 선택하고 필요한 작업을 원활하게 전개할 수 있다.

HRP-5P는 건설현장에서만 사용이 국한되는 것도 아니며 선박이나 항공기 같은 대형 구조물을 조립하는 업무도 가능하고 기업들이 원하는 경우에는 위험한 작업을 수행하는 일도 대신할 수 있다. 이 로봇은 위험하고 중노동에 가까운 작업에 맞춤화되어 있으며 신체 구조 역시 인간의 패턴을 따를 수 있도록 패턴화되어 있다.

(3) HRP-5P의 특징

휴머노이드 HRP-5P는 견고한 본체와 고급 지능이 결합되어 자율적으로 작업하고 무거운 물체를 들어 올리는 작업을 수행할 수 있다. 신장 182 cm, 몸무게 101 kg의 HRP-5P는 총 37도의 자유도를 가지고 있는데 HRP 시리즈 중에서 가장 자유로운 움직임을 나타낸다. 수정된 버전인 HRP-2에 비해 허리에 1도 자유도를 추가하고 팔 바닥에 1도 자유도를 추가함으로써 인간의 움직임과 더 유사한 작업이 가능해졌다.

로봇이 사람의 움직임을 모방하도록 하기 위해서 여러 관절이 집중된 엉덩이와 허리 부분에서 더 넓은 범위의 관절을 움직일 수 있도록 만들었다. 예를 들어, 다리를 구부리고 펴는 고관절의 동작 범위는 사람의 경우 140도, HRP-5P의 경우에는 202도이다. 상체를 돌리는 허리

30) 2010년 개발된 HTR-4 로봇은 컵에 음료수를 따르고 사람이 가리키는 곳으로 시선을 옮기는 등 단순 서비스에 적합한 로봇으로 개발되었다. 그러나 HTR-5 로봇은 이에 국한하지 않고 강도가 높은 노동력까지 제공하는 로봇의 산업화 의미를 지니고 있다.

관절의 동작 범위는 사람의 경우 80도이지만 HRP-5P에서는 300도이다.

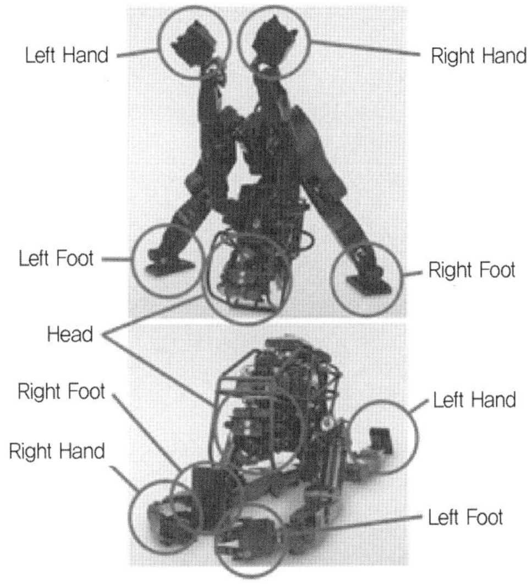

그림 2.47 앞으로 구부리기(위쪽)와 다리를 앞뒤로 벌린 상태(아래쪽)[31]

그림 2.48 HRP-5P의 물체 감지 예[32]

31) 출처 : https://www.aist.go.jp

32) 출처 : https://www.aist.go.jp

이를 통해 상체를 비튼다든지 깊게 웅크리는 등 다양한 자세로 작업을 할 수 있고 구동 메커니즘에 고출력 모터를 사용하여 냉각기능을 추가했다. HRP-5P는 여러 모터를 특징으로 하는 특정 조인트가 있는 조인트 드라이브 시스템을 채택하여 기존의 HRP-2에 비해 조인트 토크와 속도가 평균적으로 두 배 이상 향상되었다. 그 결과 석고보드를 들어 올리는 것과 같이 무거운 하중을 받는 작업을 수행할 수 있게 되었다.

HRP-5P의 각 팔은 수평으로 확장되어 2.9 kg의 무게를 지탱할 수 있는데 이는 기존의 HRP-2가 1.3 kg, HRP-4는 0.9 kg이었던 것에 비하면 성능이 우수하다. 머리에 장착된 센서를 사용하여 로봇은 주변 환경의 3D 측정값을 0.3 Hz의 주파수로 지속적으로 수집함으로써 어떤 물체에 의해 시야가 차단되더라도 저장되고 업데이트된 측정 결과를 통해 물건을 들고 보행 계획을 실행하거나 발이 미끄러질 때 보행을 즉각 수정할 수 있다.

인공지능(AI)에는 새로 구성된 작업 객체의 이미지 데이터베이스를 사용하여 시각적 영상을 분석하는 데 사용되는 컨벌루션(Convolutional) 신경망이 포함된다. 로봇은 이러한 AI 기술을 활용하여 대비가 낮은 배경이나 어두운 조명 아래에서도 90% 이상의 높은 정밀도로 10가지 유형의 2D 물체 영역을 감지할 수 있다.

HRP-5P는 이러한 기술들을 통합 적용하여 건설현장에서 혼자서 스스로 크고 무거운 물체를 처리하고 운반하는 작업이 가능해졌다.

그림 2.49 HRP-5P에 의한 자동 석고보드 설치 과정[33]

33) 출처 : https://www.aist.go.jp

석고보드를 설치하는 작업에는 다음과 같은 일련의 작업이 포함된다.

① 주변 환경의 3D 지도를 생성하고 물체를 감지하여 작업대에 접근한다.
② 작업대에 기대어 쌓아 놓은 석고보드 중 하나를 밀어서 분리한 다음 들어 올린다.
③ 주변 환경을 인식하면서 석고보드를 벽에 옮긴다.
④ 석고보드를 내리고 벽에 대고 세운다.
⑤ 고정밀 AR 마커를 사용하여 도구를 인식하고 집어든다.
⑥ HRP-5P 자체를 안정되게 유지하기 위해 부착하기 위한 수평재를 잡고 석고보드를 벽에 끼운다.

오늘날 HRP-5P는 우리가 본 것 중에서 가장 진보된 휴머노이드 로봇은 더 이상 아니다. Boston Dynamics의 Atlas 사는 더 큰 동적 범위를 보여준다. 그러나 AIST가 개발한 HRP-5P는 인간과 유사한 움직임으로 무거운 물체를 혼자서 스스로 수작업을 할 수 있는 로봇임에는 틀림없다.

15 외골격 로봇과 웨어러블

15.1. 몸에 입는 웨어러블

가끔 우리는 영화에서처럼 아이언맨 슈트를 입고 하늘을 날거나 강력한 파워를 이용해 악인으로부터 지구를 구하는 상상을 하곤 한다. 아이언맨 슈트를 걸침으로써 애초에 한계가 지어진 인간의 신체 능력을 끌어올려 연인이나 가족, 친구들 앞에서 히어로가 될 수 있다는 것은 상상만 해도 기분 좋은 일이다.

보통사람보다 뛰어난 이들을 지칭하는 슈퍼 휴먼은 강화된 신체 능력을 이용해 과거에는 할 수 없었거나 즐길 수 없었던 일들을 해낼 수 있다. 신체적·지적 능력이 강화된 슈퍼 휴먼의 시대가 성큼 다가오고 있으며 그 중심에는 아이언맨 슈트 같은 '입는 로봇'이 자리하고 있다.

아이언맨 슈트는 입고 착용한다는 의미에서 웨어러블 로봇이나 웨어러블 슈트라고 불린다. 웨어러블 로봇은 스스로 지능을 가지고 동작하는 로봇이나 슈트가 아니라 사람이 특정한 행위나 신호를 통해 움직이도록 만드는 객체적인 도구이자 수단이며 착용자의 보행 능력을 향상시키거나 무거운 물체를 운반할 수 있도록 기계적인 힘을 더해주는 로봇 시스템이다.

로봇이 인간을 감싸는 형태로 인간의 지능과 로봇의 신체가 결합되는 장점이 있어 폭넓은 분야에서 적용이 가능하다. 사람이 움직이려고 하는 의도를 센서(sensor)가 감지해 고속 계산해서 컨트롤러에 전달하고 그 전달된 정보를 활용해 관절부의 작동장치(Actuator)가 구동되는 원리이다. 물론 작동장치가 의도대로 구동되기 위해서는 센서 기술, 배터리 전원 기술, 관절의 내구성, 지능형 컨트롤러가 필요하다. 향후에는 뇌세포, 신경세포와 연결된 신경망 기술까지 망라하기에 상당히 복잡한 시스템이며 기술적 난이도 또한 높다고 할 수 있다.

로봇 외골격 제작 전문회사인 엑소 바이오닉스(Ekso Bionics) 사는 드릴 작업이나 상부 파이프 설치 작업 등을 위해 작업자의 팔을 지탱해 주는 로봇 조끼를 만들었다. 로봇 조끼는 작업자들의 팔과 등을 지지해 주면서 초인적인 힘을 내도록 하고 있다. 그 결과 피로와 부상 위험은 현저히 줄어들 수 있었다. 작업자들이 무거운 장비를 쉽게 들어 올릴 수 있고 피로와 부상을 줄여주는 로봇팔도 개발했다. 독립적인 로봇팔은 무거운 중량물을 거의 새털처럼 가볍게 들어서 움직일 수 있다.

하체 근력 지원용 외골격은 하체를 지지하고 근력을 높여서 훨씬 적은 힘으로 무거운 짐을 손쉽게 옮길 수 있도록 고안되었다. 무거운 자재나 제품을 옮겨야 하는 건설현장에서 다양하게 사용될 수 있을 것으로 보인다.

그림 2.50 로봇 외골격과 의복형 웨어러블

15.2. 아이언 맨, 뒤로 물러서 있으세요!

최근 땀을 흘리지 않고 무거운 장비를 들어 올릴 수 있는 외골격 슈트 세트가 탄생했다. 놀라운 외골격 슈트는 조선소 작업자들에게 초인적인 힘을 내도록하고 있는데 이 슈트는 현재 대우조선소에서 테스트 중이다. 언젠가는 작업자가 100 kg 무게까지 가볍게 들어 올릴 수 있는 능력을 가질 것 같다.

외골격 슈트를 입기 위해서 작업자는 발을 끈으로 묶은 다음 다리와 허리, 가슴에 끈으로 묶어 로봇 슈트가 인간과 함께 움직일 수 있도록 한다. 작업자들은 무거운 물건을 들어 올릴 때 마치 굉장히 가벼운 물건을 들어 올리는 느낌이 들기 때문에 로봇 슈트 사용에 대하여 긍정적인 반응을 보이고 있다.

현재는 테스트 단계 중인데 약 30 kg 정도만 들어 올릴 수 있으며 미끄러운 바닥이나 회전과 비틀기가 많이 필요한 작업에서는 수행할 수가 없다. 또한 배터리 수명이 3시간에 불과하기 때문에 앞으로 개선이 요구되는 부분이다.

외골격 슈트가 잠재력을 최대한 발휘하면 작업자는 100 kg을 들어 올려 작업자의 신체에 가해지는 부담을 덜어줄 수 있게 되는 이유 때문에 건설현장에서 자재를 운반하는 데 사용된다면 작업에 소요되는 시간을 획기적으로 개선할 수 있을 것으로 기대된다.

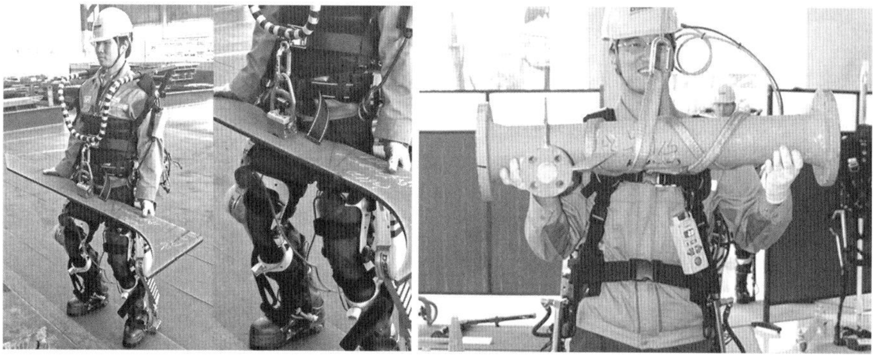

그림 2.51 대우조선소의 외골격 로봇34)

15.3. 외골격이란 무엇일까?

외골격은 작업자의 안전과 생산성을 높이는 효과를 가지고 있기 때문에 건설산업에서도 차츰 적용될 것으로 기대된다. 이 외골격은 하루 종일 반복적이고 장시간 작업으로 인해 축적된 육체적인 부담을 줄이는 것을 목표로 하고 있다. 활용은 자동차 공장에서 머리 위의 자동차 볼트를 조이는 것부터 건설현장에서 무거운 장비를 들고 벽에 구멍을 뚫는 것까지 다양하게 적용할 수 있다.

이 외골격은 작업자의 등, 다리, 손 지원부터 작업자의 전신 지원에 이르기까지 다양하며 물건 인양 지원, 체중 분산, 자세 교정과 기타 기능을 제공하여 작업자의 긴장과 부상을 최소화하는 것을 목표로 하는 웨어러블 장비이다. 엑소슈트라고도 하는 외골격은 주로 신체 재활에 사용되었지만 최근에는 건설이나 제조업에 종사하는 작업자들의 안전을 위해서 점점 더 많이 사용되고 있다. 안전한 건설 작업환경 조성을 위해서는 스마트 시계, 안전화, 안전모, 안경 등 사용자 친화적이고 강력한 웨어러블 기술이 필요하다.

미국에 있는 많은 건설업체는 건설 외골격과 같은 웨어러블 기술이 향후 건설산업을 혁신적으로 개선할 것이라고 확신하고 있다. 23%의 건설업체는 2018년 기준 대비 향후 3년 내에 웨어러블 기술을 현장에서 채택할 것이라고 응답했고 3/4의 건설업체는 웨어러블 기술이 현장 안전을 개선할 것이라고 믿고 있는 것으로 나타났다. 또한 3명 중 1명 이상은 웨어러블 기술이 노동생산성을 향상시킬 수 있을 것이라고 생각하고 있다.

34) 출처 : https://inhabitat.com

외골격은 순전히 기계적이거나 기계와 전기가 혼합되어 작동한다. 프레임은 슈트와 기능에 따라 금속과 같은 단단한 재료나 천, 직물과 같은 부드러운 재료로 구성될 수 있다.

기계 외골격은 전기를 사용하지 않기 때문에 재충전하거나 전원을 휴대할 필요가 없으므로 오랫동안 사용할 수 있다. 대부분의 기계 외골격은 신체의 특정 부위(예 : 팔과 어깨)에서 무게를 가져다가 허리와 같은 다른 부위로 재분배하여 긴장과 피로를 줄이는 방식을 채택하고 있다.

부분 또는 완전 전기 외골격은 일반적으로 기계 외골격보다 강력하며 더 많은 무게를 처리할 수 있다. 그러나 전기 외골격의 단점은 전기가 필요하며 제한 사항은 다음과 같다.

- 전원 유지 : 전기 외골격을 유지하려면 배터리를 교체하거나 슈트를 충전하는 등의 전원을 공급해야 한다.
- 무게 추가 : 배터리 무게가 추가되어 이동성을 방해할 수 있다.
- 추가 시간 필요 : 때때로 배터리를 교체하기 전에 열이 발생한 슈트가 식을 때까지 기다려야 한다.
- 위험 증가 : 모델에 따라 슈트에서 전원까지 케이블을 관리해야 할 수도 있다.

15.4. 외골격의 이점

건설공사 현장은 항상 사망이나 부상으로 이어질 수 있는 위험한 작업을 포함하고 있다. 사실 무거운 물건을 들거나 운반하는 것과 같은 일상적인 활동은 건설공사 과정에서 자주 발생하는 부상의 주요 원인이다. 외골격은 이러한 문제를 직접적으로 해결이 가능하다.

미국 질병통제예방센터인 CDCP(Centers for Disease Control and Prevemtion)는 웨어러블이나 외골격 장치를 사용하면 육체노동에 따른 스트레스 중 일부를 줄일 수 있을 것이라고 밝혔다. 이러한 웨어러블 장치는 전기나 사람의 움직임으로 작동할 수 있으며 우주복만큼 크거나 장갑만큼 작을 수도 있다.

외골격을 사용하면 척추에 작용되는 압력을 감소하고 피로를 감소시키는데 사용에 따른 몇 가지 이점은 다음과 같다.

- 부상과 긴장 감소 : 외골격은 무게를 고르게 분산하고 신체의 다른 부분에 대한 긴장을 줄인다. 이로 인해 건설 작업자의 장기적 부상 위험을 감소시킬 수 있다.
- 생산성 향상 : 외골격을 사용하는 작업자는 피로를 덜 느끼고 스트레스 감소로 인해 일반적으로 처리할 수 있는 것보다 더 많은 양의 작업을 완료할 수 있다.
- 고용 기회 창출 : 연령과 신체적 능력에 제한을 받는 작업자들은 더 활동을 할 수 있게 된다.

15.5. 외골격의 유형과 작동원리

많은 외골격은 계속되는 긴장을 줄이고 생산성을 향상시키기 위해서 신체의 한 부분에서 다른 부분으로 체중을 이동시킨다. 예를 들어, 장착된 팔 엑소슈트는 팔의 무게를 지면으로 옮기는 방식을 사용한다.

대부분의 외골격은 사용자의 힘을 향상시키는 것을 목표로 한다. 예를 들어, 파워 글러브를 사용하면 도구를 잡는 데 어려움을 가지고 있었던 사용자의 그립(Grip) 강도를 높일 수 있다. 주로 장갑에 있는 센서를 사용하여 사용자의 손에 추가적인 힘이 작용되어 잡는 능력을 향상시킨다.

건설용 외골격은 사용자의 신체 유형에 맞게 개인화되어 있으며 대부분 다양한 크기로 제공된다. 최근 개발된 외골격은 더 매끄럽고 가벼워져 오랜 작업시간 동안 쉽게 착용하고 손쉽게 이동할 수 있다. 일부 개발 회사에서는 고객이 제품을 시험해보고 외골격의 기능을 이해할 수 있도록 교육을 제공하기도 한다.

로봇 외골격은 착용한 신체 부위와 동력을 받는 방법에 따라 다양한 방식으로 작동한다. 여러 유형의 로봇 외골격이 있는데 지지하는 신체 부위를 기준으로 분류하면 다음과 같다.

(1) 파워 장갑

파워 장갑은 어떤 물체나 도구를 잡는 데 문제를 가지고 있는 사람들을 위해서 개발되었다. 파워 장갑은 무거운 수공구를 운반하거나 물건을 집을 때 유용하다.

Bioservo 사의 Ironhand는 사용자의 자연스러운 움직임을 센서를 통해 감지하는 소프트 파워 장갑이다. 파워 장갑은 사용자가 물체를 잡으려고 할 때 이를 감지하고 물체의 무게에 따라 장갑에 힘을 증가시킨다. 또한 장갑은 사용자에게 인체 공학적 위험을 초래하는 그립(Grip)

상황을 평가하기 위해 데이터를 수집한다.

(2) 팔과 어깨 지원

엑소슈트는 허리 위로 무거운 물체와 도구를 들어 올리는 작업자를 지원하기 위해 개발되었다. 팔과 어깨 지원 엑소슈트는 드릴링, 절단, 연삭과 같은 오버 헤드 작업에 이상적이다. 어깨와 팔을 모두 지탱하여 장시간 무거운 도구를 계속 들고 있어도 부담을 덜어준다.

엑소 바이오닉스(Ekso Bionics) 사의 Ekso Vest는 양팔에 스프링을 사용하여 사용자에게 무거운 물체를 들 수 있는 기능을 제공하는 반면 Levitate Technologies 사의 Air Frame 외골격은 허리와 골반을 보호하는 풀리(Pulley) 시스템을 사용하여 이러한 작업을 수행한다.

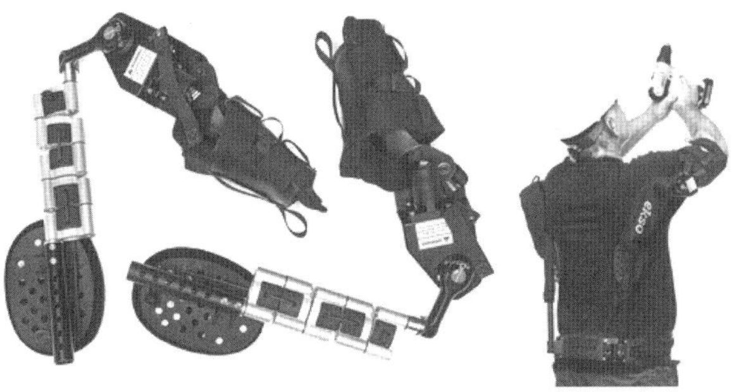

그림 2.52 Ekso Vest의 외골격[35)]

외골격 로봇 에보(EVO)는 신체와 함께 움직이도록 설계되어 움직임의 범위 전반에 걸쳐 힘을 허용한다. 최소한의 터치 포인트(Touch Point)로 설계된 EVO는 Ekso Vest와 마찬가지로 동작 범위를 늘릴 수 있으므로 더 적은 무게부담으로 더 많은 작업을 수월하게 수행할 수 있다.

Air Frame은 팔의 무게를 작용자의 어깨, 목과 등 위쪽에서 엉덩이 바깥쪽으로 전달하여 에너지를 고르게 분배해서 작업자들의 피로와 부담을 줄여준다. 쉽게 탈부착이 가능하고 특정 작업 공간에 들어가거나 손의 활용을 제한하지 않으며 착용자와 함께 원활하게 움직인다. Air Frame의 기계식 지원 시스템은 팔을 올리면 점진적으로 활성화되고 팔을 내리면 서서히 해제되어 필요한 지원을 적시에 제공한다.

35) 출처 : https://eksobionics.com/ekso-evo/

Suit X 사의 Shoulder X는 스프링을 사용하여 사용자를 지원한다. 이들은 모두 가볍고 낮으며 이동성을 방해하지 않기 때문에 어깨 지지 외골격의 좋은 예이다.

(3) 등과 척추 지원

이 엑소슈트는 무거운 물건을 들 때 작업자의 등에 부과되는 스트레스를 줄여준다. 일부 등받이 외골격은 제조업체에 따라 구부리거나 들어 올릴 때 자세를 교정한다. Ergo Skeleton은 중립 척추 운동학의 원리를 기반으로 사용자의 신체가 올바른 자세를 유지하도록 하는 자세 피드백 시스템이다.

Suit X 사의 Back X 엑소슈트의 디자인은 등과 척추의 스트레스를 줄이는 데 중점을 두고 있다. Back X는 착용자가 몸을 구부리고 물건을 들어 올리거나 구부려서 손을 뻗는 동안 착용자의 허리 부분에 가해지는 힘을 줄여주는 산업용 외골격이다. Back X는 착용자의 힘을 강화시키고 작업자의 허리 부상 위험을 줄여준다.

하루 종일 착용할 수 있도록 설계된 Back X는 자연스러운 움직임을 방해하지 않으며 착용자가 걷거나 계단과 사다리를 오르고 내리며 자동차를 운전하고 자전거를 타고 달리는 등의 모든 활동을 아무런 제한 없이 수행할 수 있다.

(4) 기립 및 웅크리기 지원

이 엑소슈트는 무릎과 다리에 작용되는 압력을 줄이고 무게를 지면으로 분산시켜서 일정 기간 동안 서 있거나 웅크린 자세로 있을 때 관절과 근육의 긴장을 줄여준다. 또한 의자를 사용할 수 없거나 작업 영역의 안전이나 생산성을 저해할 수 있는 경우 사용자에게 앉아 있을 수 있는 옵션을 제공한다. 근무 시간 동안 서서 많은 시간을 보내는 건설 작업자에게 특히 유용한 기능이다.

누니(Noonee) 사의 Chairless Chair 2.0은 전체 무게 감소와 편안함 그리고 통기성을 위한 소재를 사용했다. Chairless Chair 2.0의 새로운 기능은 다음과 같다.

- 25% 이상 중량 감소
- 높이 범위가 1.5 m에서 2.0 m로 증가
- 모던한 블랙 컬러의 새로운 디자인

- 더 많은 움직임과 유연성을 제공
- 섬유 부품 등 새로운 소재와 디자인
- 통기성 및 편안함 등의 최적화

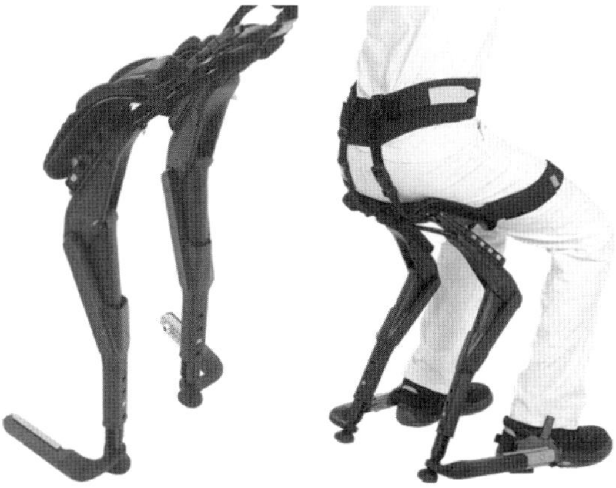

그림 2.53 체어리스 체어2.0[36)]

leg X는 혁신적인 무릎 외골격으로 무릎 관절과 대퇴사두근의 힘을 줄여 착용자가 반복적으로 또는 장시간 스쿼트를 할 수 있도록 한다. leg X는 쪼그리고 앉는 작업을 지원하면서 착용자를 방해하지 않고 자유롭게 움직이게 한다.

leg X는 사용자 편의를 극대화하기 위해 맞춤형 작업 신발과 함께 제공된다. 이 지능형 시스템은 걷기, 계단의 오르막과 내리막 이동, 쪼그리고 앉는 것 등을 구분하여 원활하게 이동하게 한다.

(5) 전신 지원

전신 엑소슈트는 긴장을 최소화하고 생산성을 극대화하며 근력을 향상시키기 위해 전신을 지원한다.

Sarcos 사는 전신 전기 슈트인 Guardian XO를 개발했다. 한 번 충전하면 최대 8시간 동안 사용할 수 있으며 정상적인 속도로 걷는 동안 400와트(유사 기계보다 90% 절감)만 소요된다.

36) 출처 : https://www.noonee.com/en/der-chairless-chair-2-0/

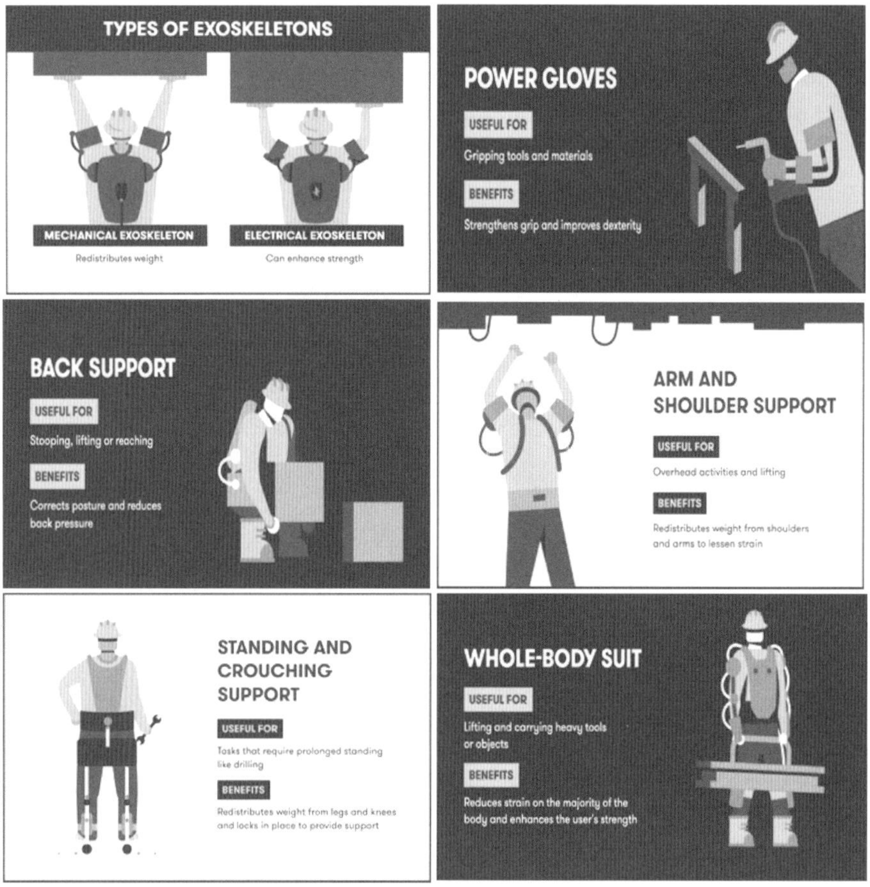

그림 2.54 건설 외골격의 유형 종류[37]

전신 외골격인 Guardian XO는 인간의 지능과 판단력, 기계의 힘 등을 결합한 세계 최초의 배터리 구동 방식의 산업용 전신 슈트이다. Guardian XO는 이동의 자유를 제한받지 않고 작업자의 힘을 강화하여 생산성을 높이고 부상을 크게 줄여준다. Guardian XO 외골격은 작업자가 피로나 큰 하중 부담없이 최대 90 kg까지 안전하게 들어 올리고 조작할 수 있다. 만약 작동 중에 전력이 닳더라도 배터리를 교체하면 자동 인식되어 정상 동작이 이루어진다.

37) 출처 : https://www.bigrentz.com/blog/construction-exoskeletons

15.6. 건설용 웨어러블, 종류와 특징

우리나라도 마찬가지이지만 안전은 모든 건설현장의 주요 관심사로써 건설업계는 작업자의 사망사고를 줄이기 위한 방법을 계속해서 모색하고 있다.

건설 작업자가 신체에 착용하는 웨어러블 건설기술은 건설 작업자의 사망과 부상을 막기 위한 핵심 도구가 될 수 있다. 조사 결과 2018년에는 미국 건설회사의 6%가 이러한 웨어러블 기술을 사용하고 있었지만 2021년까지는 23%가 사용할 것으로 예상되고 있다. 미국 건설회사의 83%는 건설 웨어러블 기술이 건설현장의 안전성을 향상시킬 것이라고 생각하고 있는 것으로 나타났다.

건설용 웨어러블 기술이 계속 등장함에 따라 기존의 안전 장비가 날마다 개선되고 있다. 건설 작업자가 매일 가지고 다니는 무거운 짐에 더 많은 장비를 추가하는 대신에 작업자가 의무적으로 착용하여야 하는 안전모와 안전화에 새로운 웨어러블 기능이 추가되고 있다.

안전모, 안전화, 보안경과 같은 장비가 작업자의 안전과 생산성을 향상시키는 스마트 버전으로 대체될 것이다. 첨단기능을 접목한 웨어러블 기술을 사용하여 작업자 부상을 줄이거나 사고가 없는 미래를 기대해 본다.

(1) 스마트 시계

Apple Watch와 같은 제품의 강력한 센서는 작업자들의 활동 데이터를 모니터링하고 있다.

- 건강 및 활동 데이터 : 작업자의 심박수, 걸음 수와 같은 활력 징후를 모니터링하여 과로를 방지할 수 있다. 일부 제품은 심전도를 기록하여 비정상적인 심장 박동이나 혈액 산소 포화도를 감지하여 호흡 곤란을 사전에 찾아내어 즉시 조치할 수 있다.
- 낙상 감지 : 추락으로 인한 낙상은 건설현장에서 부상이나 사망의 주요 원인이다. 손목 웨어러블인 스마트 시계는 낙상을 감지하고 즉시 현장 관리자와 응급 요원에게 알려주어 사고 발생 시 대응 시간을 단축할 수 있다.
- 커뮤니케이션 : 작업자는 스마트 시계를 사용하면 손을 전혀 사용하지 않고도 작업자 상호간에 커뮤니케이션 할 수 있다.

이러한 이점 외에도 건설 작업자의 정신 건강을 모니터링 하는 데 도움이 될 수 있다. Moodbeam One과 같은 제품은 작업자의 기분을 하루 종일 추적하고 정신 건강의 추세를 파악할 수 있다.

(2) 스마트 안전화

건설 작업자들이 필수적으로 착용해야 하는 장비인 안전화는 주기적으로 충전할 필요 없이 압력과 위치를 감지할 수 있는 기능을 제공한다.

- 압력 감지 : 밑창에 센서를 장착하면 작업자가 받는 낙상이나 작은 충격을 감지하여 자동으로 도움을 요청할 수 있게 된다.
- 위치 감지 : 많은 웨어러블은 위치를 인식하고 있는데 스마트 안전화도 예외는 아니다. GPS 보다 더 민감한 기술을 사용하여 작업자의 위치를 정확하게 추적한다. 작업자가 혼자서 위험한 지역에서 보내는 시간을 줄이는 데 도움이 된다.
- 빌트인 충전 : 뒤꿈치에 충전 기술이 있어 걷기만 하면 스마트 안전화를 충전할 수 있다. 작업자가 현장에서 근무하는 동안 충전 상태를 계속해서 유지할 수 있다.

Sole Power 사의 Smart Boots와 같은 제품은 향후 건설 현장에서 안전화의 혁명을 일으킬 것이다.

(3) 스마트 안전모

안전모는 모든 건설현장에서 필수적인 안전 장비이지만 새로운 기능을 추가함에 따라 더욱 필수 불가결한 요소가 되었다. 안전모의 안쪽 가장자리에 센서 밴드를 추가하여 피로를 감지하고 수면을 방지하며 장비나 위험지역의 근접성을 감지할 수 있다.

- 피로 감지 : 스마트 안전모는 생체 신호를 측정함으로써 작업자의 피로를 감지하고 휴식의 필요성을 알릴 수 있다.
- 수면 예방 : 안전모 안쪽에 있는 센서 밴드는 뇌파를 평가하는 강력한 기술로 작업자가 수면이 발생하기 전에 감지할 수 있다. 작업 중 갑작스러운 수면은 작업자의 안전에 특히 위험하다.

- 근접 감지 : 중장비와 안전모의 센서를 사용하여 장비와 작업자 간의 충돌을 경고하여 사고를 사전에 예방할 수 있다.

(4) 증강현실 안경

보안경은 작업자의 눈을 보호하는 데 중요한 역할을 하지만 스마트 안경인 증강현실 안경은 작업자에게 추가적인 정보를 제공해 준다. 증강현실로 알려진 이 기술은 물리적 환경과 컴퓨터 생성 이미지를 결합하여 실시간으로 제공한다. 스마트 안경은 작업자의 눈을 안전하게 보호할 뿐만 아니라 위험 물질과 안전에 대한 중요한 정보를 제공한다.

- 위험요인 정보 : 작업장 위에서 떨어지는 물체는 부상과 사망의 주요 원인이기 때문에 사고 발생 전 위험 요인 인식은 안전 개선조치에 있어서 매우 중요하다. 스마트 안경은 작업자가 건설현장을 돌아다닐 때 전방의 위험요인에 대한 실시간 정보를 제공할 수 있다.
- 위험 물질 정보제공 : 스마트 안경은 위험 물질을 감지하고 작업자에게 즉시 시각적 경고를 제공할 수 있다.
- 안전 정보제공 : 스마트 안경을 사용하면 작업자가 있는 환경에서 중요한 안전정보에 대한 시각적 신호를 제공할 수 있다. 예를 들어, 비계 작업자에게 비계 연결을 위한 클램프 체결 위치에 대한 직접적인 정보를 제공할 수 있다.

안전상의 이점 외에도 스마트 안경은 프로젝트 계획이나 팀 협업 등에 적극적으로 사용되고 있다.

(5) 신체착용형 웨어러블

건설작업에 사용되는 착용형 웨어러블 장치는 열 추적, 가스 감지, 근육 피로 감소와 같은 다양한 방식으로 건설공사의 안전성을 높이는 데 활용되고 있다.

- 열 추적 : 이두박근이나 가슴 주위에 착용할 수 있는 센서는 작업자의 심부 체온을 감지하고 그늘에서 휴식을 취하거나 물을 마실 필요가 있을 때 작업자에게 경고할 수 있다.
- 가스 감지 : 상완이나 가슴에 고정되는 소형 장치는 위험한 가스를 감지하여 작업자로 하여

금 불필요한 노출을 방지함으로써 잠재적으로 생명을 구한다.

- 근육 피로 감소 : 외골격은 무거운 물건을 들거나 잡는 도구와 같은 역할을 수행하여 작업자의 근력을 향상시키고 근육 피로를 줄여준다.

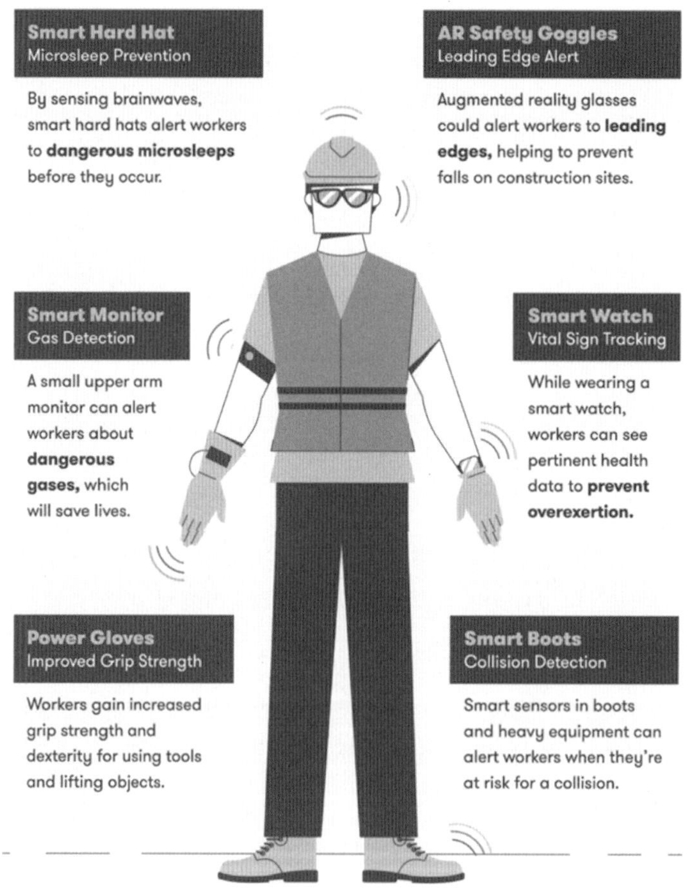

그림 2.55 건설용 웨어러블 종류[38)]

(6) 개발 중인 목공 보조 웨어러블의 예

초창기의 웨어러블은 군사적 관점에서 개발되었다. 웨어러블을 착용한 군인들은 무거운 짐을 가볍게 들고 지치지 않으며 더 오래 견딜 수 있도록 하는 차원에서 개발되었다.

38) 출처 : https://www.bigrentz.com/blog/construction-wearables

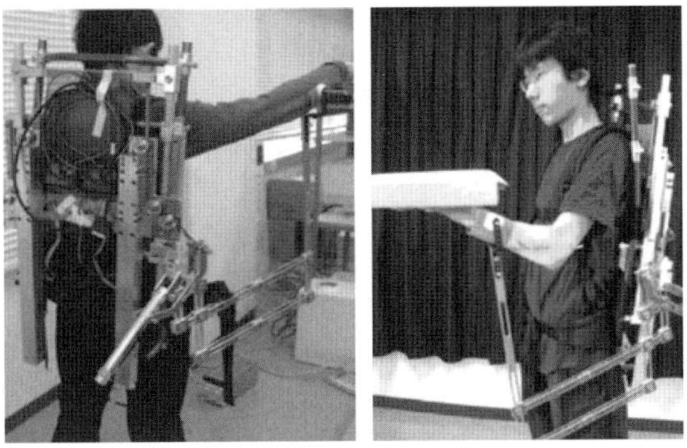

그림 2.56 개발 중인 목공 보조 웨어러블 예[39]

그러나 건설현장에서 적용되고 있는 웨어러블(외골격 로봇)은 작업자에게 더 많은 힘을 부여할 수 있도록 하는 측면에서 개발되었다. 큰 근육 힘을 낼 수가 있기에 목공작업이나 천장판 부착과 같은 건설공사 과정에서 무거운 물체를 다룰 때 적용될 수 있다.

39) 출처 : Carlos Balaguer and Mohamed Abderrahim(2008), Trends in Robotics and Automation in Construction, www.intechopen.com, InTech China

CHAPTER

3

자율주행 건설기계

1 자율주행 건설기계, 그들이 다가온다!

1.1. 자율 건설기계의 대두

최근 자율주행 차량이 증가하고 있고 Google, Tesla, Uber와 같은 회사는 무인 자동차 시장에 진출하고 있다.

건설 작업자에게 이러한 기술이 어떤 영향을 미칠지 자못 궁금할 것이다. 하지만 건설 작업자들은 당황할 필요가 전혀 없다. 이러한 건설기계는 작업자에게 안전 정보를 제공하고 작업을 보다 효율적으로 수행할 수 있도록 돕기 때문이다. 더 오랜 시간 일할 수 있고 작업을 더 빨리 완료할 수도 있다.

그림 3.1 자율 건설로봇 예[1)]

건설현장에 자율주행 건설기계를 적용하는 것은 현명한 선택이다. 자율주행 건설기계는 사전에 작업 지침을 제공하면 운전자의 관여 없이 독립적으로 작업할 수 있게 된다. 작업자는 자율주행 건설기계에게 원하는 작업을 말하면 자율주행 건설기계는 사전에 입력된 작업 지침에 따라

1) 출처 : https://www.bigrentz.com/blog/autonomous-construction-vehicles

스스로 작동하게 된다.

건설기계 자동화를 통해 작업자는 멀리서도 건설공사를 관리할 수 있게 되고 누군가가 실수로 사고가 발생하는 것을 사전에 방지할 수 있게 된다. 이제는 작업자가 직접 먼지와 소음, 진동 속에서 지속적으로 노출되면서 작업할 필요가 전혀 없게 된다.

1.2. 무인 중장비가 작업하는 건설현장

건설작업은 육체적, 정신적으로 매우 힘든 일이다. 건설현장에는 많은 건설기계 장비가 활용되고 있지만 사람이 여전히 담당해야 할 힘든 작업이 많다. 높은 업무 강도와 복지수준 부족 등으로 인하여 건설현장의 인력은 계속해서 줄어들고 있고 건설인력 부족에 대한 해법으로 무인 자율주행 건설기계가 주목받고 있다.

볼보건설기계는 지난 2016년 9월 자율주행 덤프트럭과 휠로더(모래 · 자갈 등을 퍼 나르는 건설기계), 무인 화물 운반 차량을 운전자나 원격 조종자 없이 채석장의 골재를 채취해 실어 나르는 현장을 공개했다. 사물인터넷(IoT) 기술로 건설기계들 상호 간에 통신을 하면서 휠로더가 골재를 덤프트럭에 담아 주면 목표 지점에 정확히 운반해서 하역하는 작업이 가능함을 보여주었다.

현대건설기계도 자동 지형 측량 기술인 머신 가이던스가 탑재된 굴착기를 상용화할 예정이다. 기존에는 오랜 경험을 가진 숙련된 굴착기 조종사에 의해서만 조종이 가능했던 굴착기의 효율성을 높이기 위해서 머신 가이던스(Machine Guidance) 기술이 굴착기에 적용되고 있다. 굴착기에 각종 센서와 제어기, 위성항법시스템(GNSS) 등을 탑재해 굴착기의 자세와 위치, 작업 범위 등을 실시간으로 운전자에게 알려준다.

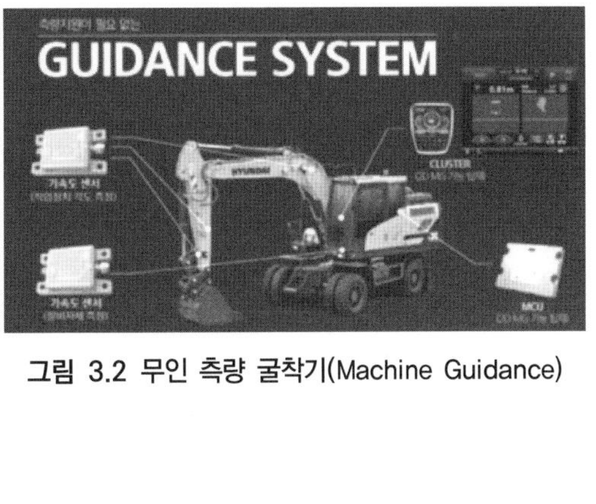

그림 3.2 무인 측량 굴착기(Machine Guidance)

그림 3.3 자율주행 화물 운반 차량

건설기계 제작사들이 무인·자동화 기술개발에 적극적으로 나서는 이유는 24시간 작업이 가능하여 생산성 향상과 함께 안전 사고를 예방할 수 있기 때문이다. 일반적인 굴착 작업은 조종사가 굴착기를 조작해 땅을 굴착하면 측량기사가 땅을 팠던 곳의 깊이와 경사도 등을 측량했다. 설계도면대로 작업이 이뤄지지 않으면 다시 굴착기로 땅을 파고 측량하는 작업을 반복하는 방식으로 진행되었다. 이렇다 보니 작업속도는 느려지고 측량 도중 굴착기에 작업자가 부딪혀 부상이나 사망하는 등의 사고가 일어나기 일쑤였다.

건설기계 제작사들이 굴착기의 삽에 해당하는 부분인 버켓 등에 지형의 경사와 높이, 면적 등을 측정하는 센서를 설치하여 측량기사 없이 측량할 수 있는 기술을 개발하고 있는 것도 이런 이유 때문이다.

자동화 건설기계들은 사람의 실수로 발생하는 사고 가능성을 줄일 수 있고 작업 효율성도 대폭 높일 수 있다. 또한 건설회사 입장에서는 생산성과 연료 효율성 등도 함께 높일 수 있는 이점이 있기에 최근 들어 적극 적용하고 있다. 사람들이 건설공사 현장에서 근무하기를 꺼리다 보니 건설기계를 다루는 조종사들도 고령화되고 있는데 이러한 무인 굴착기를 활용하게 되면 측량과 굴착의 반복적인 작업 단계를 감소시켜 작업 효율성을 20~50% 가량 개선할 수 있는 것으로 파악되고 있다. 다만, 건설업은 고용 창출 효과가 큰 대표적인 업종이라 무인화 속도가 빨라지면 아무래도 고용에는 부정적인 영향을 미칠 수 있을 것으로 보인다.

건설기계와 첨단 디지털 기술의 결합을 통해 앞으로 건설현장은 점차 무인장비들이 등장하면서 더욱 높은 생산성과 정밀한 시공이 가능해질 것으로 기대된다.

2 자율주행 건설기계의 장단점

2.1. 반복적인 작업 수행

자율주행 건설기계는 작업이 단순하면서도 위험하고 반복적인 부분의 작업을 수행한다. 이때 작업자는 작업난이도가 높은 작업에 더 집중함에 따라 전체 작업을 빨리 완료할 수 있게 된다. 건설기계는 무겁고 힘든 작업을 수행하지만 까다롭고 복잡한 작업을 수행하려면 여전히 작업자가 필요하다.

2.2. 생산성 향상

자율주행 건설기계의 또 다른 장점은 건설현장의 작업 공정을 개선한다는 점이다. 실시간 모니터링 기능이 있으므로 정확하고 효율적으로 작업을 완료함에 따라 생산성이 향상된다. 대부분의 작업자는 근무시간 이후에 작업을 하게 되며 시간 외 수당을 받는다. 그러나 이러한 자율주행 건설기계를 사용하여 작업을 하게 되면 24시간 동안 쉬지 않고 작업 할 수 있고 공사기간을 단축할 수 있다.

2.3. 비용 절감

작업 공정 개선에 따른 비용 절감은 또 다른 특징이다.

공중 드론이 어떤 지역을 지도에 표시하고 관련 정보를 자율주행 건설기계로 보내면 자율주행 건설기계가 자동으로 단시간에 움직이기를 원하는 지점을 프로그래밍 하게 된다. 건설기계의 연료 사용량이 개선되고 작업시간이 단축되며 건설기계가 고장 나는 것을 방지할 수 있다.

위치정보 솔루션에 바탕을 두고 반경을 설정하는 기술인 지오 펜싱(Geo Fencing)의 특징은 연료 소비와 운영에 관계된다.

3 자율주행 건설기계의 유형

자율주행 건설기계는 아직도 초기 단계 수준이다. 일부 전문가들은 건설 분야에서 적용정도는 자동차 부문보다 10년 이상 뒤처진다고 주장하고 있다. 건설현장은 아무래도 작업환경이 불량하고 작업 공정이 수시로 변하며 변화무쌍한 기상 조건은 무인 차량의 운행을 방해하기 때문이다. 그러나 이러한 문제에도 불구하고 건설 분야에서 개발되어 사용 중인 자율주행 건설기계 종류는 다음과 같다.

3.1. 자율 트랙 로더(ATL)

2017년 10월 Built Robotics 사는 자율 트랙 로더(ATL)를 개발했는데 이 기계는 넓은 지역을 굴착하고 기초공사를 위해서 작업을 수행한다. 운영자가 iPad를 사용하여 작업현장의 경계를 설정하고 굴착작업 계획을 입력하면 입력된 정보에 따라 ATL은 GPS(Global Positioning System)와 기타 센서를 사용하여 굴착과 운반작업을 완료한다.

3.2. Komatsu, 광산용 트럭

일본의 Komatsu 사는 자율주행 건설기계의 길을 선도하고 있는데 2008년부터 자율주행 광산용 트럭을 생산하기 시작했다. 이 트럭은 GPS를 사용하여 운전자 없이 고급 광석을 목적지까지 이동시킬 수 있다. 호주의 글로벌 광산회사인 Rio Tinto 사는 이 트럭을 사용하여 작업한다.

Rio Tinto 사는 하루 24시간 광석을 채굴하기 위해 80대 이상의 트럭을 사용하고 있는데 그동안 10억 톤 이상의 광석들을 운반했다. 자율주행 광산용 트럭은 기존의 일반 트럭보다 700시간 이상 더 오랫동안 작업을 할 수 있다.

또한 Komatsu 사는 자동 블라스트 홀 드릴 시스템을 개발했는데 이를 통해 작업자는 멀리 떨어진 지역에서도 원격으로 드릴 장비의 제어가 가능하다.

3.3. Volvo, HX 2 및 LX 1

2017년에 Volvo 건설장비(Volvo CE)는 배기가스를 줄이기 위해 두 대의 Volvo HX 2와 LX 1을 공개했다.

배터리 전기식 HX 2 로드 캐리어는 탄소 배출량을 95%까지 줄일 수 있고 사람을 위험으로부터 차단하는 기능을 가지고 있다. 이 회사는 LX 1이라는 하이브리드 휠 로더를 개발했는데 기존 장비에 비해 소음 공해를 크게 줄일 수 있고 연비는 50% 정도 절감이 가능하다.

3.4. Caterpillar, 793F 트럭

Caterpillar 사는 세계 최대 중장비 제조업체 중 하나로서 100대 이상의 자율 운반 트럭을 제작했다. Caterpillar 사는 도저, 휠 로더, 스키드 스티어 로더에 Cat Command 기술을 제공함에 따라 작업자는 현장에서 수백 km 떨어진 곳에서도 원격으로 제어할 수 있다.

2017년 개발된 793F 트럭은 유인 모델 장비보다 생산성은 20% 향상되었고 하루에 약 2.5시간 더 많은 작업 수행이 가능한 자율주행 트럭이다.

4 자율주행 건설기계의 현황과 한계점

2010년 무렵에는 자율주행 건설기계를 개발한다는 것은 너무 먼 일인 것처럼 보였지만 첨단 기술 발전 덕분에 자율주행 건설기계는 지난 몇 년 동안 눈에 띌 정도로 수준이 향상되었다.

4.1. Built Robotics

Built Robotics와 같은 회사는 자율주행 ATL을 상업적으로 사용할 수 있도록 하기 위해 1,500만 달러를 투자했다. Cyngn 사 또한 자율주행 건설기계 시장에 관심을 가진 또 다른 회사로서 자동화된 로더와 굴착기 개발을 서두르고 있다.

4.2. Caterpillar

지난 10년 동안 Caterpillar 사는 Torc Robotics 사와 협력하여 스키드 조종 원격 제어 시스템을 개발했다. 그들은 2019년에 Komatsu 930E 운반 트럭을 출시했다.

4.3. 볼보, L120 휠 로더

대부분의 건설기계 회사들은 기존의 건설기계에 자율주행 기술을 추가로 적용했고 Volvo CE 또한 그러한 회사들 중의 하나이다. 볼보 L120 휠 로더와 볼보 A25 굴절식 홀러에 자율주행 기술을 추가함에 따라 인간 작업자보다 더 효율적으로 반복 작업을 수행할 수 있게 됐다.

자율주행 건설기계에는 GPS 위치시스템, 자율주행 전기에코시스템, 성능 메트릭(Metric)과 운영 체제의 발전이 포함되었지만 그러나 소프트웨어는 여전히 핵심 기술 요소이다.

작업자는 소프트웨어 애플리케이션을 개선하거나 기능을 추가할 수 있고 소프트웨어를 변경하여 작업을 더 빠르고 효율적으로 수행할 수 있다.

4.4. OSYRIS, 센서 기반 도로포장 다짐장비

도로 건설 분야에서는 지난 10년 동안 반자율 도로 포장장비와 아스팔트 다짐장비 개발에 노력하고 있다. EU 프로젝트인 CIRC와 OSYRIS는 도로포장의 품질관리를 위해서 GPS, 레이저를 활용하여 다짐속도, 다짐온도, 층 두께 포설 등을 제어하여 아스팔트 다짐작업을 자동으로 수행한다. 여러 건설기계의 통합관제도 프로젝트의 목표인데 토공 분야에서는 굴착기, 불도저, 드래그 라인 등과 같은 기존 건설기계에 첨단 제어 기술을 도입하여 건설기계 상호 간 자동관제가 되도록 하고 있다.

그림 3.4 OSYRIS, 센서 기반 도로포장 다짐장비[2)]

4.5. CSIRO, 드래그 라인

지상 석탄 채굴에 사용되는 100 m 높이의 워킹 크레인에서 드래그 라인의 스윙 주기는 소요시간의 약 80%를 차지한다. 버킷이 비어있을 때는 약 40톤, 가득 찼을 때는 최대 120톤까지 무게가 나가는데 버킷을 잘 제어하기 위해서는 그동안 숙련된 작업자의 기술이 필요하였지만 최근에는 CSIRO 제어를 통하여 장비의 효율성을 대폭 향상시켰다.

2) 출처 : Carlos Balaguer and Mohamed Abderrahim(2008), Trends in Robotics and Automation in Construction, www.intechopen.com, InTech China

그림 3.5 CSIRO, 드래그 라인3)

4.6. 시드니 대학교의 자동 굴착기

호주의 시드니 대학교 연구진들은 버킷 동작을 분석하여 작업공정의 생산성을 향상시킨 자동 굴착기를 개발했다. 굴착기 버킷이 특정 작업환경과 접촉할 때 특정 제어 시스템을 사용하여 접촉하는 힘을 조절하는 굴착기이다.

그림 3.6 시드니 대학교의 자동 굴착기4)

3) 출처 : Carlos Balaguer and Mohamed Abderrahim(2008), Trends in Robotics and Automation in Construction, www.intechopen.com, InTech China

4) 출처 : Carlos Balaguer and Mohamed Abderrahim(2008), Trends in Robotics and Automation in Construction, www.intechopen.com, InTech China

4.7. DOKA ROBO 3

로봇과 사람이 공존할 수 있는 사회를 목표로 하는 아스라테크 사는 건설기계를 조종할 수 있는 인간형 로봇인 DOKA ROBO 3를 개발했다.

굴착기 등 건설기계의 운전 좌석에 설치되는 DOKA ROBO 3는 운영자가 로봇을 원격 조작함으로써 건설기계를 조종하게 된다. 로봇을 제어하는 소프트웨어는 아스라테크 사가 개발한 로봇 제어 시스템인 V-Sido를 사용하고 있으며 다양한 조작 방법으로 제어하는 것이 가능하다.

건설기계를 원격으로 조종하려면 지금까지는 건설기계 자체를 개조하는 방법이 일반적이었다. 그러나 DOKA ROBO 3는 운전석에 로봇을 설치하여 건설기계를 원격으로 조종하는 방법을 채택했다.

운전석에 로봇을 설치하는 데는 약 1시간, 해체는 약 30분 정도의 짧은 시간이 소요되고 동력원은 건설기계의 배터리를 사용하기 때문에 배터리 부족 문제도 해결할 수 있다.

그림 3.7 DOKA ROBO 3[5)]

5) 출처 : https://robotstart.info/2017/07/21/doka-robo3.html

운영자의 조작 단말기와 DOKA ROBO 3를 연결하는 무선통신 환경은 특정 LAN뿐만 아니라 이동 통신망 등의 공중 회선도 사용이 가능하고 거리 제한 없이 원격 조작이 가능하다.

원격조종을 위한 탑승형의 전용 컨트롤러는 평소 건설기계의 조종에 종사하고 있는 운영자가 조작하기 쉽도록 실제 대형 굴착기 조종석을 기반으로 만들어졌다.

운영자는 컨트롤러에 탑승하여 로봇의 카메라 영상을 보면서 전용 컨트롤러 레버 등을 조작하면 그 움직임에 맞추어 DOKA ROBO 3가 건설기계의 레버를 움직여 건설기계를 조종하게 된다. 이때 운영자는 실제 건설기계에 타고 있는 것과 같은 감각으로 조종할 수 있다.

DOKA ROBO 3는 탑승형의 전용 컨트롤러 이외에도 운영자 목의 움직임에 따라 DOKA ROBO 3의 목을 움직일 헤드 마운트 디스플레이와 소형의 프로형 컨트롤러 등이 부착되어 있다.

이 로봇은 재해 위험 지역 등 사람이 직접 들어갈 수 없는 장소에서 실제와 마찬가지로 외부에서 원격으로 조종하면 건설기계가 움직이도록 하는 것이 가능하다. 또한 건설기계의 MC(컴퓨터 제어) 탑재기를 사용하면 입력된 설계 데이터대로 시공하는 것도 가능하다.

4.8. 무인화를 위한 한계점

로봇이나 자율주행 건설기계는 이제 쉬운 작업에서부터 위험한 작업까지 건설 분야의 모든 부분에서 활발하게 적용되고 있다. 그들은 인간보다 더 빠르고 효율적으로 프로젝트를 수행하므로 건설산업의 혁신적인 변화를 선도하고 있다. 디지털 기술을 결합한 무인건설기계와 로봇은 다양한 분야에서 이미 개발이 완료되었고 일부는 상용화되고 있다. 그러나 우리나라 건설현장에서는 아직까지 이러한 무인건설기계와 로봇을 손쉽게 접하기는 쉽지만은 않은 실정이다.

이러한 현상이 발생하는 주요 원인은 우리나라 건설현장 환경조건이 제조업과 같이 작업하기에 용이한 균일한 작업환경 조건을 확보할 수 없다는 점 때문일 것이다. 수시로 변하는 작업환경과 각기 다르게 사용되는 자재 등의 비균일적 특징으로 말미암아 센서에 의한 센싱이나 지능화에 의존하는 무인건설기계나 로봇에게는 극심한 장애요인으로 작용하기 때문이다. 실용화를 방해하는 또 다른 원인으로는 현장에 적용할 때 효율성과 경제성이 상당히 저하되고 있다는 점 때문이다. 일자리를 빼앗길까봐 우려하는 작업자의 심한 거부감과 건설회사에서 수요 저하도 빼놓을 수 없는 원인이다. 이러한 문제점에도 불구하고 건설산업의 생산성 향상을 위해서는 무인건설기계와 로봇을 사용한 건설 자동화는 필수적 요소다.

자율주행 건설기계나 로봇의 인간 대체 업무는 앞으로도 계속해서 가속화될 전망이다. 이미 반복적으로 진행되는 업무의 상당수는 육체노동이든 지식노동이든 상관없이 빠르게 자동화되고 있다.

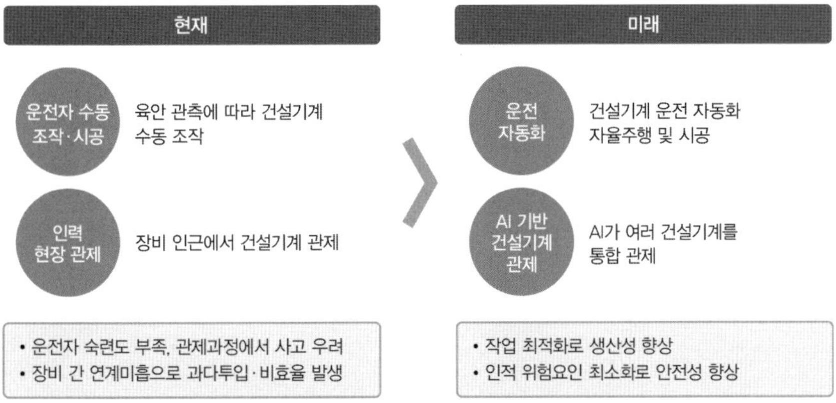

그림 3.8 건설기계 운용의 현재와 미래상

CHAPTER

4

건설용 3D 프린팅 기술 현황과 사례

1 건설용 3D 프린팅 개요

1.1. 미래를 이끌어 갈 3D 프린팅 기술

전 세계적으로 건설산업은 국가 경제발전에 기여하는 주요 산업 중 하나로서 GDP(국내 총생산) 점유율은 9% 정도이고 전 세계 고용인구의 약 7~8.5% 정도가 종사하고 있다. 2018년 건설산업의 경제적 비용은 11.4조 달러였으며 2025년에는 14조 달러로 증가할 것으로 예상되고 있다.[1)] 이렇게 건설산업은 국가 경제적으로 크게 기여하고 있으나 아직까지도 노동집약적이며 낙후된 기술 수준을 유지하고 있다. 또한 건설 자동화나 로봇, 3D 프린터의 소극적인 사용으로 인해 타 산업 대비 낮은 생산성을 가지고 있다.

건설산업은 상대적으로 신기술이나 신공법에 대한 낮은 투자와 건설산업의 특성상 자동화 프로세스를 적용하기에는 상당한 어려움이 있다. 이러한 인식과 무관심은 건설 생산성 증가를 방해하는 요소로 작용했다. 일반적으로 한 부문의 디지털화 수준과 생산성 향상 사이에는 강력한 연관성이 있다. 연구기관들의 다양한 분석에 따르면 건설산업의 생산성은 지난 수십 년 동안 거의 일정하게 유지되었지만 제조업의 생산성은 그 사이에 거의 두 배가 향상되었다.

최근에서야 건설산업이 자동화된 시스템과 로봇, 3D 프린터를 연구·개발하고 있지만 대부분은 제한된 적용성을 가진 연구 개발 단계였다.

가상현실(VR), 증강현실(AR), 혼합현실(MR), 드론, 로봇, 드론을 이용한 스캐닝/그림 측량, 3D 프린팅 등은 건설 분야에서 사용되고 있는 다양한 형태의 자동화에 속한다. 가상현실(VR, Virtual Reality)은 컴퓨터로 만들어 놓은 가상의 세계에서 사람이 실제와 같은 체험을 할 수 있도록 하는 최첨단 기술을 말한다. 증강현실(AR, Augmented Reality)은 실세계에 3차원 가상물체를 겹쳐 보여주는 기술로써 현실의 이미지나 배경에 3차원 가상 이미지를 겹쳐서 하나의 영상으로 보여주는 기술이다. 혼합현실(MR, Mixed Reality)은 현실을 기반으로 가상 정보를 부가하는 증강현실(AR)과 가상 환경에 현실 정보를 부가하는 증강 상(AV, Augmented Virtuality)의 기술이다. 즉, 현실과 가상이 자연스럽게 연결된 스마트 환경을 제공하여 사용자

1) 출처 : Md. Aslam Hossain외 3인(2020), A Review of 3D Printing in Construction and its Impact on the Labor Market

는 풍부한 체험을 할 수 있다.

그럼에도 불구하고 이러한 자동화 기술의 대부분은 특정 프로젝트에서만 사용되고 있다. 건설 프로젝트의 고유한 특성을 고려할 때 이러한 기술들은 제조 생산과는 달리 다양한 건설 프로젝트에 쉽게 적용할 수 없는 것이 사실이다.

건설산업은 건설할 구조물이 단일 제품을 여러 번 복사하여 대량으로 생산할 수 있는 제조업의 산업 공장과는 매우 다르다는 사실을 고려할 때 다른 어떤 유형의 자동화 기술보다도 3D 프린팅 기술이 채택될 가능성이 가장 높다.

3D 프린터의 적층 기술을 사용한 소규모 주택과 빌라의 콘크리트 구조물 인쇄는 고층 건물이나 대형건물을 인쇄하는 것보다 사용성 측면에서 볼 때 더 적용 가능성이 크다. 일반적으로 주로 사용하는 3D 프린팅 적층 제조 기술은 3D 모델링을 활용하여 레이어별로 복잡한 형상을 인쇄하는 자동화된 과정이다.

3D 프린터는 우리가 가전이나 사무실에서 일반적으로 사용하고 있는 잉크젯 프린터처럼 디지털화된 파일이 컴퓨터로부터 전송되면 잉크를 종이 표면에 분사하여 2D 이미지(활자나 그림)를 인쇄하는 원리와 거의 유사하다.

2D 프린터는 앞뒤(x축)와 좌우(y축)로만 운동하지만, 3D 프린터는 여기에 상하(z축) 운동을 더하여 입력된 3D 도면에 따라 입체적인 물품을 만들어낸다. 일반적으로 입체 형태를 만드는 방식에 따라 크게 한 층씩 쌓아 올리는 적층형(첨가형, 쾌속조형 방식)과 큰 덩어리를 깎아가는 절삭형(컴퓨터 수치제어 조각 방식)으로 구분한다. 적층형은 석고나 나일론 등의 가루와 같은 파우더, 플라스틱 액체, 플라스틱 실을 종이보다 얇은 층(레이어)으로 겹겹이 쌓아 3D 입체형상을 만들어내는 방식이다. 레이어가 얇을수록 정밀한 형상을 얻을 수 있고 채색도 동시에 진행할 수 있다.

3D 프린터의 제작 단계는 일반적으로 모델링(Modeling), 프린팅(Printing), 피니싱(Finishing)으로 이루어진다.

모델링은 3D 도면을 제작하는 단계로 3D CAD(Computer Aided Design), 3D 모델링 프로그램, 3D 스캐너 등을 이용하여 모델링을 하게 된다. 프린팅은 모델링 과정에서 제작된 3D 도면을 이용하여 제작물을 직접 만드는 단계로 적층형 또는 절삭형 등으로 작업을 진행한다. 이때 소요 시간은 제작물의 크기와 복잡도에 따라 다르다. 피니싱은 산출된 제작물에 대해 보완 작업을 하는 단계로 색을 칠하거나 표면을 연마하거나 부분 제작물을 조립하는 작업이다.

3D 프린터는 재료 낭비를 줄이고 인건비를 줄이며 생산을 빠르게 할 수 있는 장점을 가지고

있다. 그동안은 주로 자동차, 항공우주, 의료 등과 같은 제조 산업 분야에서 수십 년 동안 사용해 왔지만 최근에는 건설산업 분야에서도 건설 생산성을 향상시키기 위해서 적용이 확대되고 있다.

1.2. 3D 프린팅 활용범위

3D 프린팅 기술이 적용될 수 있는 분야는 건설, 의료, 교육, 자동차, 소비재, 항공우주 등으로 다양하다. 해당 기술을 건설 분야에 적용 시 기존방식 대비 공사기간, 공사비용, 자재비용, 노동력 등을 절감할 수 있다.

3D 프린팅 기술은 지금까지 건설, 부동산 시장에서 모형이나 샘플 제조에 주로 사용되었으나 최근에는 미국, 프랑스, 중국 등 세계 각국에서 3D 프린팅 기술을 적용한 건설 프로젝트를 이어 나가고 있다.

3D 프린팅은 소규모 건물을 인쇄하는 것 외에도 보행자 교량, 재난구호 대피소, 군용 벙커를 인쇄한다든지 로봇과 결합하여 사람이 접근하기 어렵고 위험한 현장의 유지보수 작업 등에 활용되고 있다. 또한 철재로 구성된 강교량과 금속 프레임 구조의 구조물이나 역사적 건물의 복제 등에도 사용되고 있다.

3D 프린팅 건설은 인구 증가로 주택난이 예상되는 미래 사회에서 비싼 기존의 전통적인 건설 방식의 대안으로 꼽히고 있다.

1.3. 3D 프린팅 특징

국내 건설현장에서 3D 프린터를 활용하기에는 아직도 많은 연구가 필요한 실정이지만 실제 건설현장에 도입된다면 인력 · 공기 · 비용 측면에서 획기적인 변화가 기대된다.

3D 프린팅을 사용할 경우 공기 단축이 가장 큰 장점으로 꼽히지만 기존의 건설방식에 비해 빠른 시간 내에 저렴하게 지을 수 있는 장점을 가지고 있다. 특히 간단한 건축물은 소수의 인원만 있으면 작업이 충분하므로 기존방식처럼 작업자들을 많이 사용하던 모습은 사라질 것으로 보인다.

건축주나 건설회사가 요구하는 완전히 새로운 형태의 건물과 내부 구조를 만드는 것도 가능하다. 공정 진행에 따라 각종 재료의 종류나 비율을 바꾸는 것을 포함하여 요구하는 강도, 단열 수준 소재의 특성까지도 맞춤형으로 생산해낼 수 있다.

최근에 개발하는 3D 프린팅 시스템은 자급자족형으로 만들어지고 있다. 전체 시스템은 전기로 작동하고 태양 전지판을 달고 있다. 이러한 이유로 자원과 자본이 부족한 개발도상국은 물론 폭풍우나 지진으로 폐허가 된 재난 지역의 즉각적인 구호에도 곧바로 사용할 수 있다. 이 기술이 발전하면 달이나 화성, 남극 대륙 등에서도 쉽게 건물을 지을 수 있을 것으로 보인다. 달이나 화성 같은 지역의 토양이나 그 안에 포함된 소재를 이용해 건물을 3D 프린터로 찍어낼 수 있다.

기존 건설사업은 3D 프린팅의 적극적인 활용과 도입에 따라 노동시장의 변화, 인건비, 공기 단축, 생산성 향상, 폐기물 감소에 따른 환경 저감, 작업자들의 안전과 보건에 어떤 영향을 미칠 것인지 심도 있게 이해할 필요가 있다. 이러한 상황은 숙련된 건설 작업자가 부족하고 외국인 작업자에 크게 의존하는 우리나라와 같은 나라에서 특히 중요하다.

그러나 아직까지 3D 프린팅은 고층 빌딩을 건설하기 위한 3D 프린터의 크기나 용량의 제한, 높은 하중을 지지할 수 없는 프린팅 재료 문제가 걸림돌로 작용하고 있다. 또한 수요자 요구에 맞는 낮은 수준의 맞춤화와 정보 처리에 수반되는 복잡성 등 다양한 한계를 가지고 있는 것이 현실이다.

1.4. 기존 건설방식 vs 3D 프린팅 건설방식 비교

아래 그림은 기존 건설공사의 시공 과정과 3D 프린터에 의한 시공 과정을 상호 비교한 것이다.

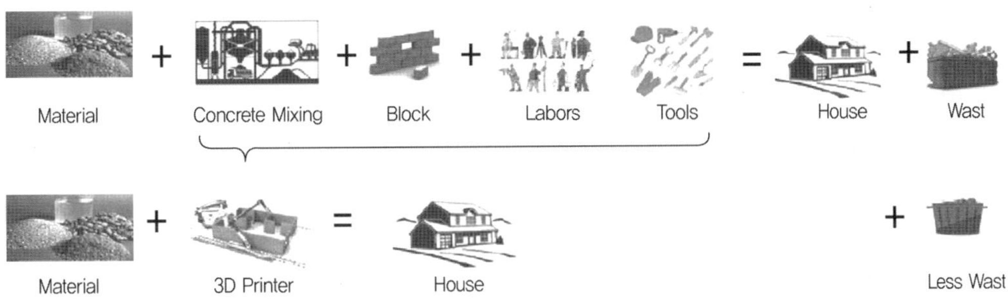

그림 4.1 기존 구조 vs 3D 프린팅 시공 프로세스[2)]

2) 출처 : Nadarajah, N.(2018, 석사학위 논문), 콘크리트 3D 프린팅 개발

기존 건설방식의 경우에는 시간과 비용이 많이 드는 작업자 등의 인적 자원이 건설공사 모든 단계에 관여하고 있다. 또한 최종적으로 건설이 완료될 때까지 상당한 양의 건설 폐기물이 발생한다.

그러나 3D 프린팅 방식은 대부분의 공정이 자동화되어 작업자들의 인적 자원 활용이 적어지게 된다. 컴퓨터 지원(3D CAD)으로 설계 단계에서부터 인적 자원의 관여가 적고 사고위험이 높은 거푸집 지보공 등과 같은 가설공사도 필요하지 않게 된다. 3D 프린팅에 의한 방법은 작업자들에게 의존하던 많은 수작업과 안전 요구 사항 그리고 재료의 낭비를 대폭 줄일 수 있다.

기존 건설방식의 경우에는 콘크리트 구조물을 만들기 위한 거푸집 동바리 공사를 필연적으로 동반하게 된다. 이에 따라 인건비, 장비와 자재비용이 증가하고 자재 낭비도 커서 상당한 비용지출이 발생했었다.

단순한 구조의 거푸집 공사라 할지라도 공사기간이 상당히 길고 철근콘크리트 골조 공사비용의 25~35%를 차지하고 있다.[3] 그 외에도 거푸집 동바리 작업은 경사지나 곡선부와 같은 기하학적인 구조 조건과 사용된 거푸집 동바리 종류의 복잡성에 의해 공사비나 안전성에 영향을 미친다. 반면에 3D 프린팅에 의한 방식은 기하학적 구조 등에 대하여 별다른 영향을 받지 않는다.

글로벌 시장조사 기관인 마켓앤마켓(MnM, Markets and Markets) 보고서에 따르면 3D 프린팅 방식은 건설비용을 대폭 줄일 수 있는 잠재력을 가지고 있다고 한다. 재료 낭비는 최소 30~60%, 인건비는 최대 50~80%, 건설 기간은 50~70%까지 감소될 수 있을 것으로 예상하고 있다.[4] 또 다른 연구 결과[5]에 따르면 장비 비용, 인건비, 건설공사에 소요되는 공사기간과 같은 문제는 분석에서 고려하지 않았지만 3D 프린팅 방식은 기존 건설 방식에 비해 재료비용을 65% 정도 줄일 수 있다고 한다. 그러나 3D 프린팅 적용에 따른 비용 절감액에 대한 세부적인 내용은 향후 더 자세한 정량적인 연구결과가 나와 봐야 정확할 것으로 보인다.

3) 출처 : Jarkas, A.M(2016). Eect of Buildability on Labor Productivity : A Practical Quantification Approach

4) 출처 : Md. Aslam Hossain외 3인(2020), A Review of 3D Printing in Construction and its Impact on the Labor Market

5) 출처 : Allouzi, R.외 3인(2020), Conventional Construction and 3D Printing : A Comparison Study on Material Cost in Jordan

2 건설용 3D 프린터 특징과 종류

2.1. 건설용 3D 프린터의 특징

건설용 3D 프린터를 사용하면 다음과 같은 이점이 있다.

- 친환경
  - 유기적이고 친환경적인 재료로 3D 프린팅 주택을 지을 수 있다. 일부 가정용 3D 프린터는 태양 에너지를 사용하고 낮은 이산화탄소(CO_2) 배출량을 생성한다.
- 저렴함
  - 건설용 3D 프린팅은 특정 건물의 공사비용을 줄일 수 있다. 예를 들어 전통적인 기존의 건축 방법을 사용하는 경우에는 1 m^2 벽의 공사비용은 약 75달러인 반면에 아피스 코르(Apis Cor)가 적용한 건설용 3D 프린터에 의한 공사비용은 27달러에 불과했다.
- 확장성
  - 저렴한 주택을 지을 수 있으며 빈곤 지역이나 자연재해를 겪은 사람들에게 큰 도움이 된다.
- 효율성
  - 재료는 꼭 필요한 양만 사용되기 때문에 3D로 인쇄하면 재료 낭비를 줄일 수 있다. 또한 건축용 3D 프린터는 집의 기초를 불과 며칠 이내에 마무리할 수 있으나 전통적인 건축 방식은 몇 주 또는 몇 달이 걸리기도 한다.
- 디자인 유연성
  - 건설용 3D 프린터를 사용하면 곡선 벽과 창의적이고 독특한 외관을 쉽게 만들 수 있다.

반면에 건설용 3D 프린팅이 가지고 있는 한계는 다음과 같다.

- 비싼 초기 투자 비용
  - 건설용 3D 프린터를 구매하는 데 소요되는 비용은 때때로 최대 100만 달러의 비용이 들 수도 있다.

• 완전 시공 곤란
- 일부 건설용 3D 프린터는 주택의 벽이나 기둥만 구축이 가능하다. 또한 3D 프린터는 3D 인쇄 작업 중 배관이나 배선, 철근을 수동으로 작업하기 위해서 일시 중지될 수밖에 없는 경우도 있다.

• 거친 외관
- 3D 프린터로 인쇄된 주택의 외관은 적층 가공방식에 의하여 인쇄되므로 전통적으로 지어진 주택만큼 매끄럽지는 않다. 3D 프린팅 된 외관이 거칠기 때문에 마감 표면을 처리하는 후가공을 해야 한다.

• 안전 인증 만족 미흡
- 건설 구조물은 안전확보 차원에서 건설 관련 법률이나 기준, 규격 등에 의해 규제되고 있다. 강제적으로 요구되는 이러한 기준을 3D 프린팅 기술로는 만족시키기가 어려울 수도 있다.

그 외에 3D 프린팅 건설방식은 빈곤에 시달리는 지역이나 실업률이 높은 도시에서는 잠재적으로 지역 경제에 해를 끼칠 수도 있다. 실제 건설용 3D 프린터는 육체노동의 필요성을 줄여주므로 작업자의 고용이 훨씬 적어 실업률이 증가할 수 있다. 3D 프린팅 방식은 작업시간을 단축하고 재료를 적게 사용하며 작업자들의 수작업을 감소시키기 때문이다.

2.2. 3D 프린팅 소요 시간과 비용

3D 프린팅 건설은 일부 선진국의 경우 기술이 상대적으로 많이 발전했지만 그래도 아직은 초기 단계 수준이다. 주택을 3D 프린팅 하는 데 소요되는 시간과 비용에 대하여는 각각의 회사마다 정량적인 데이터를 제시하고 있지만 전체 건설공사를 수행하는 데 있어서 기존 건설방식과 3D 프린팅 사용에 따른 시간과 비용에 대한 명확한 데이터는 현재까지 찾아보기 어려운 실정이다. 그렇지만 3D 프린팅 건설방식은 누가 뭐라고 해도 기존의 건설방식보다 훨씬 빠르고 저렴하다는 것은 모두가 인정할 만하다.

(1) 주택을 3D 프린팅 하는 데 걸리는 기간은?

아피스 코르(Apis Cor), 아이콘(ICON) 등 건설 3D 프린팅 업무를 수행하는 회사들은 소규모의 작은 주택을 24시간 안에 3D 프린팅 할 수 있다고 주장하고 있다. 그들은 소요 기간을 산정할 때 주택의 기초와 벽체를 설치하는 작업만 포함하여 계산한다. 3D 프린터를 이용하여 특정 건축물의 기초나 벽을 구축하는 데 소요되는 시간은 기존의 방법보다 더 절약할 수 있다. 기초나 벽을 제외한 주택이나 집을 짓는 나머지 기간은 동일하게 유지된다.

(2) 3D 프린팅 주택의 가격은?

3D 프린팅 주택은 전통적인 건축방식에 의하여 지은 주택보다 30~55% 정도 저렴하다. 아피스 코르(Apis Cor)의 소형 주택은 건설 비용이 10,000달러 미만이고, 아이콘(ICON)의 소형 3D 프린팅 주택은 불과 4,000달러 미만이다. 건설용 3D 프린터 제조사인 COBOD에서 제공하는 비용 계산기는 3D 프린터를 활용하여 특정 건설공사를 할 때 공사비용을 산정할 수 있는 훌륭한 계산 도구이다.

COBOD 사(Construction Of Buildings On Demand)는 유럽 최초로 3D 프린터로 인쇄된 BOD라는 건물을 건설했다. COBOD 사는 재활용 재료를 활용하고 미적으로 아름다운 건물의 형태를 만드는 데 제약이 없다는 점, 그리고 기존의 건설방식에 비해 비용절감적인 측면에서 이점을 가지고 있다. 최근 COBOD 사의 지분 중 상당수를 독일의 PERI 사가 인수하여 기술적인 노하우와 역량을 투입하고 있다.

(3) 건설용 3D 프린터의 가격은?

건설용 3D 프린터의 가격은 보통 18만 달러에서 100만 달러 이상이다. 로봇팔 3D 프린터 시스템은 갠트리 유형보다 가격이 더 높은 경향이 있다.

2.3. 건설용 3D 프린터의 종류

건설용 3D 프린터는 한마디로 콘크리트와 같은 재료를 층별로 접착하여 집을 지을 수 있는 장치이다. 콘크리트 3D 프린터는 일반학습용 FFF 3D 프린터에서 사용하는 것과 유사한 3D 프린팅 기술로써 차이점은 콘크리트 또는 흙과 같은 재료를 노즐을 통해 층으로 밀어내어 구조물을 3D로 인쇄하게 된다는 점이다.

FFF는 Fused Filament Fabrication의 약자로써 높은 온도에서 용융되는 소재를 이용하여 적층해 나가며 제작하는 기법이다. 원래는 Stratysys 사가 처음으로 FDM 상표를 등록했는데 3D 인쇄방식이 제조업체에게 인기를 얻자 RepRap 커뮤니티는 FDM으로 먼저 등록되어 있던 상표권에 대한 침해 방지를 위해서 FFF라는 새로운 이름을 붙여서 사용하게 되었다.

건설산업에 사용되는 콘크리트 3D 프린팅은 기존의 건설 방식에 비해 시간, 노력, 재료를 절약하는 데 도움이 된다는 것은 주지의 사실이다. 그러나 3D 프린터는 아직 완전한 기능을 갖춘 주택을 만들 수 없다는 점에 유의해야 한다. 이런 측면에서 우리나라도 건설용 3D 프린팅 시장에서 선두를 확보할 기회는 얼마든지 있다. 3D 프린터는 현재 주택의 벽체 등만 시공이 가능한 수준이고 아직까지 창문이나 전선, 배관과 같은 요소는 기존의 건설방식대로 별도로 설치해야만 한다. 현재 콘크리트 3D 프린터는 주택뿐만 아니라 교량이나 단순한 야외 장식품 등을 인쇄하는 데 사용되고 있다.

최근 우리나라에서도 3D 프린터의 건설용 재료를 테스트하기 위해 인천대학교에서 콘크리트 3D 프린터인 프리폼 AC1000 장비를 발주했는데 시멘트, 모르타르, 콘크리트, 진흙 등의 재료를 3D 프린팅 방식으로 인쇄가 가능하다.

표 4.1은 건설용 3D 프린터를 활용하여 시공되었던 13개의 건물에 적용된 3D 프린팅 종류와 제원 등이 제시되어 있다. 일부는 판매 가능한 3D 프린터이지만 일부는 아직도 개발 중에 있거나 시험 서비스 단계에 있다.

건설용 3D 프린터 유형은 크게 갠트리 시스템과 기계식 로봇팔 유형으로 분류할 수 있다. 갠트리 시스템 타입의 프린터는 X, Y, Z축이 있는 대형 데스크탑 형태의 3D 프린터이다.

갠트리 시스템이든 기계식 로봇팔 유형이든 두 경우 모두 콘크리트와 모르타르가 인쇄용 재료로 사용된다. 건설용 3D 프린터는 일반적으로 압출기술을 사용하여 구조물을 인쇄한다.

인쇄용 재료는 특수 노즐에서 밖으로 압출하여 층(레이어)을 형성하게 된다. 간단히 말해서 페이스트 압출은 케이크(Cake)를 만들 때 짜는 주머니 백(Piping Bag)을 사용하여 케이크 위에 짜는 것과 유사하다고 보면 된다.

건설용 3D 프린터는 주택이나 건물의 기초와 벽을 각 층별로 만든다. 3D 프린터가 설치될 땅은 말 그대로 3D 프린팅 작업을 위한 제작 공간이 된다. 그러나 일부 콘크리트 3D 프린터는 벽돌 몰드를 설치공간으로 활용하기도 한다.

전 세계의 건설용 3D 프린터 시장 규모는 2019년 3억 1,090만 달러에서 2027년까지 406억 5,240만 달러에 달할 것으로 예측되고, 2020년에서 2027년까지 106.5%의 연평균 성장률(CAGR)을 기록할 전망이다.[6)]

표 4.1 주택건설용 3D 프린터[7)]

House 3D printer	종류 (Category)	유형 (Type)	조형크기 (Build size)(m)	나라
ICON Vulcan II	범용	Gantry system	2.6×8.5×∞	미국
MudBots 3D Concrete Printer	〃	〃	1.83×1.83×1.22	미국
Total Kustom StroyBot 6.2	〃	〃	10×15×6	미국
BetAbram P1	〃	〃	16×8.2×2.5	슬로베니아
COBOD BOD2	〃	〃	14.62×50.52× 8.14	덴마크
Constructions-3D 3D Constructor	〃	Robotic arm	13×13×3.8	프랑스
CyBe Construction CyBe RC 3Dp	〃	Robotic arm	2.75×2.75× 2.75	네덜란드
WASP Crane WASP	〃	Delta system	Ø 6.3×3	이탈리아
Apis Cor	Project	Robotic arm	8.5×1.6×1.5	러시아
Batiprint3D 3D printer	Project	Robotic arm	최대 높이 7 m	프랑스
S-Squared ARCS VVS NEPTUNE	Project	Gantry system	9.1×4.4×∞	미국
Contour Crafting	Service	Gantry system	-	미국
XtreeE	Service	Robotic arm	-	프랑스

건설용 3D 프린터 시장의 성장은 주로 숙련된 작업자 부족과 비용 절감 차원에서 본격적으로 도입되고 있다. 또한 폐기물 발생 저감과 대량생산에 따른 비용 최적화(Cost Feasibility)도 시장 성장을 촉진하는 요인 중의 하나이다. 그러나 고액의 초기 투자 비용과 인쇄 구조물의 규격

6) 출처 : Global Information Inc(giikorea.co.kr, 2020), 세계 3D 콘크리트 프린트 시장 : 프린트 유형(갠트리 시스템, 로봇 암), 기법(압출 방식, 분말 방식), 최종 사용 부문별(주택, 상업, 인프라) - 기회 분석과 업계 예측(2020~2027년)

7) 출처 : aniwaa.com

제한은 3D 프린트 기술의 가장 큰 단점으로 작용하고 있다. 전 세계의 콘크리트 3D 프린팅 주요 기업 현황은 다음과 같다.

- Apis Cor
- COBOD International A/S(PERI)
- CyBe Construction
- Heidelbergcement AG(Italcementi SpA)
- LafargeHolcim
- D-Shape
- Sika AG
- Skanska
- Yingchuang Building Technique(Shanghai) Co.,Ltd.(Winsun)
- XtreeE

2.4. 건설용 3D 프린터 각 제품 특성

지금까지 개발되어 사용되고 있는 건설용 3D 프린터에 대한 각 회사별 제품 특성은 아래와 같다.

표 4.2 건설용 3D 프린터 각 제품 특성[8)]

제품 특성	그림
BetAbram P1 • 조형크기 : 1.6×8.2×2.5 m • 재료 : 콘크리트 • 국가 : 슬로베니아 • BetAbram은 2012년부터 건축용 3D 프린팅 하드웨어 작업을 수행해 온 슬로베니아의 소규모 회사이다. 3D 프린터 BetAbram P1은 현재 두 번째 버전으로 제공되며 옵션 프린트 헤드와 함께 사용할 수 있다. 기본적으로 더 부드러운 레이어층 형성을 위한 출현(Orto) 기능과 더 많은 디자인을 위한 회전기능이 있다.	

8) 출처 : aniwaa.com

제품 특성	그림
COBOD BOD2 • 조형크기 : 14.62×50.52×14.62 m • 재료 : 콘크리트 • 국가 : 덴마크 • 구조용 3D 프린터는 분당 최대 60미터의 빠른 속도를 가진다. BOD2는 모듈식이며 다양한 크기로 조정할 수 있다.	
Constructions-3D 3D Constructor • 조형크기 : 13×13×3.8 m • 재료 : 콘크리트 • 국가 : 프랑스 • Constructions-3D는 프랑스 3D 프린터 소매업체인 Machines-3D의 자회사이다. 3D Constructor는 애벌레 스타일의 고무 트랙 덕분에 이동이 가능하다. 한 장소에서 다른 건설장소로 쉽게 이동할 수 있도록 20피트 운송 컨테이너에 적합하도록 되어 있다.	
CyBe Construction, CyBe RC 3Dp • 조형크기 : 2.75×2.75×2.75 m • 재료 : 콘크리트 • 국가 : 네덜란드 • CyBe RC 3Dp는 끝에 노즐이 있는 단일 로봇팔로 구성되어 있고 이동이 간편하다. 3D 프린터는 최대 2.75 m 높이에 도달할 수 있으며 두 사람만으로 작동이 가능하다.	
ICON, Vulcan II • 조형크기 : 2.6×8.5×∞ m • 재료 : 콘크리트 • 국가 : 미국 • ICON 사는 Vulcan II 프린터로 건설 분야에 새로운 혁명을 일으키고 있다. 전체 프로세스는 태블릿 기반 인터페이스를 통해 사용자 친화적으로 설계되었다. ICON 사의 라바크리트(Lavacrete) 콘크리트 믹스에 인쇄하기 쉽게 최적화되어 있다.	

제품 특성	그림
MudBots, Concrete 3D Printer • 조형크기 : 1.83×1.83×1.22 m (최소) • 재료 : 콘크리트 • 국가 : 미국 • MudBots 사는 미국에 본사를 둔 콘크리트 3D 프린터 제조업체이다. 가장 작은 모델(약 1830×183×1220 mm)은 35,000달러의 가격으로 구입할 수 있다. 최대 30 m 길이에 이르는 크기에도 사용이 가능하다. 작은 규모의 주택을 단 12시간 만에 3D 프린팅 할 수 있으며 전통적인 건축방법에 비해 비용을 70% 정도 절감할 수 있다.	
Stroybot2 • 조형크기 : 10×15×6 m • 재료 : 콘크리트 • 국가 : 미국 • Rudenko 3D 건설용 프린터(Andrey Rudenko)로 알려진 StroyBot은 사용자가 조립할 수 있는 키트로 제공되는 모바일 건설 인쇄용 시스템이다. 평균적으로 48 시간 만에 100 m^2의 집을 인쇄할 수 있다(단, 벽면 인쇄만 해당한다).	
WASP Crane, WASP • 조형크기 : Ø 6.3×3 m • 재료 : 콘크리트/기타 재료 • 국가 : 이탈리아 • WASP는 이전 건설 프린터인 BigDelta WASP 12MT의 진화 모델이다. 모듈식이며 여러 크레인 프린터가 하나의 프로젝트에서 함께 작동한다. 이론적으로는 무한한 3D 프린팅 가능성을 제공한다.	
Apis Cor, 3D printer • 조형크기 : 8.5×1.6×1.5 m • 재료 : 콘크리트 • 국가 : 미국 • 3D 프린팅 건설회사인 Apis Cor는 러시아와 샌프란시스코에 기반을 두고 있으며 24시간 이내에 집을 3D 프린팅 할 수 있다. Apis Cor 프린터는 로봇팔과 유사하며 NASA의 3D 프린팅 챌린지 대회에서 1위를 차지했다.	

제품 특성	그림
Batiprint3D, 3D printer • 조형크기 : - • 재료 : 콘크리트/기타재료 • 국가 : 프랑스 • Batiprint 3D는 프랑스 낭트에서 Yhnova 3D 프린팅 하우스를 완성하면서 국제적으로 인지도를 높였다. 그들의 3D 프린터는 시멘트뿐만 아니라 단열폼도 인쇄하므로 가장 완벽한 3D 건축 솔루션 중 하나이다.	
S-Squared, ARCS VVS NEPTUNE • 조형크기 : 9.1×4.4×∞ • 재료 : 콘크리트 • 국가 : 미국 • S-Squared의 SQ3D는 빈곤 지역에서 빠르고 견고하며 친환경적으로 저렴한 주택 솔루션을 제공하는 것을 목표로 한다. ARCS VVS NEPTUNE는 이 회사의 작동 모델 중 하나이지만 상업적으로 판매되지는 않고 있다.	
Contour Crafting, 3D printing system • 조형크기 : - • 재료 : 콘크리트 • 국가 : 미국 • 자동화된 건설 시스템은 대형 건물과 인프라를 3D 프린팅 할 수 있다. Contour Crafting(일명 CC Corp)은 콘크리트 적층 제조 기술로 재난 구호를 보다 효율적으로 만드는 것을 목표로 한다.	
XtreeE 3D, printer • 조형크기 : - • 재료 : 콘크리트 • 국가 : 프랑스 • XtreeE 사는 건설, 엔지니어링, 건축 설계를 위한 특정 3D 프린팅 솔루션을 개발하고 있다. 이 스타트업은 프랑스에 기반을 두고 있으며 이미 여러 개의 3D 건설 프로젝트를 완료했다.	

3 건설용 3D 프린팅 재료

3.1. 기존 콘크리트 개선 방식

(1) 일반 건식 콘크리트

1) 중국, 윈선(Winsun) 사의 일반 콘크리트 건식 벽체

중국 윈선(Winsun) 사에서 생산한 3D 프린팅 벽체는 일반 콘크리트 건식벽체[9]로써 기존의 제조 방법을 일부 개선하였다. 벽 내부의 일부분은 공기로 차 있는 에어포켓(Air Pocket)[10]을 가지도록 하여 단열성능을 개선하였고 재료 사용을 절약한 방법을 선택하였다. 벽 두께와 내부 구성 형태에 따라 단열성능을 다르게 하였다. 벽 두께가 두껍고 여러 겹일수록 기온이 낮은 지방을 위한 단열 기능을 가진 벽체이다. 에어포켓 부분에 철근을 미리 세우고 콘크리트 벽을 인쇄하여 강도를 높이기도 하였다. 작업환경 측면에서는 건식공법은 소음과 분진이 적은 시공 현장을 만드는 데 기여할 수 있다. 인구가 많은 도심지와 같은 과밀지역이나 협소한 대지에서 건설을 하는 경우 주변 거주자들에게 피해와 민원을 줄일 수 있을 것으로 보인다.

그림 4.2 중국 윈선 사의 건식벽체 시공 시스템[11]

9) 건식벽체는 석고보드와 스터드를 사용하여 조립하는 벽체를 말한다. 습식벽체는 시멘트나 콘트리트처럼 벽을 만들 때 물을 사용하여 만든 벽체를 말한다.
10) 액체나 기체의 흐름을 막는 각종 공기주머니를 말한다.
11) 출처 : 한국토지주택공사 토지주택연구원(2015), 건축 분야에 3D 프린팅 기술적용을 위한 기초조사연구

2) 이탈리아, 이탈체멘티(Italcementi) 사의 콘크리트

3D 프린팅은 1970년대부터 개발된 기술로써 처음에는 폴리머, 금속, 점토와 같은 소재가 3D 프린팅 재료로 사용되었다. 특정 3D 소프트웨어로 모델링 된 3D 모델을 실제적으로 입체화하기 위해 컴퓨터 제어 하에서 재료를 연속적으로 증착하여 레이어를 형성하는 방식으로 구현했다.

건설용 3D 프린팅을 위한 콘크리트 기반 재료를 개발하는 것은 중요한 핵심 과제로서 3D 인쇄 중 펌핑과 압출이 쉬워야 한다. 하위 레이어(층)는 상위 레이어의 부하를 받지 않아야 하고 동시에 레이어 간의 결합이 확실하게 보장되어야 한다.

최근에서야 시멘트질 재료가 3D 프린터 재료로 처음 도입되어 사용되기 시작했다. 2015년부터 이탈체멘티(Italcementi) 사는 실험실에서 시멘트를 사용한 3D 프린팅 기술을 연구하기 시작했고 주로 시멘트와 콘크리트를 중심으로 연구하였다.

특히 이탈체멘티(Italcementi) 사는 3D 프린팅 재료로 적용 가능한 시멘트질의 소재를 개발하기 위해 꾸준한 연구 활동을 계속하고 있다. 현재는 개발된 재료를 사용하여 다음과 같은 세 가지 응용 분야에 대하여 실험하고 사례 연구를 통해 검증하고 있다.

그림 4.3 Italcementi 사, 3D 프린팅 벽면[12)]

12) 출처 : Italcementi.it

- 건물 세그먼트
- 거푸집 세그먼트
- 프리캐스트 패널 세그먼트

이탈체멘티(Italcementi) 사는 2층짜리 단독주택으로 층당 약 80 m^2의 생활공간과 단열재로 채워진 3층 벽으로 구성된 구조물을 인쇄하였다. 여기에는 특별히 3D 프린팅을 위해 개발된 첨단소재가 사용됐다. 3D 프린팅을 위해 개발된 콘크리트는 다양한 유형의 프린터에서 다양한 용도로 사용하기에 적합하며 이 재료는 향후 3D 프린팅 보급 확산에 상당한 가속화를 가져올 것으로 보인다.

3) 3D 프린팅에 사용 가능한 시멘트 기반 재료

기존의 모르타르를 혼합한 재료와 지오 폴리머 모르타르, 섬유 혼합 모르타르, 나노 입자 혼합 모르타르와 같은 다양한 유형의 시멘트 기반 재료는 이미 건설용 3D 프린터 재료로 사용되고 있다. 3D 프린팅이 가능한 재료의 혼합, 펌핑, 증착과 같은 다양한 단계를 수행하려면 아무래도 고성능 재료가 필요하다.

3D 프린터용 시멘트 기반의 재료구성은 결합재인 바인더(Binder)와 골재의 비율을 제외하고는 기존 방식의 재료와 거의 동일하다. 그러나 대부분의 연구결과 모래가 골재로 사용되었고 거친 골재를 사용하여 연구한 실적은 거의 없는 편이다. 바인더나 응집체인 골재의 비율은 아무래도 3D 프린터의 특성상 기존 재료와는 다를 수밖에 없다.

표 4.3은 3D 프린터로 인쇄 가능한 재료의 혼합구성을 요약한 것이다. 표에서 보는 것처럼 훨씬 더 높은 함량의 바인더(결합재)가 사용됨을 알 수 있다. 그러나 이러한 높은 바인더 함량과 미세골재 기반의 3D 프린팅 재료의 안정성은 강도 측면에서 문제가 될 소지가 다분하다.

따라서 거친 골재를 가진 재료를 개발하기 위한 더 많은 연구가 필요하다.

재료 측면에서 3D 프린팅의 성공 여부는 재료의 특성에 따른 작업성이 특히 중요하다. 또한 점도와 슬럼프(Slump)도 중요한데 일반적으로 인쇄 층의 변형이나 침착[13]을 방지하기 위해서는 슬럼프(Slump)[14]가 없어야 한다. 건설용 3D 프린팅 재료는 아무래도 일정량 이상의 점도를

13) 밑으로 가라앉아 들러붙음

14) 슬럼프란 아직 굳지 않은 시멘트의 반죽 질기를 뜻한다. 일반적으로 슬럼프가 낮으면 강도가 높고 재료

가져야 하고 약간의 슬럼프 값을 허용하지만 재료가 노즐 헤드를 통해 압출되어 증착되는 즉시 경도를 회복하여야 한다.

표 4.3 건설용 3D 프린팅 재료 요약[15)]

결합재(kg/m^3)	골재(kg/m^3)	물(kg/m^3)	기타(kg/m^3)	비고
827	1167 (max size 4.75 mm)	261	SP : 12.2	Kruger et al. 2020
856	869 (max size 2 mm)	66	Alkaline reagent: 356	Panda and Tan, 2018
780	1240 (max size 2 mm)	236	SP : 1.76	Nerella and Mechtcherine 2019
713	1212 (max size 2 mm)	285	나트륨 lignosulfonate7	Paul et al. 2018
683	850 (max size 2 mm)	236	SP : 1.76	Khalil et al. 2017
826	1242 (max size 2 mm)	248	PCE : 17 VMA : 2	Chen et al. 2019
W/B = 0.22–0.24 ; S/B = 0.2–1.2 ; Fiber (%. Vol) 0.3–1.5				Ogura et al. 2018
W/B = 0.36 ; S/B = 1.5				Marchment et al. 2019

Note : SP = 감수제, W/B = 물결합재비, S/B = 모래결합재비, PCE = Polycarboxylate Ether, VMA = 점도 조절제

3D 프린터로 인쇄 가능한 재료에 대한 필수적인 점도에 대한 성질은 그림 4.4와 같다.

그림에서 3D 프린터 노즐 헤드를 통해 증착 전인 상태, 즉 압출 전의 3D 프린팅 재료는 더 높은 점도를 가지고 있는 데 반하여 인쇄 기간 동안에는 감소함을 알 수 있다.

재료는 혼합기에서 호스 파이프로 펌핑되고 노즐 헤드를 통해 부드럽게 증착된다. 일단 증착되면 재료는 이전 점도를 회복해야 다음 층이 그 위에 증착될 수 있다. 이러한 방식으로 인쇄된 레이어의 변형을 제어할 수 있다.

분리가 덜 일어나지만 유동성이 매우 작아 퍽퍽하고 작업하기가 힘들다. 반대로 슬럼프가 높으면 유동성과 작업성이 좋지만 재료 분리가 심해지고 강도가 떨어진다.

15) 출처 : Panda]al, 2019, 나노 아타풀자이트 점토를 사용한 대용량 플라이 애시 혼합물의 3D 인쇄성을 개선

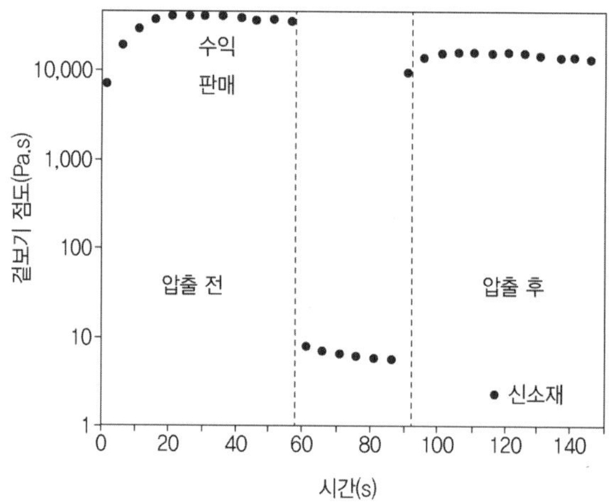

그림 4.4 3D 프린터로 인쇄 가능한 재료의 필수 점도[16)]

3D 프린터용이 아닌 기존 콘크리트 재료는 호스 파이프와 노즐 헤드를 통해 콘크리트 펌핑을 할 필요가 없다. 자체 압축 콘크리트(SCC)[17)]는 강도발현까지 시간 단축이 가능하고 진동이 필요하지 않기 때문에 널리 사용되고 있다. 그러나 SCC의 높은 슬럼프 값은 3D 프린팅의 재료로서는 적합하지 않을 수 있다.

3D 프린터용 인쇄 재료의 또 다른 문제는 비드(Bead)층[18)]의 접착과 변형, 노즐 헤드의 스탠드오프(Stand-off) 거리[19)], 기하학적 적합성, 층 밀도의 노즐 방향 변화, 인쇄 가능한 물체의 이방성 거동 등이 있다. 이러한 모든 요소는 3D 프린팅 된 구조물의 성능과 품질에 심각한 영향을 미칠 수 있다.

작업하는 과정에서 온도나 습도와 같은 대기조건과 숙련된 작업관리 방법도 3D 프린팅의 성공에 중요한 역할을 한다. 재료의 특성은 아무래도 온도나 습도와 같은 대기조건과 관련이

16) 출처 : Panda et al, 2019, 나노 아타풀자이트 점토를 사용한 대용량 플라이 애시 혼합물의 3D 인쇄성을 개선

17) SCC의 개발은 그 장점 때문에 콘크리트 기술에서 획기적인 업적으로 여겨진다. 그러나 과도한 양의 시멘트를 사용하면 재료의 비용이 크게 증가하고 콘크리트의 본성에 변화를 줘 기능을 저해할 수 있다. 이를 대처하기 위해 SCC 산업에서는 효과적인 다른 필러 재료를 수년간 연구하고 있다.

18) 용접 작업 도중 용착 부위에 생기는 길쭉하고 볼록한 흔적을 말한다. 용접을 하고 난 뒤에 생기는 것인데 망치를 통해서 비드가 생긴 부분을 때려서 슬래그를 제거하는 것이 좋다.

19) 격리 거리

있으므로 정량적으로 제어된 작업환경 조건은 3D 프린터의 인쇄용 재료 특성을 고려하여 관리되어야 한다. 또한 3D 프린팅의 경우 특수 기계나 컴퓨터 소프트웨어가 주로 사용되고 있지만 3D 프린팅 작업이 성공적으로 수행되려면 숙련된 작업인력 관리도 필요하다. 이러한 요소는 3D 프린팅 기술의 주요 과제이며 건설부문에서 3D 프린터를 채택하기 전에 충분히 고려해야 한다.

(2) 차음 성능 강화 콘크리트

윈선(Winsun) 사는 고속도로 소음차단 등으로 활용 가능한 차음 벽체와 식물을 키우는 장식용 벽체를 3D 프린터로 인쇄하였다. 이때 사용된 재료는 식물섬유[20]와 사막화 방지 프로젝트[21]로 몽골 사막의 모래를 활용하여 차음 성능을 갖도록 만들었다. 사막의 모래를 활용하여 3D 프린터로 도시를 건설하고 오아시스를 건설할 수 있는 가능성을 제시하였다.

그림 4.5 사막의 모래를 활용한 차음 성능 강화 벽체[22]

20) 식물섬유(植物纖維)는 식물로 만든 섬유를 가리킨다. 전통적으로는 종이, 옷, 밧줄을 만드는 데 쓰였다.

21) 중국의 사막화 방지 사업은 한국 황사의 주요발원지 중 가장 영향이 큰 중국 내몽고지역 사막화를 근본적으로 막기 위한 사업이다. 한국의 황사와 중국의 사막화 문제는 동전의 양면과 같이 떼려야 뗄 수 없는 공동 문제이다.

22) 출처 : 한국토지주택공사 토지주택연구원(2015), 건축 분야에 3D 프린팅 기술적용을 위한 기초조사연구

그림 4.6 사막의 모래를 활용한 샌드 바벨과 솔라 신터[23)]

3.2. 천연재료 대체 재료

(1) 자연석을 모방한 인공 석재, CMS

윈선(Winsun) 사는 자연석과 유사한 외장재료 개발에 주력하고 있는데 대표적인 제품이 크레이지 스톤(CMS, Crazy Magic Stone)이다. 주로 옛 건물을 복원하는 데 사용되며 패널을 만들어서 붙이는데 접착 방법은 접착강도를 높인 본드를 직접 개발해서 접착하며 상당히 우수한 접착력을 지닌 것으로 알려져 있다.

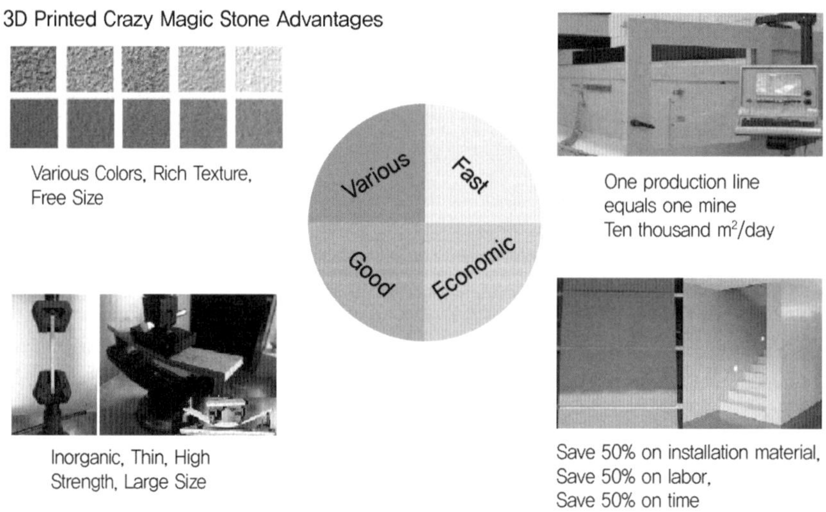

그림 4.7 Crazy Magic Stone(CMS)[24)]

23) 출처 : xyzist.com

크레이지 스톤은 광산이나 다양한 경로로 회수한 폐기물인 자연 돌가루를 배합하거나 화학성분을 변화시켜 만든 합성물이다. 광산 폐기물이나 도시 폐기물과 같이 환경오염원이 되는 폐기물을 재활용하기 때문에 친환경적인 측면에서 중요한 역할을 하고 있다. 크레이지 스톤은 무기질이고 얇으며 고강도라는 점이 가장 두드러진 특징이다. 또한 굽힘 방지와 양호한 미끄럼 저항성을 가지고 있으며 색상이 풍부하고 오래 보관할 수 있다.

크레이지 스톤은 천연석에서 추출한 장식패널과 같이 천연석의 질감을 생생하게 반영하고 있지만 전체적인 성능은 천연석보다도 매우 우수하다. 벽체의 내부와 외부, 건물 내부와 외부의 바닥, 지붕 등에 적용할 수 있다.

크레이지 스톤은 건축 마감공사에서 전통적인 자연석재를 대체할 수 있는 새로운 유형의 인공 석재로써 천연소재를 주성분으로 하기 때문에 재활용이 가능하다. 첨단 과학기술을 사용하여 특수섬유와 특수 처리된 규사를 추가함에 따라 강도와 내마모성은 천연석의 4~5배 정도로 우수하다.

크레이지 스톤은 전체 건축구조 방식에 따라 건식, 페이스트(Paste), 오버랩(Overlap) 유형과 같은 다양한 설치 방법을 채택할 수 있다.

이러한 재료를 사용하여 중국의 쟈오통 대학 샌드위치 홀, 상하이 만티 가든 빌라, 텐진 비즈니스 빌딩, 쟈자오예 지앙수 창저우 빌딩 등에서 시공되었다.

그림 4.8 Crazy Magic Stone(CMS)을 활용한 건축물[25]

24) 출처 : okorder.com

25) 출처 : okorder.com

(2) 유물 복원 재료

모술 박물관의 사자상은 2014년 ISIS(이라크 레반트 이슬람 국가)가 도시를 점령했을 때 파괴되었다. 이러한 문화유산이나 예술품을 파괴하는 반달리즘(Vandalism)은 국제 사회의 커다란 분노를 일으켰다. 2015년 유럽의 디지털 문화유산 초기 교육 네트워크(Initial Training Network for Digital Cultural Heritate, ITN-DCH)는 파괴된 소장품 복구를 위해 프로젝트 모술(Project Mosul)을 처음으로 발족했다. 마리 스쿼도프스카 퀴리행동(MSCA) 소속 연구원이었던 찬스 코프헤너(Chance Coughenour)와 매튜 빈센트(Matthew Vincent)는 사진측량(Photogrammetry)과 3D 모델링 기술을 활용해서 파괴된 유물을 복원하는 '프로젝트 모술(Project Mosul)'을 시작했다. 그들이 사용한 사진측량이란 이름 그대로 사진을 모아서 사물을 측량하는 기술이다.

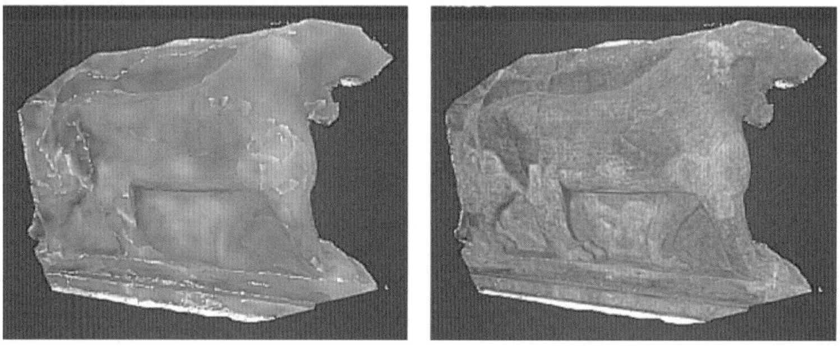

그림 4.9 모술의 사자(The Lion of Mosul)상 재건 시뮬레이션 모습[26]

이 방법은 똑같은 사물을 여러 각도에서 찍은 사진들을 모아서 컴퓨터 계산을 거친 후 3D 모델로 만드는 방법이다. 그들은 파괴된 모술의 문화재들을 증강현실로 복원하기 위해서 평화로웠던 시절에 촬영된 사진들을 수집했고 처음으로 3D 복원기술을 이용하여 모술의 사자상을 복원하였다. 이후 프로젝트 모술의 활동이 전 세계에 알려지면서 세계 각지에서 사진을 기부해왔고 파괴되었던 유물들이 하나둘씩 3D 모델로 복원되었다. 이렇게 제작된 복원품들은 3D 프린팅 되어 2019년 1월 모술 박물관 재개장 행사에서 전시되기도 했다.

현재 프로젝트 모술은 Rekrei(에스페란토어로 '재창조'를 뜻함)라는 이름으로 활동하며 모술

26) 출처 : Projectmosul.org

박물관 파괴를 넘어서 전 세계에서 위험에 처해있는 문화재들의 사진을 수집하여 복원하고 있다. 복원에서 사용된 크라우드 소싱과 사진측량 기술은 시리아, 이라크와 같은 내전을 겪고 있는 지역에서 파괴된 문화재 등을 복원할 때 큰 도움을 주고 있다.

고고학자인 매튜 빈센트(Matthew Vincent) 등이 주도적으로 시작한 프로젝트 모술은 파괴된 모술 박물관 소장품의 복구는 기본이고 문화 보존과 복원에 참여하는 사람들의 역량 강화를 촉진하는 것을 목표로 추진하고 있다. 모든 운영은 순수 자원봉사를 통해 운영되고 있다. 프로젝트 모술은 파괴된 유물의 3D 가상재건을 위해 웹 플랫폼 형태로 복원을 시도했다.

프로젝트 모술의 핵심은 ITN-DCH에서 보유하고 있는 전문지식과 소프트웨어 등을 활용한다. 스캐치패브(Sketchfab), Culturalmap, AD&D 4D, 4D-Ch World, Espace, DigitalMed 등의 다양한 협력회사들이 3D 기술 지원과 사진측량 작업을 도와주고 있다. 또한 세계 각국의 자원봉사자들이 데이터 소싱, 업로드된 이미지의 가공, 이미지 마스킹, 코딩/웹 개발, 사진측량 모델 처리 등의 작업을 수행해주고 있다.

안토니오 가우디의 작품인 스페인 성가족 성당(Sagrada Familia)에 활용된 회(석고)반죽인 플라스터(Plaster)나 1941년에 건설된 프랭크 로이드 라이트 작품인 애니 페이퍼 예배당(Annie Pfeiffer Chapel)의 직물 블록(Textile Block)을 교체하기 위해서 기존의 재료와 가장 흡사한 재료가 만들어졌다.

이처럼 자연 재료를 대체할 수 있는 재료는 기존 재료 성능을 개선하여 단점을 보완하였기 때문에 기존과 유사한 디자인을 갖는 구조물을 시공하는 경우나 복원재료로 활용될 수 있다.

3.3. 수지계열 신소재

(1) 폴리프로필렌(PP, Polypropylene)

폴리프로필렌(PP, Polypropylene)은 제조기술이나 성능 면에서 폴리에틸렌과 밀접한 관계에 있다.

폴리프로필렌은 무게가 가볍고 강도가 우수해 의자, 카페트, 식기 등 다양한 제품에서 사용된다. 유해 물질을 발생하지 않는 친환경 소재로 항균 기능도 갖추고 있다. 그러나 햇빛에 오래 노출될 경우 변색될 수 있으므로 실외용 제품에는 거의 사용되지 않고 있다.

그림 4.10 3D 프린팅 캐널하우스의 외장재[27)]

(2) 피코로코 블록(Picoroco Block)

수천 년 동안 목재, 벽돌, 석재와 같은 재료는 강력하고 튼튼한 건물 구조를 만드는 데 가장 적합한 재료로 인식되어 왔다. 그러나 최근에는 피코로코 블록과 마그네슘, 소금과 같은 우리에게는 다소 익숙하지 않은 재료를 3D 프린팅 재료로 사용하고 있다.

마그네슘을 혼합하고 소금을 첨가하는 이유는 각각의 재료들을 서로 긴결시켜 주는 역할을 하기 때문이다.

그림 4.11 피코로코 블록(Picoroco Block)[28)]

27) 출처 : 한국토지주택공사 토지주택연구원(2015), 건축 분야에 3D 프린팅 기술적용을 위한 기초조사연구
28) 출처 : thenewstack.io

피코로코 블록(Picoroco Block)은 3D 프린터에 의해 모듈화(Modular)나 사전제작 프리패브리케이션(Prefabrication) 방식으로 제작되며 주로 모래를 원료로 이용한다.

피크로코 블록은 0.3048 m × 0.3048 m × 0.3048 m 즉, 각 면이 0.3048 m의 크기 형태로 프린팅 하고 현장에서 조립함으로써 구조물이 완성된다. 피코로코 블록은 빛과 공기가 통과할 수 있는 벽을 형성하지만 모듈 형식 덕분에 조립이나 분해가 상대적으로 쉽다. 또한 피코로코 블록은 태양광에 따라 블록의 형태가 달라져 보이는 효과를 가지고 있다.

모듈화 공법은 크게 조립식 건물과 MTP 공법으로 크게 분류된다. 조립식 건물은 단순히 설계된 건물 디자인을 공장에서 제작하고 현장에서 조립 시공하는 방법이다. MTP 공법은 복합공종 모듈화 시공법으로 건축물의 복합요소들을 각각 모듈화하여 생산공장에서 제작하는 방법이다. MTP 공법이 도입되면 현장에서는 건축물의 골격만 세우고 그 외의 작업은 공장에서 만들어진 모듈을 현장으로 옮겨와 위치에 맞게 배치하고 조립하기만 하면 된다.

사전제작(Prefabrication)은 약칭해서 프리패브라고 부르는데 건축공사의 현장 작업을 최소한으로 줄이기 위해 건축 부재를 미리 공장에서 생산하여 현장에서 조립하여 건축물을 건설하는 방식이다.

(3) 플라스틱 수지

적층제조 방식의 3D 프린팅은 4차 산업혁명 기술의 주요 부분이며 미래의 건설부문을 획기적으로 변화시키는 데 원동력이 될 것이다.

3D 프린터에서 사용되는 대표적인 재료인 플라스틱 수지를 녹여서 액체 상태로 인쇄하는 방식이 주로 사용되었다. 매끈하게 인쇄할 수 있고 무게가 경량인 장점을 가지고 있으며 주로 항공우주, 자동차, 의료산업 분야에서 사용되고 있다.

플라스틱 수지는 시멘트나 다양한 혼화제 등과 혼합하면 일반 콘크리트보다 구조적인 강도가 높고 내구성이 좋으며 중량이 적은 구조물을 만들 수 있다.

바이오 플라스틱은 콘크리트보다 훨씬 환경친화적이기 때문에 콘크리트를 대체할 수 있는 좋은 대안이 될 수 있다. 바이오 플라스틱을 사용한 3D 프린팅 사례는 네덜란드 암스테르담에 있는 3D 프린팅 건물인 도시형 캐빈(Urban Cabin)에서 볼 수 있다.

이 도시형 캐빈은 면적이 8 m^2이고 야외에 욕조가 있으며 거의 모든 재료를 재사용하여 인쇄되었다. 이 건물은 도시환경에서 작고 지속가능한 거주 솔루션에 대한 연구결과로써 재해 지역에서 임시주거지로 특히 유용하다.

현재 대부분의 3D 프린팅 건설 구조물은 콘크리트를 사용하여 건설되고 있지만 가까운 미래에는 보다 친환경적인 재료가 3D 프린팅의 재료로 사용될 것으로 보인다. 그 이유는 앞으로 에너지 사용을 줄여 탄소 배출량을 줄이고 폐기물이 발생되지 않는 재료를 사용하는 탄소중립 시대로 변하기 때문이다. 3D 프린터는 탄소 배출량을 줄이고 에너지를 절약하며 환경오염을 낮춘다. 적은 이산화탄소를 배출하기 위해서는 공장에서 생산하는 방식보다는 3D 프린터로 제조하는 방식이 훨씬 지구에 도움이 될 것이다.

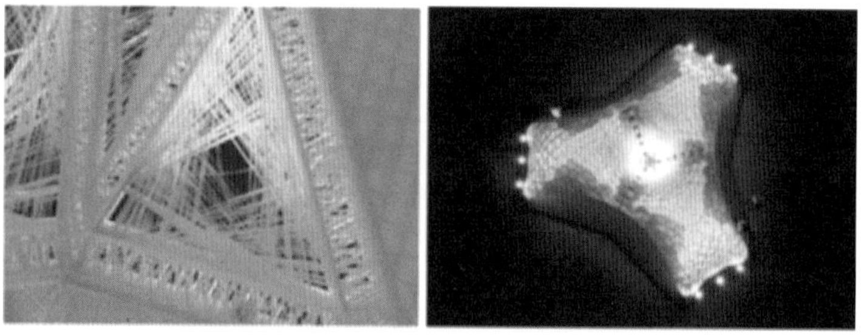

그림 4.12 플라스틱 수지 등을 혼합하여 만든 중국 베이징 파빌리온29)

3.4. 친환경 신재료

(1) 탄소섬유

3D 프린터들은 이제 다양한 소재를 사용하여 인쇄할 수 있게 되었다.

3D 프린터용으로 사용될 수 있는 복합재료는 탐소섬유(Carbon Fiber), 유리섬유(Fiberglass), HSHT 유리섬유(HSHT Fiberglass), 케블라(Kevlar) 등이 있다. 화학 조성이 다른 두 가지 재료를 물리적으로 결합하는 것이 복합재료이다. 특히 탄소 복합재료인 탄소강화 플라스틱은 최고 수준의 내열성, 강도, 내화학성을 보유한 재료로 다양한 산업 분야에서 폭넓게 활용되고 있으며 복합재료를 적층 가공으로 조형할 수 있다.

탄소섬유는 원사(실) 안에 탄소가 92% 이상 함유된 섬유로 철에 비해 무게는 1/4에 불과하지만 10배의 강도와 7배의 탄성을 갖고 있다. 내부식성, 전도성, 내열성이 높아 철이 사용되는

29) 출처 : 한국토지주택공사 토지주택연구원(2015), 건축 분야에 3D 프린팅 기술적용을 위한 기초조사연구

모든 제품과 산업에 적용이 가능해 '꿈의 신소재'라고 불리고 있다.

탄소섬유(Carbon Fiber)는 수많은 탄소 원자가 결정 구조를 이루어 길게 늘어선 분자 사슬로 이루어진 섬유로써 섬유의 직경이 10마이크로미터(μm) 내외로 극히 가늘지만 인장 강도와 강성도가 높고 고온과 화학물질에 대한 내성이 우수하고 열팽창이 적다.

케블라(Kevlar)는 듀폰에서 생산하는 아라미드(Aramid) 섬유의 한 종류로써 듀폰 사의 화학자인 스테파니 쿠올렉(1923~2014)이 발명했다. 가벼우면서도 나일론이나 PET보다 질기고 튼튼한 게 장점이다. 신도와 강도가 거의 탄소섬유에 필적할 정도로 우수하다. 케블라 섬유는 철과 같은 무거운 원소보다는 탄소, 질소, 수소, 산소와 같은 가벼운 유기 고분자로 이루어졌음에도 불구하고 철보다 5배 이상 강하다.

소재에 비해 두 배 이상 강도를 가지고 있으며 주로 우주항공이나 자동차 제조처럼 높은 내열성이 필요한 산업분야에서 적용되고 있다.

3D 프린터의 인쇄 방식은 재료를 열로 용해하여 적층하는 FDM 방식 외에도 마크 포지드(Mark Forged) 사의 CFF(Composite Filament Fabrication) 방식도 있다. CFF에 의한 최대 인쇄 크기는 30.5 × 16 × 16 m이며 소재는 탄소섬유 외에도 유리섬유와 나일론, 폴리락타이드(PLA, Poly Lactic Acid), 케블라(Kevlar) 섬유 등도 가능하다.

마크 포지드(Mark Forged) 사의 Mark One 3D 프린터는 탄소섬유와 같은 복합재료들을 사용하여 인쇄할 수 있도록 설계된 세계 최초의 3D 프린터이다. 마크 포지드(Mark Forged) 사는 2013년 미국 MIT 공대에서 설립한 회사로 고강도, 내열성, 내화학성을 가진 복합소재에 대한 정밀 적층 가공 기술을 보유하고 있다. 마크 포지드 사의 복합소재 3D 프린터로는 데스크탑 형 제품인 Mark 2와 산업용 제품인 X7이 있다.

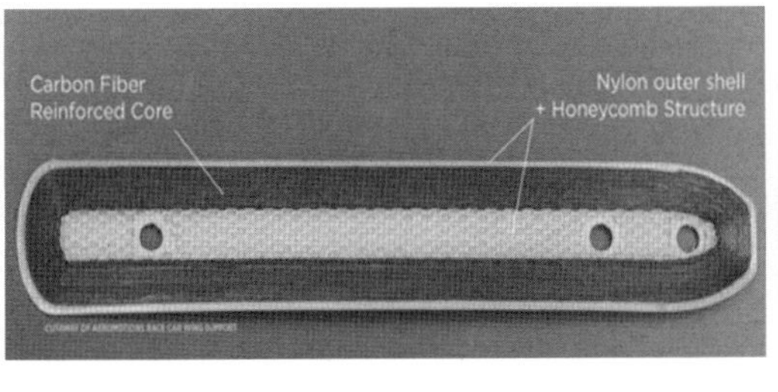

그림 4.13 탄소섬유와 3D 프린터[30)]

30) 출처 : nanowerk.com, jeccomposites.com

(2) 바이오 플라스틱(PLA)

바이오 플라스틱(PLA)은 2001년 미국의 카길(Cargill) 사가 다우 케미컬(Dow Chemical)과 공동으로 상업화에 성공하여 현재 가장 성공한 바이오 플라스틱으로 인정받고 있는 소재이다. 바이오 플라스틱은 바이오매스 기반의 고분자 플라스틱으로써 원료, 분해 메커니즘, 생산방법에 따라 생분해, 산화 생분해, 바이오베이스, 천연 고분자 플라스틱으로 구분한다.

그림 4.14 바이오 플라스틱31)

아티스트를 위한 커뮤니티 기반 생활과 작업 경험을 제공하는 Project 387의 에코 바렌(Eco Viren)은 조류, 곤충, 이끼 등의 동식물의 서식지로 활용하기 위해 바이오 플라스틱(PLA)을 사용하여 만들어졌다. 재료는 바이오 플라스틱(PLA)인 자연친화적 재료로 30~50년의 시간이 흐르면 자연적으로 생분해되는 재료이다.

(3) 프로토 셀(Proto-cell)

영국의 샤미스 아덴(Shamees Aden)은 자기 스스로 복구 능력을 가진 러닝 슈즈, 일명 스마트 슈즈를 개발하였다. 이 신발은 프로토 셀(Proto-cell)을 이용하여 3D 프린터로 인쇄한 제품으로 생명공학과 3D 프린팅이 결합돼 만들어진 제품이다.

세계는 지금 3D 프린팅이 가져올 또 다른 의상 혁명에 주목하고 있다. 개별 맞춤에 유리한 3D 프린팅은 서로 다른 신체적 특징을 가진 사람들에게 큰 도움이 될 것으로 전망된다. 영국 샤미스 아덴(Shamees Aden)은 프로토 셀을 활용한 신발을 연구해 피부처럼 밀착되는 3D 프린팅 운동화를 연구했다. 운동화는 실제 살아있는 세포처럼 작용하는 합성재료인 프로토 셀을

31) 출처 : slidesplayer.org

통해 발의 피로도 풀 수 있고 실제 상처가 났다면 이를 치료하고 재생할 수 있는 기능도 포함하고 있다. 슈구(Shoe Goo)라고 이름 붙은 이 신발을 실제로 신고서 자고나면 그동안 쌓였던 피로를 풀 수 있다고 한다.

그림 4.15 자가 복구 능력을 가진 러닝 슈즈[32)]

프로토 셀(Proto-cell)은 탄소를 흡수해서 스스로 자라는 무생물 분자로 압력이나 움직임, 빛, 열 등에 반응하는 물질인데 이 물질을 이용하여 3D 프린터로 인쇄한 제품은 마치 제2의 피부처럼 사용할 수 있다고 한다. 육상 선수가 운동을 마치고 신발을 프로토 셀 용액이 담긴 용기에 넣어 두면 스스로 손상된 부위가 복구되며 다른 색깔로 변형도 가능하다고 한다.

프로토 셀은 물속으로 가라앉고 있는 이탈리아 베니스(Venice)에 적용하기 위한 방법을 강구하던 중에 개발된 재료로써 현재는 인장이나 힘을 덜 받는 구조에 적용되고 있다.

생물의 조직을 모방하여 자연 분해되거나 공기 중의 탄소 등을 성장 에너지로 활용하여 생물과 같이 성장하는 새로운 재료인 프로토 셀은 사실 생체모방기술(Biomimicry)과도 관련이 깊다. 생체모방기술(Biomimicry)은 생물이 가진 여러 가지 기능을 모방해서 이용하는 기술이다.

탄소흡수 프로토 셀 프로젝트는 대기 중의 이산화탄소를 흡수하여 탄산염으로 전환하는 소재를 개발하는 연구이다. 이때 생성되는 재료는 조개껍데기와 유사하다. 석회암이 생성되듯 계속해서 조개껍데기를 만들고 자연 물질에 반하여 복잡한 환경 속에서도 조개껍데기를 계속해서 축적시키는 기술이다.

개발된 프로토 셀 기술은 저절로 수리 보수되는 상향적 건축기법을 구축하는 데에도 활용할 수 있을 것으로 기대되고 있다.

32) 출처 : 3dprintplant.tistory.com

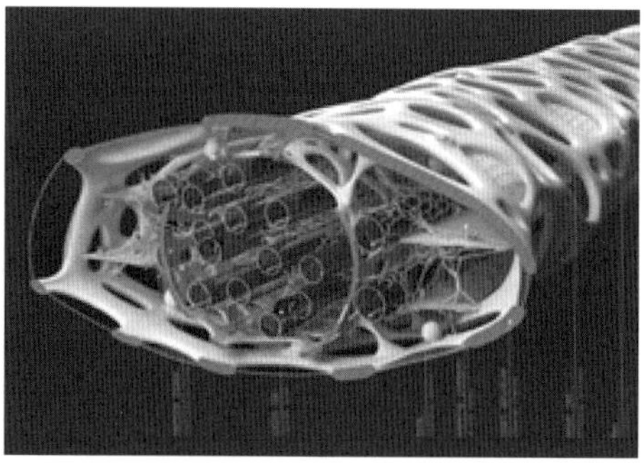

그림 4.16 탄소흡수 프로토 셀33)

3.5. 진흙, 모래 등 주변 재료

(1) 진흙, 모래 혼합물

아프리카 지역의 진흙이나 모래 등을 3D 프린팅 재료로 활용할 수 있는 실험은 이미 끝난 상태이다. 실험 결과에 따르면 이렇게 축조된 주택은 건설비용 측면에서 매우 저렴하게 시공할 수 있다. 기존의 건축방식에 따른 시공이 가능하며 주택의 품질 저하 문제도 해결할 수 있게 된다.

WASP는 2012년에 태동되었으며 주택, 예술, 문화, 에너지, 디지털 제작, 음식을 3D 프린터로 개발하고 있는 프로젝트이다.

WASP는 아프리카 모로코의 마라케(Marrakech)라는 지역에서 그 지역에 흔하게 널려있는 모래, 진흙, 천연섬유질 재료와 레진을 섞어 세계에서 가장 큰 델타(Delta) 3D 프린터를 사용하여 저렴한 공사비로 인쇄하는 방법을 시도했다. 이 실험은 3D 모델링 된 설계도면에 따라 우리 주변에서 쉽게 볼 수 있는 자연의 재료를 활용해서 3D 프린팅 할 수 있는지에 대한 가능성을 실험한 프로젝트였다.

2015년 9월에 빅델타(Big Delta)라 불리는 높이 12 m 크기의 3D 프린터가 이탈리아의 세계 첨단절약 프로젝트(WASP, World's Advanced Saving Project)에서 공개되었다. 이 프린터는 진흙(Mud), 점토(Clay), 천연 섬유질 재료 등 주변에서 쉽게 볼 수 있는 건축자재를 원료로 사용하여 완벽한 피난소(Shelter) 모양의 주택을 만들 수 있도록 설계되었다. 재난이 발생한

33) 출처 : ted.com

지역이나 대규모로 많은 주택이 요구되는 응급상황이 발생한 지역 등에서 주택을 만드는 데 사용될 수 있다.

마커스 카이저(Markus Kayser)의 솔라 신터(Solar Sinter)는 자연 에너지, 즉 태양에너지와 모래, 3D 프린팅 장비만 있으면 언제 어디에서든지 구조물의 인쇄가 가능한 방법을 개발했다. 독일 출신의 디자이너인 마커스 카이저(Markus Kayser)는 사막에서 햇빛과 모래만으로 유리 제품을 만드는 3D 프린터를 개발했다. 엄밀히 말하면 태양광 소결기(Solar Sinter)인데 대형 프레넬 렌즈로 태양광을 집중시켜서 그 초점부에 1,400~1,600℃의 고열을 만든다. 이러한 방법은 건설과정이나 건물을 사용 후에 나오는 폐기물을 다시 자연으로 되돌릴 수 있어 매우 친환경적 방법이다.

마커스 카이저의 웹[35)]에서는 사하라 사막에서 태양에너지를 모아 모래를 녹여 접착제로 사용하여 그릇 용기를 3D 프린팅하는 과정을 소개하고 있다. 마커스 카이저는 이 아이디어를 20세기 초반 무렵 미국에서 발행된 Mechanix Illustrated라는 대중과학 기술지에서 얻었다.

이 잡지의 1933년 1월호에는 태양광과 거대 볼록렌즈를 이용해 사막의 모래를 녹여 손쉽게 길을 낼 수 있다는 내용의 Sun-Melted SAND for AUTO ROADS라는 다소 공상과학적인 기사가 실렸었다. 우연히 이 기사를 보게 된 마커스는 태양광, 렌즈를 이용해 제품을 생산하는 장치를 고안했다. 그것이 바로 태양광 3D 프린터인 솔라 신터(Solar Sinter)가 탄생한 배경이다.

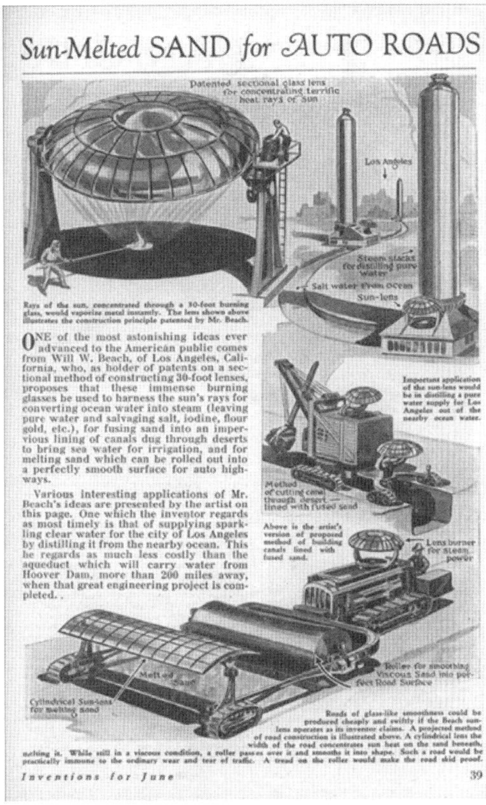
Sun-Melted SAND for AUTO ROADS

Rays of the sun, concentrated through a 30-foot burning glass, would vaporize metal instantly. The lens shown above illustrates the construction principle patented by Mr. Beach.

ONE of the most astonishing ideas ever advanced to the American public comes from Will W. Beach, of Los Angeles, California, who, as holder of patents on a sectional method of constructing 30-foot lenses, proposes that these immense burning glasses be used to harness the sun's rays for converting ocean water into steam (leaving pure water and salvaging salt, iodine, flour gold, etc.), for fusing sand into an impervious lining of canals dug through deserts to bring sea water for irrigation, and for melting sand which can be rolled out into a perfectly smooth surface for auto highways.

Various interesting applications of Mr. Beach's ideas are presented by the artist on this page. One which the inventor regards as most timely is that of supplying sparkling clear water for the city of Los Angeles by distilling it from the nearby ocean. This he regards as much less costly than the aqueduct which will carry water from Hoover Dam, more than 200 miles away, when that great engineering project is completed.

Important application of the sun-lens would be in distilling a pure water supply for Los Angeles out of the nearby ocean water.

Above is the artist's version of proposed method of building canals lined with fused sand.

Roads of glass-like smoothness could be produced cheaply and swiftly if the Beach sun-lens operates as its inventor claims. A projected method of road construction is illustrated above. A cylindrical lens the width of the road concentrates sun heat on the sand beneath, melting it. While still in a viscous condition, a roller passes over it and smooths it into shape. Such a road would be practically immune to the ordinary wear and tear of traffic. A tread on the roller would make the road skid proof.

Inventions for June 39

그림 4.17 Sun-Melted SAND for AUTO ROADS[34)]

34) 출처 : Modern Mechanix 블로그(blog.modernmechanix.com)

35) 출처 : www.markuskayser.com

마커스 카이저의 솔리 신터는 모래 상자에 태양열을 집중시켜 녹인 뒤 한 층씩 쌓아서 모양을 만들고 모래가 식으면 유리 작품이 완성되는 구조였다. 솔라 신터는 일종의 SLS(선택적 레이저 소결 조형, Selected Laser Sintering) 방식의 3D 프린터이다. 주재료가 모래라는 점과 이를 녹여 조형물을 만들기 위한 소결 레이저로써 태양열 에너지를 사용된다는 점이 기존방식의 SLS와 약간 차이가 있을 뿐이다. 무엇보다 사막에서 가장 흔한 에너지인 태양과 모래를 사용한다는 점에서 매우 경제적이고 친환경적이라는 이점을 가지고 있다.

그림 4.18 마커스 카이저의 Solar Sinter[36)]

2014년 중국의 디자이너 Qiu Song 등이 구상한 샌드 바벨은 건축 잡지인 Evolo 매거진에서 개최한 공모전을 통해 선보였다. 샌드 바벨은 과학연구시설, 사막의 관광 명소, 주거 등을 목적으로 구상되었다. 나선형 골격 구조를 채용하여 강한 장력을 가질 수 있도록 설계하였고 사막에서 가장 흔하게 발생하는 자연현상인 소용돌이와 버섯 바위를 모티브로 디자인하였다.

그림 4.19 샌드 바벨[37)]

36) 출처 : 3dprintingkorea.co.kr

이 작품은 디자인이 아름다울 뿐만 아니라 건물을 구성하는 주재료로 사막에서 흔히 볼 수 있는 모래와 태양열 에너지를 활용한 3D 프린팅 기술이라는 점이다. 샌드 바벨은 마커스가 솔라 신터를 통해 구현한 친환경 3D 프린팅 기술을 규모가 더 크고 구체적인 활용 용도로 발전시킨 사례라고 할 수 있다.

그러나 현재는 이러한 방식을 적용한 건설구조물은 완성도가 낮고 실제 준공사례도 없다. 하지만 친환경적이고 현지에서 재료를 손쉽게 구할 수 있어 원가가 저렴한 장점을 가지고 있기 때문에 실증 방법을 찾는 연구가 완성된다면 조만간 모래와 태양광을 활용한 3D 프린팅 구조물을 볼 수 있을 것 같다.

(2) 달과 화성의 모래 활용

2018년에 NASA는 화성에서 사용 가능한 구조물을 3D 프린팅을 이용하여 축조하고자 설계경기대회를 개최한 적이 있었다. NASA는 화성의 대기와 악조건의 환경 속에서 사용 가능한 구조물을 설계한 5개의 결선 진출 팀을 발표했다.

그림 4.20 Team AI, NASA's 3D-Printed Habitat Challenge[38]

37) 출처 : xyzist.com

38) 출처 : cnet.com

화성에서 구조물을 축조하기 위한 재료의 수송이 불가능하기 때문에 이러한 점을 고려하여 3D 프린팅이 가능한 구조물을 선정했다. NASA는 실질적으로 화성에서 인간이 살기에 적합한 구조물을 만들기 위해 건축 렌더링(Rendering) 단계와 구조 해석 단계를 거치면서 검증하였다.

그전에 미국항공우주국(NASA)과 유럽우주기관(ESA)은 달에 있는 모래를 사용하여 3D 프린팅으로 달에 구조물을 구축하는 프로젝트를 구상하기도 하였다.

미국항공우주국(NASA)은 달에서 우주공간 탐사를 위한 3D 프린팅 주택을 위해 NASA Grant to Develop 3D Printed Space Home 설계경기를 실시했다.

설계경기는 1차, 2차로 나뉘어 실시되었고 1차는 달과 같은 악조건 하에서 실질적으로 활용에 도움이 되는 최신 기술의 건축 개념을 평가하였고 2차는 제작에 초점을 맞춰 평가하였다.

유럽우주기관(ESA, European Space Agency)은 건축가 노만 포스터(Norman Foster)와 함께 달의 모래(Regolith)를 적층하는 방식으로 달에 구조물을 건설한다는 계획을 발표했다. 그러나 이 계획은 실현 가능성에 대한 검증만 한 상태이고 현재까지 실물 크기의 건설구조물은 없는 상태이다. 이러한 시도는 장차 달이나 화성과 같이 접근이 어려운 장소에 인간이 거주할 수 있는 공간을 만드는 데 크게 기여할 것으로 보인다.

3.6. 금속 재료

적층 제조(AM)로 알려진 3D 프린팅은 재료 소비와 낭비 요소를 감소시킬 수 있다. 또한 설계-제작 프로세스가 간소화되고 곡선이나 비정형 구조물과 같이 수요자 요구에 맞추어 구조물 축조가 가능하기 때문에 건설산업 혁명을 일으킬 것으로 보인다. 적층 제조방식은 향후 건설 분야에 많은 기회를 제공하겠지만 3D 모델링을 위한 상당한 스킬의 계산 분석이나 구조설계를 위한 전문지식 디지털에 능숙한 엔지니어가 필요할 것으로 보인다.

그림 4.21 3D Printing with Stainless Steel[39]

건설 분야에서 사용되는 금속 3D 프린팅은 제어된 가열이나 냉각방식, 열에 의한 프리스트레스를 통해 건물이나 주택에서 구조적으로 요구되는 내부 보강이나 기계적 성질을 만족시킬 수 있다. 일반적인 금속 3D 프린팅에 사용되는 스테인리스 강철은 뛰어난 물리적 강도와 저비용으로 인해 대형 금속 물체의 인쇄가 가능하다.

티타늄(Titanium)이나 알루미늄도 스테인리스 강철과 마찬가지로 금속 3D 프린터 재료로 이용되어 복잡한 디자인으로 제작될 수 있다. 금속 3D 프린팅에서 금속재료를 이용하여 구조물을 만들기 위해서는 철과 탄소 원소가 결합된 강재를 녹여야 하고, 조형된 최종 제품에 녹과 부식을 방지하기 위해 크롬(Chromium)이나 몰리브덴(Molybdenum)을 결합시켜야 한다.

고체가 열에 의해 액체가 되는 용융된 3D 프린팅 재료는 일련의 냉각과 재가열, 롤링(Rolling) 단계를 통해 처리된다. 그 결과 얇은 경계층을 가진 단단히 결합된 합금 입자를 통해 고강도 특성을 나타내게 된다.

스테인리스는 일반적인 금속 3D 프린팅에서 결합제와 함께 스테인리스 스틸 분말층을 결합하게 된다. 이 과정에서 스테인리스 스틸 분말층이 빌드 박스에 놓여지게 되고 프린트 헤드가 상자를 가로질러 이동하여 바인더 용액을 분사하게 된다. 결합제로 증착된 층은 가열램프를 사용하게 되면 건조된다. 그 후 새로운 분말 층이 펼쳐지고 이러한 과정이 반복적으로 수행된다. 최종적으로 원하는 물체가 완성되면 오븐에서 건조시켜 바인더를 완전히 경화시키게 된다.

안타깝게도 전통적인 금속 3D 프린팅 방법은 스테인리스 스틸 제품의 다공성이 크기 때문에 쉽게 파손되기 쉽고 레이저로 재료를 형성하므로 프린터가 매우 뜨거워진다는 단점을 가지고 있다.

금속 3D 프린팅의 재료로 활용되는 스테인리스는 다음과 같은 장점을 가지고 있다.

- 내구성이 좋다.
- 831℃까지의 온도에서도 내열성이 강하다.
- 무게가 가볍다.
- 비용이 저렴하다.
- 단시간 내에 생산이 가능하다.

39) 출처 : azom.com

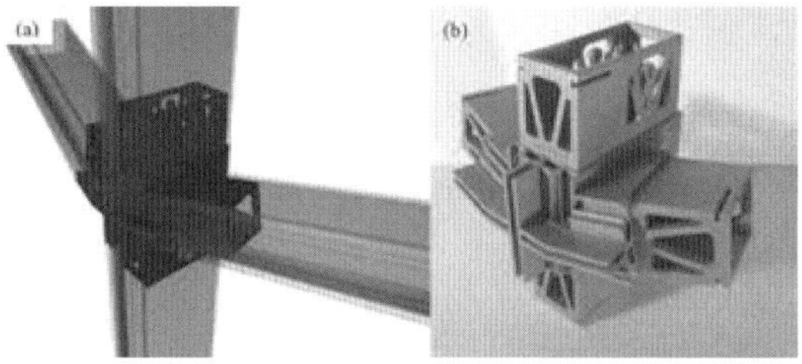

그림 4.22 금속 3D Printing 제품[40)]

그림 4.23 금속 3D Printing(The Stargate printer)[41)]

캐나다 밴쿠버에 본사를 둔 LifeTec Construction Group Inc 사는 가정용 강철 빔을 3D 프린팅 할 수 있는 기술을 개발했다. 이 회사는 제조공장에서 Framecad 시스템을 사용하여 주택을 정확한 사양으로 3D로 인쇄한 다음 건설현장으로 운반한다. Framecad는 레이저 기반 3D 프린팅 기술을 사용하여 맞춤형 모듈식 강철빔과 패널을 제작한다.

기능성 금속 3D 프린터의 비용은 상당히 고가이지만 현재 저렴한 3D 프린터가 시장에 많이 나와 있다. 금속 3D 프린팅의 지속적인 기술 혁신과 개발로 저가의 성능이 우수한 제품이 등장할 것으로 보인다.

40) 출처 : sciencedirect.com
41) 출처 : Relativity Space

4 건설용 3D 프린팅 조형 방식

건설용 3D 프린터 원리는 일반적인 사무용 프린터 원리와 비슷하다. 일반적인 사무용 프린터 헤드가 잉크로 종이 위에 그림이나 문자를 인쇄하듯 건설용 3D 프린터는 구조물 예정 공간에 조립된 크레인에 매달린 헤드가 구조물 3D 설계도면에 맞춰 왔다 갔다 하면서 콘크리트나 건설용 재료를 계속해서 쌓아 올리는 원리이다.

건설에서 사용되는 3D 프린팅 기술은 크게 모듈형 인쇄 방식과 일체형 인쇄 방식의 두 가지로 나눌 수가 있다. 모듈형 인쇄 방식은 중국 윈선(Winsun) 사가 주로 채택하고 있는 방법이다. 반면에 일체형 인쇄 방식은 미국과 이탈리아, 네덜란드 등이 주로 채택하고 있다.

공장에서 3D 프린터로 구조물의 주요 구조물을 인쇄해 현장으로 가져가 조립하는 모듈형 인쇄 방식은 조립한 부분을 통해 물이 새거나 강도가 약하며 겨울엔 춥고 여름엔 덥다는 단점이 있다.

여기에 대한 대안으로 건설 공사 현장에 3D 프린터를 직접 설치하고 건물 전체를 한꺼번에 찍어내는 일체형 인쇄 방식이 주목받고 있다. 미국과 이탈리아, 네덜란드도 이 분야를 주목하고 일체형 인쇄 방식으로 3D 프린팅 주택을 건설하고 있다.

4.1. 일반적인 3D 프린팅 조형 방식 종류

건설 구조물은 부피가 크기 때문에 한 번에 구조물을 3D 프린팅 하기는 어렵다. 일반적으로 3D 프린팅 조형 방식은 다음과 같다.

(1) 전체 직접 인쇄방식

건설 구조물 전체를 프린팅 하는 방법은 주로 로봇을 활용하는 방법이다. 프린팅 구조물이 크면 3D 프린터의 기계는 그것보다 더 커야 하는 문제가 있으므로 크기가 크지 않은 공간 즉, 소형 주택을 만들 때 주로 활용하는 방법이다.

스페인 바르셀로나에 소재한 IAAC(Advanced Architecture of Catalonia)의 연구원들은 3D

프린팅 기술과 로봇 공학을 결합하여 자신의 크기보다 훨씬 더 큰 구조물을 만들 수 있는 로봇으로 구성된 시스템을 개발했다. 이 시스템의 명칭은 미니빌더스(Minibuilders)로 세 대로 구성된 로봇들은 각각 다른 임무를 수행하도록 설계되었지만 함께 협업하여 커다란 크기의 구조물을 인쇄하게 된다.

미니빌더스는 총 3단계로 나뉘어 작동하게 된다. 첫 번째 단계는 3D 프린팅 구조물의 기초 작업은 기초 로봇이 담당하게 된다. 기초 로봇 내부에 탑재된 센서는 미리 정의된 경로를 따라 방향을 제어하면서 재료를 쌓게 된다.

기초 로봇이 구조물의 기초를 설치하면 두 번째 단계를 담당하고 있는 그립 로봇이 활약할 차례이다. 그립 로봇은 4개의 롤러 집게를 이용하여 이미 구축된 구조물의 상단부에 고정되어 구조물의 형태를 따라 이동할 수 있도록 설계된 로봇으로 내장된 히터로 재료를 굳혀 가면서 계속해서 층을 쌓아간다. 그립 로봇 또한 미리 정의된 경로를 따라 움직이도록 설계되어 있지만 에러가 발생할 경우 경로를 중간에 수정할 수 있다.

마지막 단계는 진공 로봇이 마무리를 짓는다. 이 로봇은 내장된 흡입 컵과 진공 발생기를 이용해 조형물의 표면에 붙은 채로 방향과 기울기에 상관없이 자유롭게 이동해가며 구조물의 벽이나 천장 표면에 재료를 쌓아 보강한다.

이 시스템에 의해 구축되는 구조물은 로봇의 크기에 한정되지 않기 때문에 이론상으로는 어떤 크기도 만들어낼 수 있다. 다만 3D 프린팅에 사용되는 재료의 구조적 특성이 한계로 작용한다.

그림 4.24 미국 컨투어 크래프팅(Contour Crafting) 3D 프린팅 기술[42)]

42) 출처 : Contour Crafting.com

컨투어 크래프팅(Contour Crafting) 기술을 활용하여 건물 전체를 프린팅 하는 방식은 접합 공정이 별도로 필요하지 않아 상대적으로 빠른 시간 내에 프린팅 할 수 있고 접합 부분에서 흔히 나타나는 결로, 기밀성 등의 문제가 적은 장점이 있다.

(2) 모듈형 인쇄방식

3D 프린터를 활용하여 프린팅 하기에 적당한 크기의 모듈로 인쇄한 후 현장으로 운반하여 현장에서 모듈들을 직접 조립하여 건물을 만드는 방법인 유닛 프린팅 방법으로써 일명 모듈형 인쇄 방식이다.

그림 4.25 네덜란드 카머 마커(Kamer Maker), 3D Print Canal House Project[43]

전체를 인쇄하는 방법보다 모듈식으로 인쇄하는 방식은 더 다양한 재료와 디자인, 조립 방법을 활용할 수 있다. 비정형 건설 구조물에 활용되어 수많은 모듈을 인쇄하여 조립함으로써 형태를 완성하고 정밀한 세련미를 보여주는 경우도 있다.

이러한 방식은 구조적인 강도에 대한 요구가 적은 단층 건물이나 또는 작은 벽체의 일부에만 사용되고 있다. 또한 독특한 디자인이 필요한 일부분에 기존 건축 시공법과 혼용하여 이 기술을 적용하기도 한다.

43) 출처 : 3dprintingindustry.com

표 4.4 건설 시공법에 따른 3D 프린팅 방식 구분[44)]

방식	특징	사례	내용
전체 직접 프린팅	구조물을 한번에 프린팅, 주로 로봇 활용	미 USC의 컨투어 크래프팅 (Contour Crafting)	• 현장에서 시공하며 레일을 따라 3D 프린터가 이동하여 시공 • 자연재해나 난민 등 주거난이 심한 지역의 문제를 빠르게 해결 • 남극이나 극지와 같이 사람이 시공하기 어려운 곳에서도 시공
		영국 D-shape	• 이탈리아 발명가 엔리코 디니(Enrico Dini)가 개발한 로봇 빌딩시스템(Robotic Building System) • 모래 재질에 자체 제작한 바인딩을 분사, 결합하여 돌과 같이 견고한 형상을 제작
		스페인 IAAC의 미니빌더 (Minibuilder)	• 무한궤도를 장착한 3D 프린터 드론이 자유롭게 이동하면서 프린팅 하는 방법 • 프린팅 할 수 있는 구조물 규모에서 자유로우며 여러 대를 운영할 수 있어 공사기간 단축
		스페인 IAAC의 마테리얼 (Mataerial)	• 로봇팔을 이용하여 실모양의 구조체를 공중에 자유로운 형태로 분사하는 방식 • 재료로 열경화성 수지를 이용했지만 현재는 금속을 이용한 프린팅도 가능
유닛 프린팅 (모듈형 인쇄)	구조물의 유닛별로 공장 등 별도 장소에서 프린팅 후 조립	네덜란드 카머 마커 (Kamer Maker) DUS Architecture 사	• 암스테르담 북부, 3D Print Canal House Project • 건축 현장에 설치된 카머 마커를 이용하여 유닛별로 인쇄하고 인쇄된 유닛을 조립하여 시공 • 콘크리트가 아닌 재생 가능한 바이오 플라스틱을 이용하고 건축물의 내구성과 원재료의 절약을 위해 건축물 내부는 벌집 구조 사용
		중국 윈선 (Winsun) 사	• 상하이 공업단지 • 미국의 컨투어 크래프팅 기술을 이용해 만든 3D 프린터로 공장에서 구조물을 프린팅하고 현장에서 조립 • 재료는 시멘트에 유리섬유와 다양한 첨가제 첨가
		독일의 복셀젯(Voxeljet) 사	• 샌드 3D 프린터 기술을 이용하여 3D 프린팅 시 별도의 바인더가 분사되어 딱딱하게 모래 알갱이들과 교결하여 시공 • 재료는 모래성분으로 엔진 블록과 같은 주물 제작 시 사용되는 모래

44) 출처 : 정석재 · 이태희(2014), 한국산학기술학회논문, 3D 프린팅 기술의 건축 분야 활용 동향과 경제성에 관한 연구

이외에도 3D 프린팅 기술을 활용하여 건설 구조물의 일부 요소를 과거보다 편리하게 시공하는 방법들이 많이 있다. 이러한 방법은 건설에서 3D 프린팅을 활용할 수 있는 가장 쉽고 일반적인 방법인데 사례를 보면 스페인의 바르셀로나에 있는 로마 가톨릭교의 성당인 가우디 성당이나 프랭크 로이드 라이트(Frank Lloyd Wright) 작품에서 보여지는 장식적인 블록, 루이스 설리반(Louis Sullivan)의 고전적인 건축양식을 갖는 건물을 복원하는 데 매우 효과적이다. 이외에도 비정형의 외장 패널을 인쇄하거나 고전 양식 디자인을 모티브로 한 장식벽을 시공할 때 효과적으로 쓰여지고 있다.

3D 프린팅 기술의 한계인 법적인 구조 강도와 내화 기준을 완벽하게 만족하는 것을 증명하기에는 어려운 실정이다. 따라서 재료의 강도와 내구성의 부족 문제를 해결하기 위해 기존 건설 공법과 혼용하여 사용하는 것이 불가피한 실정이다.

중국 윈선 사가 시공하였던 6층 빌라나 2층 주택의 경우에도 구조적으로 힘을 받고 있는 보와 기둥 등 주요 구조 부위는 기존의 건설구축 방법을 사용하고 그 외의 벽체와 장식 부분만 3D 프린팅을 활용하였다.

이러한 경우 시공 순서는 3D 프린팅 한 콘크리트 벽체를 먼저 시공하고 보와 기둥은 나중에 시공하게 된다. 아무래도 벽이 한 면 이상의 거푸집 역할을 수행하기 때문에 기존의 방식으로 콘크리트 구조를 시공하더라도 거푸집 양을 줄일 수 있는 장점이 있다.

4.2. 전체 직접 인쇄 방식

(1) 적층 헤드 장착(Deposition Head Mounting) 방법에 따른 분류

건축물을 한 번에 직접 프린팅 하는 방법으로써 재료를 분사하는 적층 헤드 장착(Deposition Head Mounting) 방법은 다음과 같다.

첫째, 영국의 디쉐이프(D-Shape) 방식 : 갠트리(Gantry) 시스템을 기반으로 하는 시공 방식

둘째, 미국 컨투어 크래프팅(Contour Crafting) 방식 : 현장의 크레인 장착 장비를 활용하여 시공하는 방식

셋째, 스페인의 IAAC의 미니빌더(Minibuilder), 마테리얼(Mataerial) 방식

이와 같은 세 가지 방법은 건축물은 한 번에 프린팅 하는 적층(Addictive) 방식에 있어서는 제조방식이 유사하지만 서로 다른 활용 목적과 각기 다른 프린팅용 재료를 사용하도록 개발되었다.

1) 디 쉐이프(D-Shape) 방식

디 쉐이프(D-Shape) 방식은 지 코프(Z-Corp) 사의 3D 프린팅과 같이 바인더를 사용하여 선택적으로 경화하는 분말 증착(Powder Deposition Process) 방법을 활용한다.

3D 프린팅 건설 재료를 각 레이어별로 희망하는 두께로 덮고 다짐한 뒤 갠트리 프레임(Gantry Frame)에 장착된 노즐들이 고형화될 곳에 바인더를 살포하여 경화시킨다.

디 쉐이프(D-Shape) 방식은 혼합기와 공급 시스템이 설치되어 입상 재료를 스패닝 헤드(Spanning Head)에 전달한다. 작업이 완료되면 결합되지 않은 골재를 제거할 수 있는 진공 시스템과 자재 보관, 운송을 위한 추가 보조 장비가 설치되어 있다.

디 쉐이프(D-Shape) 방식은 실제 프린팅 프로세스가 시작되기 전에 프린팅 할 물체의 3D 모델을 사전에 만들어야 한다. 3D 모델이 완성되면 파일은 프린터 헤드로 전송된다. 프린팅 프로세스는 단단한 산화마그네슘(MgO)과 혼합된 5~10 mm 두께의 모래층이 프린터 헤드에 의해 프레임으로 둘러싸인 영역에 고르게 분포를 시작한다. 입력된 3D 모델링 정보에 따라 프린터 헤드는 3D 모델을 2D 조각으로 나눈다. 그런 다음 하단 슬라이스부터 시작하여 헤드가 25DPI(1.0 mm)의 해상도로 염화마그네슘을 포함하는 용액으로 구성된 무기 결합 액체를 침전시킨다. 바인더와 모래는 화학적으로 반응하여 사암 물질을 형성한다. 재료가 완전히 굳는 데는 약 24시간이 걸리며 노즐이 20 mm 떨어져 있기 때문에 채워야 할 틈이 있다. 이러한 틈을 메우고 모래가 바인더에 균일하게 노출되도록 하기 위해 프린터 헤드가 프린터의 이동 방향에 수직인 방향으로 이동하게 된다.

그림 4.26 디 쉐이프(D-Shape) 3D 프린터[45]

통상 한 층의 인쇄를 마치려면 D-Shape는 앞뒤로 네 번의 스트로크(Stork)가 필요하다. 한 층의 레이어가 완성되면 수직 빔의 스테퍼 모터가 베이스를 위로 이동하게 한다. 프린터 헤드 바로 위에 있는 속이 빈 프레임 워크에서 주기적으로 다시 채워지는 새 모래가 프레임 영역으로 분산되어 다음 레이어를 만든다. 인쇄하는 동안 과도한 모래는 응고되는 모래를 지지하는 역할을 하며 나중에 인쇄할 때 재사용 할 수 있다. 인쇄 프로세스는 연속적이며 원하는 구조가 완전히 인쇄되었을 때만 중지된다.

2) 컨투어 크래프팅(CC, Contour Crafting) 방식

컨투어 크래프팅(CC, Contour Crafting) 방식은 연속적으로 적층되어 생성되는 부드러운 표면을 만드는 미장도구인 흙손(Trowel)에 대응하여 시멘트 기반의 페이스트(Paste)를 사출(Extruding)하는 공정이다.

컨투어 크래프팅(Contour Crafting) 3D 프린팅 기술은 콘크리트를 분사하여 구조체를 만들고 로봇으로 골조와 기타 부속품을 결합하여 건물을 완성하는 방식이다. 이러한 공법은 기존 방식과 비교하여 거푸집이 불필요하기 때문에 시간 감축 효과가 매우 크다.

(a) 압출 공정

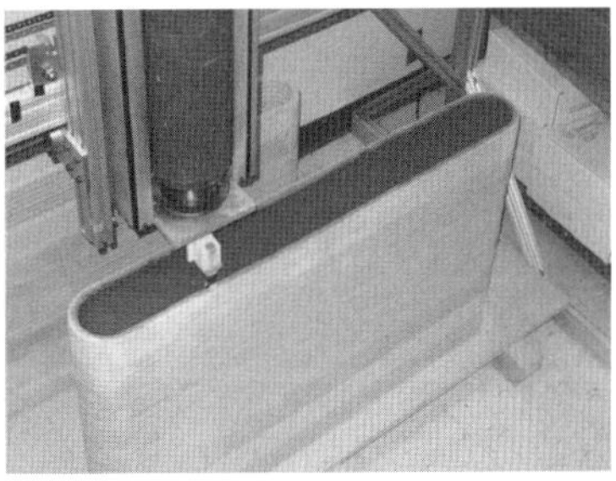
(b) 채워진 콘크리트 요소

그림 4.27 Contour Crafting 방식(Behrokh Khoshnevis, 2012)[46]

45) 출처 : d-shape.com

46) 출처 : researchgate.net

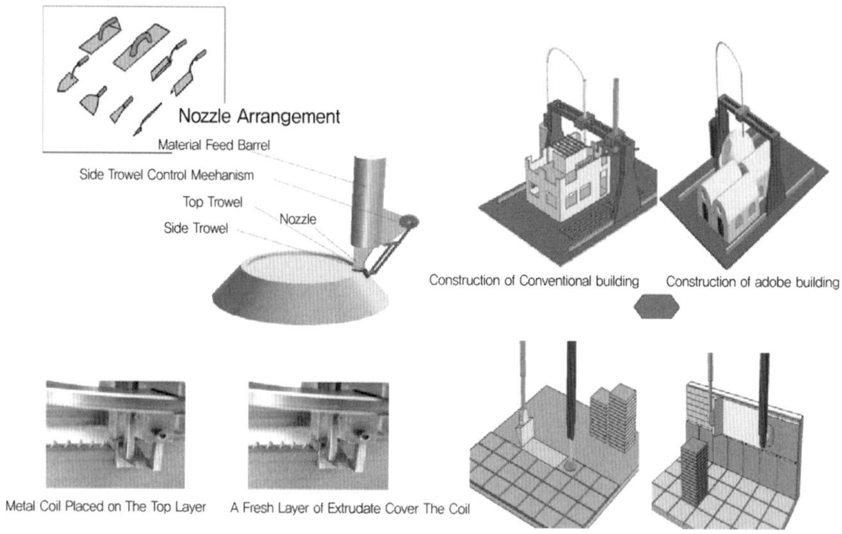

그림 4.28 Contour Crafting 기술[47)]

컨투어 크래프팅(CC, Contour Crafting) 방식의 혁신적인 기술은 로봇과 결합되어 몇 시간 만에 맞춤형 주택을 지을 수 있다는 점이 가장 큰 특징이다.

현재 이 기술은 지진, 홍수, 전쟁, 기타 자연재해로 황폐화된 곳에서 저소득 주택과 긴급 재건 주택에 가장 유용하게 쓰일 수 있다. 원래 이 방식을 고민하게 된 배경에는 저소득층의 주거 문제 해결이 궁극적인 목적이었다. 이 방식은 인건비와 자재비용을 줄이고 공기를 단축할 수 있다.

표 4.5 Contour Crafting 방식 사용에 따른 경제적 효과[48)]

기존 대비	절감 이유	자동화된 경우
20~25%	자금	• 짧은 프로젝트 기간과 준공 시간 단축으로 자금 조달 비용이 크게 감소
25~30%	재료	• 건설 자원 낭비 감소, 유해 배출물 감소
45~55%	인력	• 작업자의 육체노동 감소로 안전사고 감소 • 여성, 노인 등의 건설 분야 일자리 신규 진입 가능

47) 출처 : slideshare.net
48) 출처 : sculpteo.com

3) 미니빌더(Minibuilder)와 마테리얼(Mataerial) 방식

스페인 바르셀로나에 위치한 IAAC에서 개발한 미니빌더(Minibuilder) 방식은 3D 프린팅 로봇을 활용하여 규모가 상당히 큰 구조물을 제작할 수 있다. 미니빌더(Minibuilder)는 기존과 같이 고정된 3D 프린터가 인쇄하는 방식이 아닌 무한궤도를 장착한 3D 프린터가 자유롭게 이동하면서 인쇄하는 방식이다. 다른 3D 인쇄 방식과는 달리 프린팅 할 수 있는 구조물의 규모에 영향을 받지 않으며 여러 대를 동시에 운용할 수 있어서 공사기간을 단축시킬 수 있다. 미니빌더(Minibuilder)는 하나의 연속 프로세스로 구조물을 인쇄할 수 있다. 보통 세 팀으로 나뉘어 작업하게 되는데 서로 다른 기능을 수행하는 로봇은 각각 독립적으로 작업하지만 전체적인 측면에서 서로 관제되고 조정된다. 각 미니빌더는 자체 센서와 로컬 포지셔닝 시스템과 함께 중앙 컴퓨터에서 관제하는 작업순서대로 작업을 실시한다.

그림 4.29 스페인 IAAC의 미니빌더(Minibuilder)[49]

49) 출처 : iaac.ne

기초 로봇(Foundation Robot)은 원할한 이동과 작업을 위해 트랙을 사용하고 위치를 확인하기 위해 위치추적 센서를 사용한다. 로봇 전면에 부착되어 있는 이 센서를 이용하여 기초 로봇은 곡면을 인식하고 이동과 작업을 하게 된다.

기초 로봇은 인쇄되는 레이어의 높이에 따라 노즐의 상대적 위치를 결정하는 수직 선형 액츄에이터를 가지고 있다. 기초 로봇은 길이 35 cm, 높이 37 cm, 너비 26 cm의 크기를 가진다.

그립 로봇(Grip Robot)은 4개의 롤러로 구조물에 고정되어 작업을 하게 된다. 각 롤러는 로봇이 구조물 위에 정확하게 위치할 수 있도록 하게 해주는 스티어링 액추에이터에 연결된다. 이 로봇은 40 × 42 × 30 cm 크기로 베이스가 더 넓어 노즐이 옆으로 많이 움직일 수 있으며 인쇄된 모양을 더 잘 제어할 수 있다. 또한 히터가 함께 제공되므로 재료가 경화되는 데 필요한 시간을 단축시킬 수 있다.

27 × 30 × 12 cm 크기의 진공 로봇(Vacuum Robot)은 기초 로봇(Foundation Robot)과 그립 로봇(Grip Robot)이 인쇄한 표면을 강화하는 역할을 수행한다. 트랙에 장착된 이 로봇은 진공 발생기와 컵 모양의 흡입기를 사용하여 표면을 잡고서 활발하게 움직일 수 있다. 작업하는 동안 필요에 따라 액체의 건설용 자재를 공급하는 로봇에 부착되기도 한다.

세 그룹으로 각기 작업하는 미니빌더 로봇은 표 4.6과 같이 4단계의 작업 과정을 거친다.

1단계인 기초 작업 단계에서는 기초 로봇(Foundation Robot)이 제일 먼저 20개 이상의 레이어를 배치하게 된다. 기초작업이 완료되면 그립 로봇(Grip Robot)은 벽체작업 단계로 알려진 2단계를 시작하게 된다.

2단계인 벽체작업 단계에서는 그립 로봇이 4개의 롤러를 사용하여 Footprint에 고정하게 된다. 베이스 위에 레이어를 인쇄한 후 다음 구조물로 이동하여 레이어를 인쇄하여 벽체를 계속해서 확장한다. 그런 다음 히터를 사용하여 건조시키게 된다. 그립 로봇(Grip Robot)의 노즐은 좌우로 이동하여 곡선 벽을 만들 수도 있다. 그립 로봇(Grip Robot)은 무엇인가를 꽉 붙잡는 로봇이다. 로봇에서 자유도란 로봇의 관절이 얼마나 유연하게 움직일 수 있는가를 의미한다. 우리가 살고 있는 3차원 공간에서 로봇의 관절이 지니는 최대한 자유도는 6이며 자유도가 0이라는 것은 고정되어 있다는 것을 의미한다.

3단계인 천장작업 단계에서 그립 로봇이 천장, 창문과 문틀을 만들기 위해 수평 레이어를 놓기 시작한다.

4단계인 보강작업 단계에서는 로봇청소기와 같은 진공 로봇(Vacuum Robot)이 인쇄된 쉘에 부착되어 거의 수직인 각도로 구조물을 강화하고 보강하게 된다.

표 4.6 IAAC의 미니빌더의 3D 프린팅 공정[50)]

공정명	공정 설명	그림
기초 (Footprint)	• 기초 로봇(Foundation Robot)이 20개의 레이어로 기초를 만듦 • 기초 로봇은 미리 정해진 경로에 따라 연속적으로 이동 • 로봇들은 인쇄 재료를 공급하는 상위 로봇과 파이프로 연결	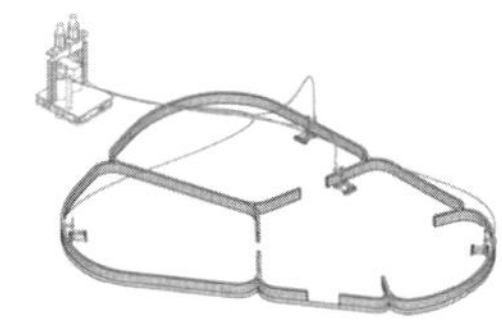
벽체 (Walls)	• 기초가 만들어지면 그립 로봇(Grip Robot)은 기초위에 고정 • 그립 로봇들은 기초 위에 재료를 차곡차곡 적층 • 곡면 벽 생성을 위해 노즐은 한쪽 면에서 다른 쪽 면으로 이동 가능	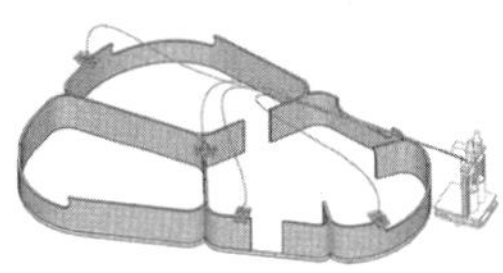
천장 (Ceilings)	• 로봇의 부착력은 강함 • 재료의 응결 속도는 수평 인쇄를 하기에 충분 • 로봇들이 천장, 창문 등의 인방(Lintel)을 인쇄	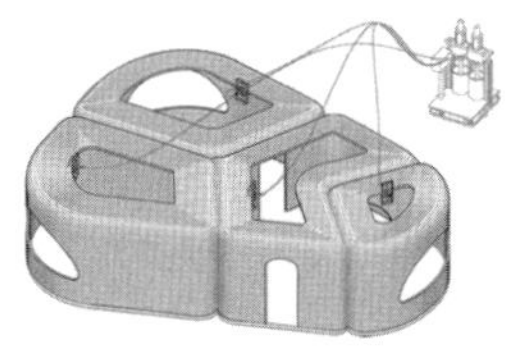
보강, 강화 (Reinforce ment)	• 부착된 쉘 진공 로봇(Shell Vacuum Robot)으로 적층된 구조물을 강화하고 추가하여 레이어를 인쇄 • 이 레이어는 서로 평행일 필요는 없으며 자유로운 형태일 수 있고, 구조물에 필요할 때만 적용할 수도 있음 • 진공 로봇은 어떠한 경사일지라도 이동이 가능함	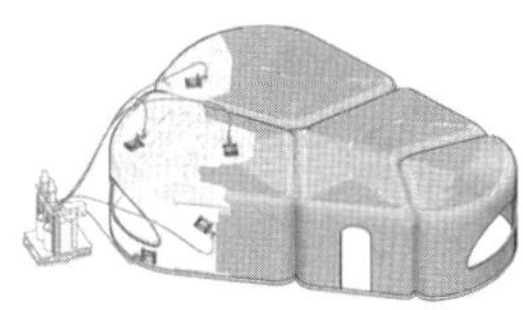

미니빌더가 완료한 첫 번째 건설 프로젝트는 바르셀로나 디자인 박물관의 외부 전시공간에 만든 데모(Demo) 작품이었다.

IAAC에서 개발한 마테리얼(Mataerial) 방식은 부가적인 지지 구조물의 도움 없이 3차원 객체를 생성할 수 있는 새로운 적층 가공기술(AM) 기법이다. 이 방식은 로봇팔을 이용하여 실 모양의 구조 재료를 공중에 자유로운 형태로 분사하는 방식이다. 사용하는 재료는 열경화성 수지를 이용하였지만 현재는 금속을 이용한 인쇄도 가능하다.

전통적인 적층가공(AM) 기법은 중력과 인쇄 환경에 영향을 받아 부정형이나 평평하지 않은 표면에는 적용이 어려웠다. 그러나 마테리얼(Mataerial) 방식은 새로운 사출기법으로 인하여

50) 출처 : iaac.net

그동안 문제가 되었던 중력의 영향을 해결하였다.

이 방식으로 3D 커브를 만들어 자연스러운 구조물을 만들 수 있는 유연성을 제공하고 있다.

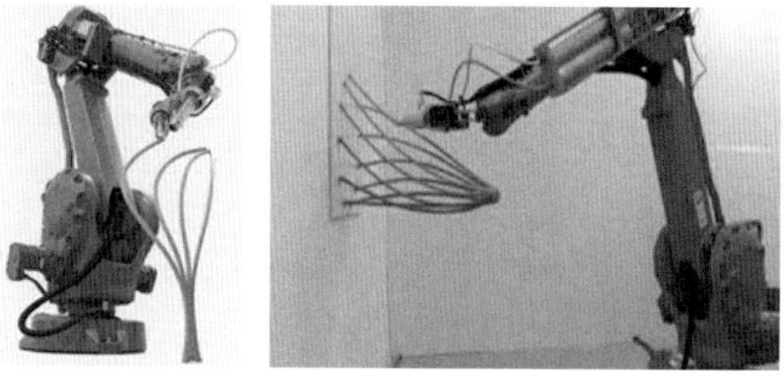

그림 4.30 IAAC의 마테리얼(Mataerial) 방식[51]

4) 네덜란드 MX 3D의 강교량 프린팅 방식

MX 3D 사는 암스테르담에서 가장 오래된 운하 중 하나인 오데젝츠 아흐테뷔르흐발(Oudezijds Achterburgwal)을 가로지르는 약 12 m 길이의 스마트 보행자 교량을 건설하고자 했다.

그 후 MX 3D 사는 오토데스크(AutoDesk) 사와 협업하여 네덜란드 암스테르담에 세계 최초로 MX 3D 강철 교량을 시공하였다. MX 3D 사는 일반적인 3D 프린터와는 다르게 로봇팔을 이용하여 제조하는 WAAM(Wire Arc Additive Manufacturing)이라는 3D 프린팅 기술을 사용하였다. 이 회사는 한때 Arc Bike 2라는 철제 자전거 프레임을 공개하기도 했다.

암스테르담의 운하에 설치될 MX 3D 교량은 요리스 라만 랩(Joris Laarman Lab)이 영국의 엔지니어링 기업인 아럽(Arup)과 협력해 설계한 세계 최초의 3D 프린팅 강구조 교량이다. 소프트웨어적으로는 오토데스크와 기타 파트너사들의 지원을 받았다.

2015년에 처음으로 제안된 이 강구조 교량은 로봇을 이용해 용해된 강철을 소재로 사용하여 만들어졌으며 경간과 데크 부분은 2019년에 완성되었다.

가늘고 긴 철사 형태의 스테인리스강을 재료로 사용하는 산업용 6축 로봇이 제작에 투입되었고 프로그래밍 된 로봇팔을 이용해 용접을 하였다.

3D 프린팅 교량을 건설하는 과정에서 여러 차례의 반복 수정을 거쳤고 운영 중 선박과의

51) 출처 : mataerial.com

충돌에 대비해 구조물을 강화하는 한편 지역 의회에서 요구하는 관련 규정에 부합하도록 수정됐다. MX 3D 사는 최초에는 현장에서 직접 교량을 3D 프린터로 인쇄할 계획이었으나 예산과 안전상의 문제로 처음의 계획을 철회하게 되었다.

그림 4.31 네덜란드 MX 3D의 강교 프린팅 방식[52)]

세계 최초의 3D 프린팅 교량인 이 프로젝트는 암스테르담 아우데제이츠 아흐테르뷔르흐발(Oudezijds Achterburgwal) 운하 수리가 끝나는 2019년 중반경에 현장에 설치할 계획이었으나 지금까지 설치는 안 되어있는 상태이다.

이 프로젝트에는 영국의 앨런튜링연구소(Alan Turing Institute)의 수학자들과 아룹(Arup) 출신의 공학자들이 참여했고 교량 내에 스마트 센서 네트워크를 설치하는 등 첨단 기술을 적용하였다. 교량 내에 삽입된 스마트 센서는 변형과 회전, 하중과 변위, 진동 등의 데이터를 수집해 교량의 성능을 기록하는 역할을 담당하게 된다. 이렇게 수집된 데이터는 보행자 수와 보행속도, 구조적 결함과 주변 환경 조건 등을 파악하는 데 사용된다. 아울러 이 정보는 교량의 디지털 쌍둥이라고 할 수 있는 디지털 트윈(Digital Twin) 모델에 실시간으로 입력되어 교량의 성능과 안정성을 평가하게 된다. 디지털 트윈(Digital Twin)은 미국 제너럴일렉트릭(GE)이 주창한 개

52) 출처 : mx3d.com.

념으로 컴퓨터에 현실 속 사물의 쌍둥이를 만들고 현실에서 발생할 수 있는 상황을 컴퓨터로 시뮬레이션함으로써 결과를 미리 예측하는 기술이다. 디지털 트윈은 제조업 뿐만 아니라 다양한 산업·사회적 문제를 해결할 수 있는 기술로 주목받고 있다.

수집된 센서 정보는 향후 금속 교량을 3D 프린터로 제작할 때 참고자료로 활용할 계획이다. 교량의 유지보수나 정비가 필요할 때 사전에 경고를 보낼 수도 있고 심지어 신호등 시간을 더 잘 맞추기 위해 도로와도 대화할 수 있는 스마트 교량이다.

(2) 하드웨어 타입에 따른 분류

구조물을 한 번에 직접 프린팅 하는 방법은 재료를 분사하는 방식 중 산업용 3D 프린터의 하드웨어 타입(Am System Hardware Types)에 따라 박스 타입(Box Type), 로봇 타입(Robot Type), 컨베이어 타입(Conveyor Type), 하이브리드 타입(Hybrid Type) 등으로 분류할 수 있다.

첫째, 박스 타입(Box Type)은 일반적으로 인쇄물의 크기가 소형인 경우 활용할 수 있다. 실제 건축구조물에는 활용되지 않았지만 건축 모형 등을 만드는 데 널리 사용되어 온 방식이다. 가장 보편적인 타입의 3D 프린터로 내부에 인쇄 메커니즘이 설치되어 있는 비교적 조용한 타입이다.

둘째, 로봇 타입(Robot Type)은 로봇팔에 3D 프린터의 압출용 노즐을 매달아 적층하는 방식이다.

그림 4.32 로봇 타입(Robot Type)[53)]

53) 출처 : Aperture Laboratories

일반적으로 로봇팔에 붙어 있는 3D 프린터는 잉크젯 프린터와 비슷하게 접착력이 있는 액체를 분사해서 다양한 구조물을 만들 수 있다. 정밀도는 떨어지지만 로봇팔의 작업 영역 안에서는 큰 부피의 인쇄 구조물 제작이 가능하다.

셋째, 컨베이어 타입(Conveyor Type)은 컨베이어 타입 형태의 3D 프린터로 연속적인 3D 프린팅이 가능한 타입이다. 향후 로봇 기술과 융합한 3D 프린팅 제품의 산업 생산라인에 적용 가능한 타입이다.

그림 4.33 컨베이어 타입(Conveyor Type)[54]

넷째, 그 외에 건설 분야가 아닌 제조 분야에서 사용되는 하이브리드 타입(Hybrid Type)은 기존 CNC(Computer Numerical Control)로 대표되는 다축 가공기와 같은 공작기계에 3D 프린터 툴이 추가된 형태이다. 로봇과 연동하거나 표면 마감까지 가능한 방식이다.

4.3. 유닛 프린팅(모듈형 인쇄) 방식

유닛 프린팅, 일명 모듈형 인쇄 방식은 별도 제작 장소에서 적당한 크기로 분절한 구조물을 인쇄하여 현장으로 운반한 후 현장에서 직접 조립하는 방식이다.

이러한 방식으로 시공한 대표적인 프로젝트는 네덜란드 두스 아키텍츠(Dus Architects) 사의 캐널 하우스(Canal House)가 있다. 캐널 하우스(Canal House)의 경우 3D 프린터를 건설현장 부근에 설치하여 운송비용을 대폭 줄였다. 중국 윈선(Winsun) 사도 주로 이러한 방식을 채택하

54) 출처 : bulkinside.com

고 있다. 윈선(Winsun) 사의 경우 상해 부근에 위치한 별도의 제조공장에서 부재를 제작한 후 건설할 위치로 운송하여 현장에서 조립한다.

(1) 네덜란드, DUS Architecture 사의 캐널 하우스(Canal House)

2014년 3월 두스 아키텍츠(DUS Architects) 사는 캐널 하우스라는 2층 건물을 암스테르담 북부지역 운하근처에 3D 프린팅 방식으로 시공하는 프로젝트를 진행하였다.

이 프로젝트는 3년에 걸쳐 건설하는 프로젝트로 높이가 약 6 m인 카마 마커(Kamer Maker)라는 대형 건설용 3D 프린터를 건설 현장 부근에 설치하여 부재를 인쇄 후 조립 시공하였다.

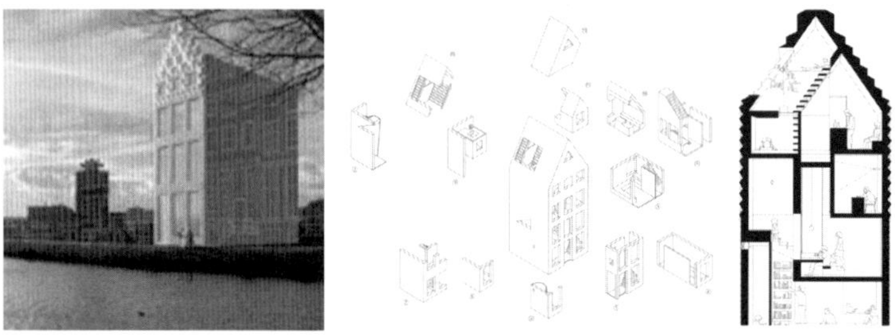

그림 4.34 3D Print Canal House[55)]

3D 프린팅 재료는 재생 가능한 바이오 플라스틱을 주재료로 하였고 제작방식은 열을 가하면 플라스틱 재료가 노즐에서 녹아 나오면서 레이어를 쌓아 올리며 시공하는 FDM 방식을 적용하였다.

카마 마커 3D House 프린터는 용융된 바이오 플라스틱과 마이크로 섬유로 강화된 식물성 오일의 혼합물을 주재료로 하여 빌딩 블록을 만든다. 보강구조를 형성하기 위해서 블록에는 에코 콘크리트로 다시 채울 수 있는 벌집 모양의 내부구조로 되어있다. 또한 설비용 배관, 배선, 통신 케이블 등을 설치할 공간도 갖추고 있다.

카마 마커로 시공할 경우 재료를 재활용하므로 건설폐기물이 생기지 않고 건물을 짓는 대지 근처에서 인쇄작업을 하므로 운송비용도 대폭 줄일 수 있다.

두스 아키텍츠(DUS Architects) 사가 설계한 3D 프린팅 캐널 하우스는 과학, 디자인, 건설

55) 출처 : houseofdus.com

등 25개 이상의 국제적인 파트너들이 함께 모여서 작업에 참여하였다.

3D 프린팅 캐널 하우스를 만들게 된 목표는 건설용 3D 프린팅의 효율성을 어떻게 하면 높일 것인지 하는 측면에서 접근하게 되었다. 또한 환경오염이나 폐기물을 줄임으로써 건설산업 혁명을 일으킬 수 있는 방안을 보여주고자 했다. 3D 프린팅 캐널 하우스는 빈곤 지역과 지진이나 홍수와 같은 재난 영향을 받았던 지역에서 저렴하게 주택을 신속하게 건설하는 데 중요한 역할을 할 수 있다.

3D 프린팅 캐널 하우스에 사용된 3D 프린터는 크기를 2배로 확대했으며 100% 자동화 시스템을 갖추고 있다. 기존의 건설방식처럼 건물을 지을 때 거푸집, 동바리와 같은 가설구조물을 설치할 필요도 없다. 건물 골격을 만든 후 필요한 시설은 찍어내 조립하여 건물을 구성해나갈 수 있다. 3D 프린팅 속도도 매우 빨라졌는데 시제품을 선보인 2013년 때보다 2배 이상 더 빨라졌다는 것이 관계자들의 분석이다.

건설공사에 사용된 3D 프린터에는 사용자 정의와 엔지니어링 소프트웨어, 바이오 기반 인쇄 재료와 최대 5 m 높이의 건물 요소를 인쇄할 수 있는 몇 가지 혁신적인 XL FDM 3D 프린터를 특징으로 하고 있다. 캐널하우스는 700 m^2의 대지와 3D 인쇄 작업장, 카페, 전시장으로 구성되어 있으며 2018년에 완공되었다.

(2) 중국, 윈선(Winsun) 사의 모듈형 인쇄 방식

중국의 윈선(Winsun) 사는 미국의 컨투어 크래프팅 기술을 이용해 만든 건설용 3D 프린터를 활용하여 제조공장에서 FDM 방식으로 구조물을 인쇄하고 현장에서 조립하는 방식을 채택하고 있다. 사용되는 재료는 시멘트에 유리섬유와 다양한 첨가제를 첨가한다.

윈선 사의 대표는 마 이헤(Ma Yihe)이며 10년 동안 3D 프린팅 주택을 연구하고 있다. 현재 이 회사는 섬유 강화 석고와 특수유리섬유 시멘트 등의 건축자재에 대하여 77개의 특허를 보유하고 있다. 윈선 사는 본사 건물 10,000 m^2 규모를 30일 만에 3D 인쇄하여 준공한 실적을 가지고 있다. 또한 하루 만에 짧은 공기로 소형 주택을 인쇄하였는데 이 주택은 수도, 전력, 냉난방기만 설치하면 곧바로 사람들이 거주할 수 있다.

윈선 사는 대형 3D 프린터를 활용하여 건축뿐만 아니라 토목 분야의 구조물들이나 실내외 장식품들의 내·외장재를 3D 인쇄하고 있다. 인쇄 구조물의 정밀도 향상을 위하여 사용되는 재료뿐만 아니라 노즐의 분사 방식 등을 변경하여 다양하게 적용하고 있다.

그림 4.35 중국, 윈선(Winsun) 사의 10일 만에 완공된 3D 프린팅 주택[56)]

윈선 사가 유닛 프린팅 방식으로 지금까지 시공한 주택은 사실 각각 다른 조형 방식들이 적용됐다. 윈선 사는 프로젝트의 특성에 맞게 프린팅 방법도 각각 다르게 적용하고 있다.

주택의 경우에는 콘크리트 벽체를 별도의 내·외장재가 필요 없도록 공기층을 두고 인쇄하여 단면을 붙여나가는 방식을 적용했다. 윈선 사가 이집트에 수출한 1층 주택 사례의 경우를 살펴보면 벽체, 외장 패널을 각각 인쇄하여 붙이는 방법으로 시공했다. 그리고 2층 빌라의 경우에는 재료가 각기 다른 벽체의 유닛을 한 번에 직접 프린트하여 시공하는 방법을 적용하였다. 6층 공동주택의 경우도 이집트 주택과 마찬가지로 벽체와 외장재를 각각 인쇄하여 붙이는 방법으로 시공하였다.

중국에서 시공되는 3D 프린터 주택은 일반적으로 건축할 현장에서 직접 인쇄되지 않고 제조 공장에서 유닛으로 1차 인쇄된 다음 운반되어 2차로 현장에서 조립하여 시공하는 모듈식 방법을 주로 채택하여 사용한다.

윈선 사는 2014년 3월, 상하이에 10채의 주택을 하루 만에 건설하는 실증시범을 선보이는 등 두드러진 행보를 보였으며 당시 건축방식은 유닛 프린팅 방식을 채택했다.

특이한 점은 재활용 재료를 활용하여 24시간 만에 10채의 집을 인쇄했다는 점이다. 이때 사용된 유닛들은 재활용 건축자재와 산업폐기물을 사용하여 콘크리트 골재를 형성하였다. 이러한 방식은 환경 친화적이고 비용 측면에서도 효율적이었다.

56) 출처 : newatlas.com

그림 4.36 중국, 윈선(Winsun) 사의 세계 최초 3D 프린팅 호안 벽[57)]

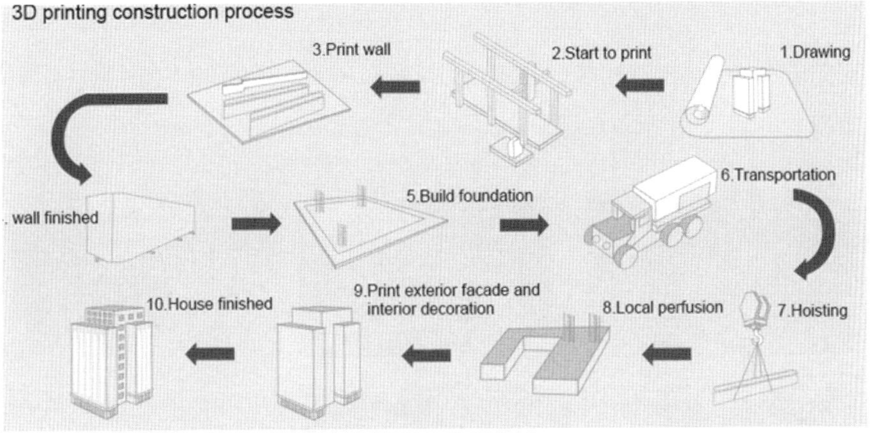

그림 4.37 중국, 윈선(Winsun) 사의 3D 프린팅 건설 과정[58)]

집을 건설하는 데 사용되었던 3D 프린터는 길이 153 m, 너비 10 m, 높이 6.1 m이었다. 각 주택의 건축에 소요되는 비용은 약 4,800달러 정도였다.

그 외에도 2019년 중국 쑤저우에 세계 최초로 500 m 길이의 강을 따라 설치된 호안 벽이 윈선 사에 의해 시공됐다. 이 호안 벽체 역시 3D 프린팅 된 3D 인쇄 모듈로 구성되어 있다.

최근 중국 정부는 관련 시장의 확산과 선도를 위해 규제 완화 등 전폭적인 지원을 아끼지 않고 있다.

57) 출처 : winsun3dbuilders.com

58) 출처 : winsun3dbuilders.com

5 네덜란드, 3D 프린팅 교량과 주택

5.1. 철근콘크리트 자전거 교량

건설용 3D 프린터는 철근콘크리트 교량을 3D 인쇄할 수 있다. 2017년 스페인 마드리드에서 12 m 길이의 보행자 교량이 3D 프린팅 되었고, 같은 해 9월 네덜란드 노르트 브라반트(Noord-Brabant) 지방 게머트(Gemert)에서는 세계 최초로 3D 프린팅 철근콘크리트 자전거 교량이 건설되었다.

길이 6.5 m, 너비 3.5 m, 교량통과 하중 5.0 KN/m^{2}인 철근콘크리트 3D 프린팅 된 자전거 교량을 BAM Infra 건설회사가 건설했다.

그림 4.38 3D 프린팅 철근콘크리트 자전거 교량[59)]

2018년 3D 프린팅 된 실제 교량을 네덜란드 Blauwestad 근처에 설치하기 위해 세계 최초로 3D 프린팅 자동차 교량의 거더 축소 모형 테스트가 실시되었다. 아인트호벤 공과대학교(Eindhoven

59) 출처 : materialdistrict.com

University of Technology)에서 3D 프린터로 인쇄한 교량 거더의 축소모형에 대하여 하중을 재하하여 6톤이 넘는 무게를 견딜 수 있는지 확인하는 실험이었다.

사실 네덜란드에서 시공한 3D 프린팅 교량은 그 자체로는 전혀 새로운 개념이 아니었다. 2016년 12월에 시작한 스페인 마드리드의 3D 프린팅 보행자용 교량이 완공되었고 네덜란드에서도 이미 3D 프린팅 된 금속 강제 교량이 설치 예정되어 있었기 때문이다.

그러나 기존의 3D 프린팅 된 교량과 새로운 교량과의 차이점은 재료(금속 대 철근콘크리트)와 크기(보행자 대 자전거와 자동차)가 가장 큰 차이점이다.

표 4.7 교량의 구조설계에 사용된 3D 프린터 모르타르의 구조적 특성[60)]

특성	단위	시간	기호	수치
밀도(Density)		28 days	*P*	2,000 kg/m^3
탄성계수(Modulus of elasticity)		28 days	E	19,000 MPa
평균압축강도 (Average compressive strength)	u	28 days	fck,u	23.2 MPa
	v	28 days	fck,v	21.5 MPa
	w	28 days	fck,w	21.0 MPa
평균인장강도 (Average tensile strength, also used for flexural tension)	u	28 days	fck,u	1.9 MPa
	v	28 days	fck,v	1.6 MPa
	w	28 days	fck,w	1.3 MPa
크리프 변형률 Creep factora		7 days	φ7	1.0
		14 days	φ14	2.5
		56 days	φ56	3.0
건조수축계수 Shrinkage		7 days	ε7	0.6
		14 days	ε14	1.2
		56 days	ε56	1.5

※ 참고 : 방향 종속성의 경우 축 u, v, w의 상대적인 방향이 사용

60) 출처 : TU/e eindhoven university technology(2018), Design of a 3D printed concrete bridge by testing, Virtual and Physical Prototyping, 13(3), 222-236. https://doi.org

중요한 점은 아인트호벤 공과대학교(Eindhoven University of Technology)의 연구자들이 철근, 띠철근인 콘크리트 스트립(Strip) 부재를 연구 개발하는 동안 프리스트레스 텐덤과 보강 케이블을 통합하는 프로세스를 개발하는 데 성공했다는 것이다. 보강 케이블은 기존 콘크리트에 사용되는 보강 철근과 동일한 역할을 수행하는 데 콘크리트가 인장응력을 처리할 수 없기 때문에 보강 케이블이 인장응력을 처리하는 역할을 수행하게 된다.

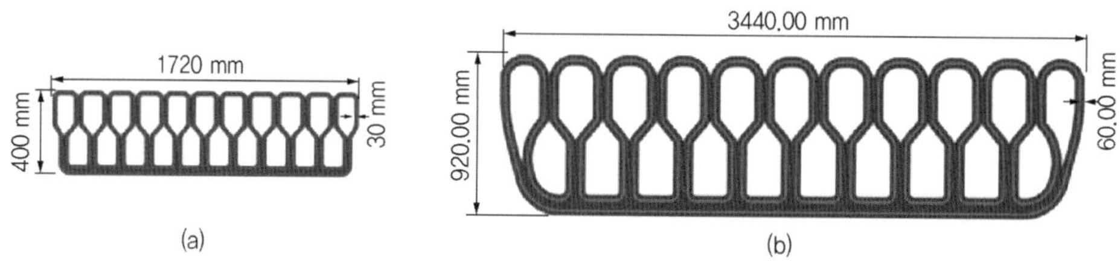

그림 4.39 교량의 축소 모형과 실제 교량 단면[61)]

그림 4.40 프리스트레스 텐덤과 보강 케이블 설치 위치[62)]

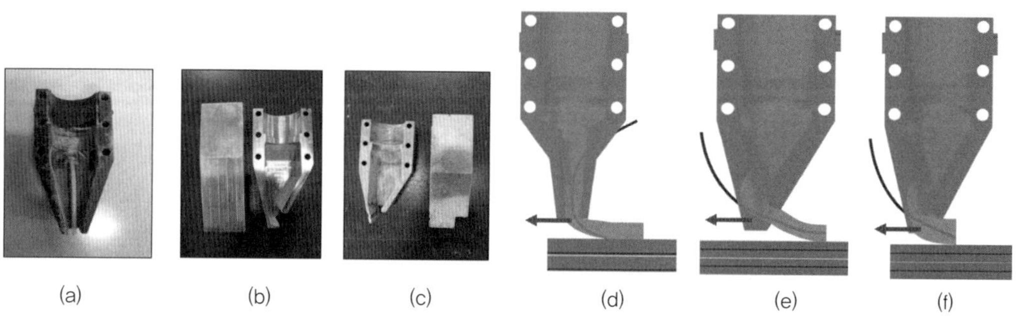

그림 4.41 노즐설계에 따른 콘크리트 흐름[63)]

61) 출처 : TU/e eindhoven university technology(2018)
62) 출처 : TU/e eindhoven university technology(2018)

3D 프린팅 된 콘크리트 구조물은 기존의 건설 방법에 비하여 몇 가지 장점을 가지고 있다. 그중의 하나는 콘크리트가 필요한 양 만큼만 사용되기 때문에 친환경이라는 점이다. 콘크리트 생산은 많은 양의 CO_2를 배출하기 때문에 3D 프린팅은 환경에 미치는 영향이 상대적으로 덜하다. 또 다른 장점은 창의적인 디자인을 실제적으로 구현이 가능하다는 점이다. 3D 프린팅 된 콘크리트 구조물은 거푸집을 설치할 필요가 없으며 설계자가 원하는 형태로 콘크리트를 프린팅 할 수 있다.

5.2. 프리스트레스 철근 콘크리트 자동차 교량

2017년 6월에 아인트호벤 공과대학교는 프리스트레스 철근 콘크리트 구조의 3D 프린팅 자전거 교량을 인쇄하기 시작했다.

이 교량은 일반적인 콘크리트와는 다르게 슬래브 두께가 두껍기 때문에 인쇄된 모양을 그대로 유지할 수 있었고 3D 프린터로 인쇄하는 과정 중에 보강 케이블을 추가하여 교량에 프리스트레스 응력을 도입하였다.

네덜란드 흐로닝언(Groningen)주는 FDN 사와 협력하여 철근콘크리트로 만든 3D 프린팅 자동차 교량을 만들고 있다. 교량의 길이는 20 m, 폭은 8 m이며 2개의 차선이 있다. 교량 표면, 난간과 기초는 모두 세계에서 처음으로 3D 프린터를 이용하여 인쇄하게 된다. 만약 성공적으로 설치하게 된다면 세계 최초로 3D 프린팅을 이용한 철근콘크리트 자동차용 교량이 될 전망이다.

5.3. 강구조 교량

2015년 MX 3D가 네덜란드 암스테르담에서 세계 최초로 3D 프린팅 강철 교량을 시연했다. 네덜란드 로봇회사인 MX 3D는 로봇 적층 제조기술을 설계하고 개발하는 회사로서 2018년 스테인리스강 교량의 최종 버전을 인쇄하였다.

2015년 6월 MX 3D 사는 그들의 기술을 보여줄 프로젝트를 찾고 있었다. 그들은 잠재적인 스폰서인 오토데스크(AutoDesk) 사와의 회의를 위해서 공항에서 대기하던 중 3D 프린팅 교량을 만드는 아이디어를 생각해 냈다. 그들이 생각한 아이디어는 한쪽에서 로봇이 교량을 건설하

63) 출처 : TU/e eindhoven university technology(2018)

고 다른 쪽에서도 로봇 작업을 하다가 교량의 중간에서 서로 만나는 것이었다. 마치 FCM 교량과 같은 방법으로 3D 프린팅 된 강교량을 건설하는 방식이다.

MX 3D 사는 암스테르담의 운하를 가로지르는 강구조 교량을 3D 프린팅으로 만들기 위해서 로봇을 제조하는 스타트업과 협력하여 길이 12.5 m, 폭 6.3 m인 보행자 교량을 계획하였다.

2015년에 처음으로 제안되었던 이 교량은 강철을 녹여서 만든 적층 방식으로 로봇 4대를 활용하여 인쇄하였고 작업시간은 꼬박 6개월이 소요되었다. 이 교량은 약 4,500 kg의 강철과 1,100 km의 철선이 사용됐다.

3D 인쇄에 사용된 6축 로봇은 용접 기계를 제어하기 위해 로봇팔을 프로그래밍 하였고 이로 인해 강철로 적층된 6 m 구조의 교량구조 인쇄가 가능했다.

야심차게 계획된 이 프로젝트는 운영 중에 잠재적인 선박과의 충돌에 대한 안전성을 강화하였고, 지방 의회에서 요구한 수많은 안전 규정을 준수하기 위해 여러 번 설계가 변경되었다.

교량을 3D 프린터로 인쇄하던 중 여러 가지 기술적인 문제로 인해 당초 계획했던 설계는 크게 변경되는 과정을 거쳤다. 가벼운 트러스 모양의 교량 구조는 최초에 4개의 주요 지지받침 위에서 제작되었는데, 만약 운영 중에 선박이 이러한 지지구조를 충돌하게 되면 교량 전체의 구조에 치명적인 손상을 입을 수 있다는 우려 때문에 설계변경을 수행하게 되었다. 기존의 안전 규정에다가 추가로 발생 가능한 위험요인을 반영한 안전성을 고려하여 당초 설계와는 완전히 새로운 개념으로 만들어지게 되었다.

그림 4.42 3D 프린팅 강구조 교량[64)]

64) 출처 : dezeen.com

세계 최초의 3D 프린팅 강 교량은 조만간에 암스테르담 홍등가인 아흐테뷔르흐발(Oudezijds Achterburgwal)에 설치될 예정이다.

설치될 이 교량은 스마트 센서 네트워크가 설치된다는 점에서 스마트 교량이라고 할 수 있다. 센서는 교량의 여러 가지 성능을 기록하도록 설계되어 있는데 변형, 회전, 하중, 변위, 진동과 같은 데이터를 수집하게 된다. 이 데이터는 얼마나 많은 사람이 교량을 건너고 있는지, 어떤 속도로 걷고 있는지, 구조적으로는 무결성인지 여부와 주변 환경의 다양한 정보를 수집하는 데 사용된다.

센서를 장착한 교량은 수집된 데이터를 클라우드로 전송하여 교량의 교통혼잡도, 구조적 무결성, 주변 환경에 대한 정보를 시각화하기 위해 해석된다. 정비와 같은 유지보수가 필요할 때는 사전에 경고를 보낼 수도 있고 심지어 교통 신호등 시간을 더 잘 맞추기 위해 도로와도 대화할 수 있다.

수집된 교량의 정보는 디지털 트윈에 입력된다. 디지털 트윈은 실시간으로 수집되는 데이터에 응답하는 컴퓨터 모델이다. 디지털 트윈(Digital Twin)은 미국 제너럴 일렉트릭(GE)이 주창한 개념으로 컴퓨터에 현실 속 사물의 쌍둥이를 만들고 현실에서 발생할 수 있는 상황을 컴퓨터로 시뮬레이션함으로써 결과를 미리 예측하는 기술이다. 디지털 트윈을 만들어 모의실험(시뮬레이션)을 함으로써 실제 구조물의 특성(현재 상태, 생산성, 동작 시나리오 등)에 대한 정확한 정보를 얻을 수 있다. 에너지, 항공, 헬스케어, 자동차, 국방 등 여러 산업 분야에서 디지털 트윈을 이용하여 자산 최적화, 돌발사고 최소화, 생산성 증가 등 설계부터 제조, 서비스에 이르기까지 모든 과정의 효율성을 향상시킬 수 있다.

스마트 센서를 활용하여 교량의 성능과 안전성을 평가하고 정보를 피드백함으로써 향후 3D 프린팅 하게 될 강교량 설계에 반영하게 된다. 이러한 작업은 수천 명의 사람과 자전거가 매시간 교량을 횡단하는 상황을 모니터링 하게 되고 안전하고 효율적인 데이터 기반의 엔지니어링 설계에 크게 기여할 것으로 보인다.

5.4. FRP 보행자 교량

로테르담의 Kralingse Bos 공원에 설치될 이 교량은 설치가 완공된다면 세계 최초의 경량 3D 프린팅 섬유강화 폴리머(FRP) 보도교라는 영예를 누릴 것이다.

네덜란드에 본사를 둔 엔지니어링 컨설팅 회사인 Royal Haskoning DHV 사는 글로벌 과학

기반 회사이자 재료 생산업체인 DSM 사 그리고 대규모 3D 프린터 공급업체인 CEAD 사와 협력하여 로테르담에 3D 프린팅 FRP 교량을 구축하는 데 상호 협력했다.

2019년 3개의 회사는 파트너십을 통해 3D 프린터와 복합재료를 사용하여 경량 섬유 강화 폴리머(FRP) 보행자 교량을 제작했다. FRP 교량은 표준 강철 교량에 비해 다양한 장점을 제공하고 있다. 수명이 길고 수명주기 비용이 낮을 뿐만 아니라 유지 관리가 거의 필요하지 않고 가볍고 튼튼하며 내구성이 우수하다.

Royal Haskoning DHV 사는 창의적인 설계를 위해 3D 프린터, 재료, 일반적인 설계방법, 예측 모델링 전문지식을 결합하여 FRP 교량을 건설하고자 했다. 이를 위해 네덜란드의 화학회사인 DSM(수치 표면 모델) 사와 CEAD(새로운 대형 연속 섬유 3D 프린터 개발) 사와 협력을 했다. Royal Haskoning DHV 사는 교량을 설계하는 역할을 맡았고 CEAD 사는 대규모 복합 3D 프린터를 제공하고 DSM 사는 Arnite라는 복합재료를 제공했다.

Royal Haskoning DHV 사는 교량을 설계하는 과정에서 교량 내부에 센서가 포함되도록 하여 디지털 트윈을 만들 수 있었으며, 이 센서를 사용하여 교량의 유지보수를 예측하고 최적화함에 따라 보행자의 안전을 보장하고 수명을 연장하는 데 도움이 되도록 하였다. 교량에 부착된 센서는 주변 환경을 모니터링 하고 교량 상태에 대하여 실시간으로 동적 데이터를 제공하는 다양한 기능을 가지고 있다.

DSM 사의 Arnite 소재는 CEAD의 3D 프린팅 과정에서 연속 유리섬유와 결합된 유리 충전 열가소성 PET[65]이다. Arnite는 고강도 특성을 제공할 뿐만 아니라 재활용이 가능한 재료이기도 하므로 교량의 지속 가능성과 다양성을 향상시켰다. Arnite와 같은 재료를 사용하면 교량 건설에 큰 이점이 있다. 일반적인 강철이나 콘크리트와 같은 전통적인 재료를 사용하는 것보다 재활용이 가능한 재료를 사용함으로 인해 설계에 더 큰 유연성을 제공하고 교량 또한 훨씬 더 지속가능하도록 하기 때문이다.

2019년 5월 CEAD 사와 DSM 사는 자체 파트너십을 상호 간에 체결했다. 두 회사는 재료 압출의 한 유형인 융합과립화제조(FGF, Fused Granulate Fabrication) 방식에 중점을 두고 새로운 공급 재료와 장비(Tooling)를 개발하고 있다. 융합과립화제조(FGF)는 과립 플라스틱을 녹여 노즐을 통해 플랫폼으로 공급하는 3D 프린팅 방법의 한 종류이다. 노즐은 더 많거나 적은 플라스틱을 다른 속도로 인쇄가 가능하도록 변경할 수 있다.

65) 페트(Polyethylene Terephthalate)는 음료수병 등의 제조에 쓰이는 합성수지이다.

3D FRP 프린팅 보행교의 또 다른 중요한 측면은 지속 가능한 모델을 기반으로 구축된다는 것이다. 즉, 재활용이 가능한 재료로 만든 복합 교량은 탄소 배출량을 줄여서 도시의 지속 가능성을 추구한다는 점이다.

그림 4.43 3D 프린팅 된 FRP 교량[66)]

5.5. 3D 프린팅 주택

(1) 암스테르담, 3D 프린팅 캐널 주택

이제는 건물을 건설할 때 공장에서 3D 프린터로 제조된 건축부재를 여러 번 나누어 운반할 필요 없이 건설하고자 하는 위치에 3D 프린터를 직접 설치하여 인쇄하는 시대가 됐다.

네덜란드 암스테르담에서 3D 프린터를 이용한 3D 프린팅 캐널 하우스가 최근에 완공되었다. 3D 프린팅 캐널 하우스는 암스테르담 북부지역 운하 근처에 2층 건물을 건설하는 3년짜리 프로젝트였다. 네덜란드 건축회사인 두스 아키텍츠(Dus Architects)는 초대형 3D 프린터를 이용하여 암스테르담에서 운하를 따라 펼쳐져 있는 캐널 하우스(Canal House)를 건축했다.

기존의 3D 프린터는 주로 건물 안에서 쓸 가구나 물건의 부품, 작은 장식품 정도를 만드는 수준이었다면 캐널 하우스 프로젝트는 건물 자체를 만들기 위한 프로젝트였다. 그러기 위해서는 3D 프린터 크기가 건설하고자 하는 건물만큼이나 커야 했다. 실제 3D 프린터는 건물 전체만큼은 아니었지만 그 규모는 사람들이 살고 있는 방만큼이나 컸고 각각의 건물 구조들을 출력해 레고 블록처럼 쌓아 올려야 했다. 이 프로젝트에 쓰였던 3D 프린터는 네덜란드 말로 방을 만들어주는 기계란 의미의 카머 마커(Kamer Marker)인데 높이는 약 6 m 정도로써 네덜란드 3D 프린터 업체인 얼티메이커(Ultimake) 사의 오픈 소스 가정용 3D 프린터를 개조해 크기를 키운 제품이다.

66) 출처 : 3dprintingindustry.com

종이 프린터가 액상 잉크를 원료로 쓰는 것처럼 3D 프린터에도 카트리지가 필요하다. 카머 마커(Kamer Marker)의 카트리지로는 재생 가능한 바이오 플라스틱이 주재료로 쓰이는데 2013년 처음 선보인 후 기능을 계속 업그레이드해서 지금은 카머 마커 2.0으로 발전했다.

열을 가하면 글루건처럼 플라스틱 재료가 노즐에서 가느다란 실처럼 녹아 나와 인쇄하고자 하는 구조물의 밑에서부터 한 층씩 쌓아 올리며 구조물이 완성된다. 3D 프린팅은 재료를 녹여 재활용할 수 있기 때문에 건설폐기물이 남겨지지 않으며 운송 비용을 줄일 수 있다.

그림 4.44 암스테르담, 3D 프린팅 캐널 하우스[67]

(2) 마일스톤(Project Milestone) 프로젝트 주택

3D 프린팅 주택은 세계 각국이 치열하게 경쟁하는 분야이다. 네덜란드 에인트호벤 공대는 2023년까지 1~3층 규모의 주택 5채를 3D 프린터로 건설할 계획이다. 아인트호벤 공대 연구진은 3D 프린터의 장점을 살려 집을 둥근 바위 형태의 곡면으로 인쇄하기로 했다. 연구진은 실내에서 3D 프린팅 작업을 한 다음 현장에서 조립하는 방식을 택했다. 네덜란드 현지 부동산 투자사인 베스테다는 이 집들을 임대주택으로 운영할 예정이다. 이 회사는 매매와 임대에 필요한 문서를 디지털화하고 이메일로 계약을 체결함으로써 부동산 거래에 필요한 행정 절차를 효율적이고 저렴하게 처리하고 있다.

네덜란드 아인트호벤에 3D 콘크리트 프린팅 기술을 이용한 세계 최초의 상업용 주택 건설 프로젝트인 마일스톤(Project Milestone)은 미어호벤(Meerhoven) 지구에 위치하고 있다.

첫 번째 집은 목조 지붕 구조인 95 m^2의 단층에 방이 3개인 주택이다. 2020년에 인쇄가 시작되어 집은 2020년 중반 정도에 완공되었다. 나머지 4채는 다층주택이며 이 집들은 현장에서 직접 콘크리트 바닥과 콘크리트 지붕을 3D 프린팅하여 완공된다.

67) 출처 : 캐널 하우스 비디오

모든 주택은 기존의 콘크리트 타설 기술을 기반으로 하여 건물의 기초를 갖는다. 주택의 디자인은 녹색 풍경의 불규칙한 블록을 기반으로 하고 있다. 건물의 불규칙한 모양은 3D 프린팅의 핵심 기능 중 하나인 거의 모든 모양을 실현할 수 있는 기능 덕분에 채택되었다. 3D 프린터는 다양한 유형과 모양 그리고 모든 색상의 인쇄가 가능하다. 즉, 필요한 모든 기능을 사용하여 설계에서 요구하는 완전한 형태의 주택 인쇄가 가능하다는 뜻이다.

그림 4.45 마일스톤(Project Milestone) 프로젝트 주택68)

이때 3D 프린팅 되는 벽체는 와이어 섬유로 보강되며 외부는 먼지를 방지하고 내부는 쾌적한 소음방지를 유지하게 된다. 또한 방수기능을 가지고 있고 설비 작업을 위한 홈과 내부 배수 파이프가 포함되어 있다.

이 프로젝트는 콘크리트 감성을 그대로 드러낸 독특한 디자인이긴 하지만 주위의 자연 환경과 조화는 물론 효과적인 에너지 사용 등 더 나은 주거환경을 제공할 것으로 보인다.

(3) TU Eindhoven Pavilion

아인트호벤 공과대학교(Eindhoven University of Technology, TU/e)는 2015년부터 3D 콘

68) 출처 : 3dprintedhouse.nl

크리트 프린팅에 대한 연구를 수행하고 있다.

파빌리온(Pavillion) 프로젝트는 콘크리트 민간기업 그룹에 의해 지원되었고 일부 파트너 회사의 도움을 받아 연구진 그룹에 의해 설계, 인쇄, 조립되었다. 연구진들은 인쇄 방법을 연구하고 콘크리트 경화 전후에 대한 인쇄 매체 변화 과정 등을 실험했다. 또한 프린터 헤드 속도와 같은 인쇄 매개 변수의 영향도 조사하였다. 이러한 실험 결과는 3D 인쇄하는 동안 콘크리트의 거동을 해결할 수 있는 모델을 만드는 데 사용되었다. 그들은 재료 거동에 대한 기초 연구 외에도 3D 콘크리트 프린팅 기술의 가능성에 대한 실험도 진행하였다.

파빌리온은 건설 높이 2 m 규모로 만들어졌고, 이때 사용된 3D 프린터는 약 3.5 × 2.5 m 규모였다. 파빌리온은 복잡하고 시간이 많이 걸리는 거푸집 공사 없이도 얻을 수 있는 형태의 자유를 보여주었다. 동시에 인쇄된 요소를 어떻게 연결하는지, 인쇄 표면은 항상 수평이 되는지 아니면 다른 가능성이 있는지, 구조적 안전성을 어떻게 보장하는지 등에 대한 연구를 목적으로 하고 있다.

그림 4.46 TU Eindhoven Pavilion, 네덜란드[69]

69) 출처 : tue.nl

6 프랑스, 3D 프린팅 주택과 구조물

6.1. 프랑스의 낭트시, 5인 가족 실거주 주택

건설산업을 완전히 뒤바꿀 혁신적인 기술로 3D 프린터가 부상하고 있다. 여러 사람이 매달려야 하는 더럽고 힘들고 피곤해서 그동안 기피되던 건설작업을 3D 프린터 혼자서 도맡아 작업함에 따라 건설비용과 시간을 획기적으로 줄일 수 있게 되었다. 구조물의 형상이 곡면일지라도 이제는 자유자재로 만들 수 있어 미적인 가치를 높일 수 있을 뿐만 아니라 건물이 들어설 부지가 반듯하지 않더라도 이제는 충분히 활용할 수 있게 되었다.

2018년에 프랑스의 낭트(Nantes)시에 거주하는 람다니 씨 가족은 세계 최초로 3D 프린팅된 주택으로 거주하기 위해서 이사를 했다. 이 부부는 2018년 6월부터 세 딸과 함께 낭트 대학의 3D 프린팅 기술로 건설된 단독주택 이누바에 거주하고 있다.

이 주택은 침실이 4개에 욕실을 하나 갖추고 있는 건물로써 이 집을 인쇄하는 데에는 불과 54시간이 소요되었고 비용은 약 226,700달러가 지출되었다. 이는 기존 건축 방식 대비 20% 정도 저렴한 가격에 건설된 것이다.

이 건물은 3D 프린터로 지어진 주택에 처음으로 사람이 거주하는 것이어서 그 의미는 특별히 남다르다. 물론 이전에도 세계 각국의 여러 나라에서 3D 프린터로 주택을 지은 적이 있었지만 대부분은 그들의 기술력을 입증하는 것이 목적이었지 실제로 사람이 살지는 않았었다.

낭트대학교의 연구진은 낭트시(市)가 제공한 부지에 맞춰서 3D 프린터로 이러한 주택을 건설하기 위하여 3D 설계를 하였다. 설계된 3D 데이터는 건설용 3D 프린터인 배티 프린트(BatiPrint)에 전송됐다.

배티 프린트 3D는 건설 현장에서 4 m짜리 로봇팔을 움직여 설계도면대로 벽면을 콘크리트로 적층하여 쌓아 올렸다. 로봇팔은 중간중간 부착된 레이저를 이용하여 위치는 정확한지 수시로 점검하면서 작업을 진행했다.

벽체는 3층의 재료로 구성되는데 3D 프린터는 먼저 폴리우레탄이라는 고분자 단열재를 맨 바깥쪽과 맨 안쪽에 쌓고 그 사이에는 콘크리트를 채워 넣었다. 폴리우레탄이라는 고분자 단열재는 작업 중에는 콘크리트 층을 위한 거푸집 역할을 수행하고 벽이 완성되면 단열 기능을 하게 된다. 이러한 과정을 통해 단 54시간 만에 95 m^2 면적의 주택 형태를 완성했는데 벽체가

다 만들어진 다음에는 기존 건축방식대로 창호를 설치하고 지붕을 올리는 작업이 이뤄졌다.

95 m^2 면적인 건물의 벽체 공사는 기존 건축방식으로 작업을 실시하면 약 4일이 걸리는 데 비하여 3D 프린터는 거푸집을 설치할 필요가 없으므로 건물 벽체 공사 시간을 절반으로 줄일 수 있었다. 또한 소요된 건축비용도 기존방식보다 20% 정도를 줄일 수 있었다.

낭트대학교 연구진은 이와 같은 방식으로 파리 북부에 공공주택 18채를 추가로 더 지을 계획이고 상업용 건축물까지도 인쇄할 계획이다.

그림 4.47 프랑스 낭트대, 95 m^2 면적의 실거주 단독주택[70)]

이번에 건설하게 될 주택의 디자인은 부드럽게 휘어진 Y자 형태이다. 부지가 좁은 탓도 있지만 집 앞에 100년 넘은 고목이 있어 일부러 벽을 휘어지게 설계하였다. 기존방식대로 하면 거푸집을 조각조각 이어 붙여야 하는 힘든 작업이겠지만 3D 프린터는 문제없이 인쇄할 것으로 보인다. 오히려 휘어진 곡면 덕분에 공기 흐름이 원활해져 습기가 줄어드는 이점도 있다.

6.2. XtreeE 사, 3D 프린팅 구조물

프랑스 소재 스타트업체인 엑스트리리(XtreeE) 사는 그동안 축적한 공예품 품질에 대한 노하우를 중심으로 건설용 3D 프린터를 사용하여 새로운 건설 구조물 개발에 참여하고 있다.

(1) 통신 안테나 지지용 마스트

통신 안테나 지지용 마스트는 과들루프(Guadeloupe)의 Art & Fact Innovation 사와 엑스트

70) 출처 : 프랑스 낭트대

리리(XtreeE) 사가 상호 협력하여 설계하였다.

목적은 지진이나 사이클론(Cyclone)에 강한 통신 안테나용 지지구조를 제공하여 본연의 기능에 충실할 수 있도록 하는 것이다. 디자인은 구조적으로 안전하고 주변의 자연환경에 친화적이며 통신 안테나로써의 역할을 수행할 수 있도록 설계되었다.

높이가 12 m인 통신 안테나용 마스트는 고성능 콘크리트 세그먼트 6개를 인쇄한 다음 조립했다. 조립 후에는 최종적으로 외력에 의한 인장응력을 상쇄하기 위하여 미리 인위적으로 콘크리트에 프리스트레스(Prestress)를 주어 구조적으로 안전하도록 하였다.

3D 프린팅을 통하여 그동안 기존방식으로 수행되었던 설계나 조립, 안테나 설치 등의 다양한 기능을 통합하여 건설과정을 대폭 단순화시켰다. 3D 프린팅 된 전체 구조는 견고하고 내구성 있는 기둥으로 어떠한 악천후에도 효과적으로 저항할 수 있다.

- 위치 : 과들루프
- 계약 기관 : Art & Fact Innovation
- 디자인 및 엔지니어링 : Lamoureux & Ricciotti Ingénierie, XtreeE
- 설계 : LafargeHolcim
- 시공 : Freyssinet(Vinci Group)
- 치수 : 2,337 × 2,285 × 12,023 mm
- 인쇄 중량 : 6.3톤
- 전체무게 : 15.8톤

그림 4.48 통신 안테나 지지용 마스트와 3D 프린터[71]

71) 출처 : xtreee.com

(2) 오베르빌리에(Aubervilliers) 보행교

2024년 프랑스 파리올림픽을 준비하기 위하여 공공기관인 Plaine Commune은 오베르빌리에(Aubervilliers)에 40 m의 보행자 교량 건설을 계획하고 있다.

만약 인쇄가 완료된다면 현장에서 직접 3D 프린팅 된 콘크리트 교량이 될 것이다. 최고의 기술 전문성을 결합한 이 프로젝트는 3D 콘크리트 프린터로 복잡한 구조 요소를 안전하게 인쇄하며 비용과 공사기간을 통제하면서 맞춤형 솔루션을 개발할 수 있는 길을 열 것이다.

프리스트레싱과 3D 콘크리트 프린팅이 결합하게 되면 콘크리트 양을 60% 정도 줄일 수 있어 탄소배출 저감 효과를 크게 향상시킬 수 있게 된다.

- 위치 : Aubervilliers(Seine Saint Denis, 파리, 프랑스)
- 계약 기관 : Plaine Commune Grand Paris
- 디자인 및 엔지니어링 : Lavigne & Cheron Architectes, Quadric (Artelia Group), XtreeE
- 시공 : Freyssinet(Vinci Group)
- 인쇄물 : LafargeHolcim

그림 4.49 Aubervilliers의 보도교[72)]

72) 출처 : xtreee.com

(3) 터널 보링머신 개착용 벨 마우스(Bell Mouth)

엑스트리리(XtreeE) 사는 GTM Normandie Center 사와 협력하여 터널 보링머신 굴착을 위한 벨 마우스를 완성했다. 3D 프린터로 인쇄된 이 제품은 터널 갱구부를 굴착하는 과정에서 토압에 의하여 붕괴되는 것을 방지하기 위한 제품이다. 기존에는 전통적으로 금속으로 만들어졌다.

3D 프린터에 의한 인쇄는 작업자들의 위험과 공사비용을 줄일 수 있는 기회를 제공하고 있다.

벨 마우스 자체는 부분적으로 3D 프린터를 이용하여 조립식으로 제작되고 현장에서 주조(Casting)된다. 정확성을 요구하는 기하구조의 링은 철근콘크리트 재료를 활용하여 조립식 기구를 포함한 상태로 3D 인쇄된다. 인쇄된 벨 마우스는 최종 위치에 배치되고 굴착된 벽에 맞게 주조가 이루어진다.

그림 4.50 루앙(Rouen)의 터널 보링 머신(Bell Mouth)[73]

인쇄된 제품의 특징은 다음과 같다. 1개의 세그먼트는 높이가 50 cm, 무게 480 kg으로써 인쇄 시간은 1시간 30분이 걸렸고 기하학적 정밀한 제어는 3D 스캐너로 실현되었다.

- 3D 디자인 : XtreeE
- 클라이언트 : GTM Normandie Center

73) 출처 : xtreee.com

- 무게 : 480 kg
- 인쇄 시간 : 1시간 30분

(4) 지하 우수조절기

엑스트리리(XtreeE) 사는 3D 콘크리트 프린팅으로 릴(Lille) 시의 지하 우수조절기를 공동으로 제작하는 사업을 수행했다.

릴(Lille) 시에 있는 조립식 빗물(우수) 조절기는 환경적 제약으로 인해 표준적인 방법을 사용하는 것이 불가능했다. 우수조절기가 설치되는 부지는 번잡한 도심지 거리 아래에 있어 공사기간 단축을 최우선 순위로 삼았다.

230 × 270 × 155 cm의 크기에 무게가 2,300 kg인 빗물조절 장치는 1차적으로 XtreeE 작업장에서 3D 프린터를 사용하여 인쇄되었다. 그런 다음 2차적으로 트레일러를 이용하여 번잡한 도심지로 운송되어 현장에서 조립하여 설치를 완료하였다.

그림 4.51 릴(Lille) 시의 지하 우수 조절기[74)]

- 설치장소 : 라 마들렌(La Madeleine)
- 계약 당국 : MEL(European Metropolis of Lille)

74) 출처 : xtreee.com

- 발주처 : Point P Public Works
- 시공 : SADE
- 구조 검사 : Artelia
- 인쇄 콘크리트 : LafargeHolcim
- 치수 : 230×270×155cm
- 무게 : 2.3톤

(5) Viliaprint, 랭스(Reims)의 5개 주택

5개의 개별적인 3D 프린팅 주택으로 구성된 이 프로젝트는 2020년 프랑스 그랑테스트 랭스(Reims)에서 건설이 예정되어 있다.

Action Logement 그룹의 소유주인 Plurial Novillia가 지원하고 건축가 엠마누엘 코스테(Emmanuel Coste)가 함께 설계한 이 프로젝트는 3D 프린팅을 활용하여 재료를 절약하고 벽에 다양한 기능을 통합하는 것을 목적으로 시행되었다. 6 m 길이의 로봇이 곡선형의 구조물을 고성능 콘크리트를 사용하여 벽면을 인쇄하게 된다.

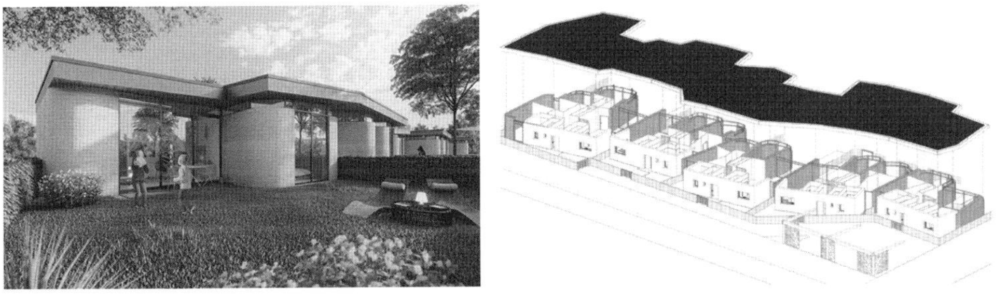

그림 4.52 Viliaprint, Reims의 5개 주택(진행 중)[75]

이러한 작업 방법은 여러 가지 장점을 가지고 있다. 기존방식에 의해 시공된 벽면에 비해 약 60% 정도의 재료 절약이 가능하다. 또한 벽체의 작업시간이 절반으로 줄어들고 인쇄 후 건조시간이 크게 단축되기 때문에 상당한 시간 절약 효과와 더불어 현장에서 거푸집 설치에 따른 번거로움을 줄일 수 있다. 가장 큰 특징은 작업자들이 작업을 하는 데 있어서 기존 방식보

75) 출처 : xtreee.com

다 작업의 피로도가 줄어들기 때문에 안전사고 위험도 적어졌다는 점이다. 또한 시공 과정에서 둥근 벽과 같이 더 이상 건물의 비정형적인 형태 등에 제한을 받지 않는다는 점도 장점이다. 이에 따라 건축가들이 자유롭게 창작한 구조물을 현실로 구현할 수 있게 되었다. 고성능 재료 사용에 따라 인쇄된 벽체의 강도는 기존 벽보다 3배 이상 더 강력한 압축강도를 가지고 있다.

- 위치 : Écoquartier Rema Vert, Reims
- 건축가 : Emmanuel Coste
- 금형 모델링 및 제조 : XtreeE
- 콘크리트 : Vicat
- 크기 : 250 × 280 × 30 cm
- 무게 : 1,200 kg

7 러시아, Apis Cor의 시범주택

7.1. 아피스 코어(Apis Cor)의 시범주택

모스크바 외곽의 한 마을에 3D 프린팅으로 지어진 집이 세워졌지만 이 집은 전통적인 의미로 지어지지 않았다. 2017년 러시아 건축업체인 아피스 코어(Apis Cor)는 면적 38 m^2 규모인 단독주택을 3D 프린터로 직접 인쇄하여 하루 만에 문과 창문까지 다는 데 성공했다.

3D 프린팅 스타트업체인 아피스 코어(Apis Cor)가 설계하고 시공한 최초의 3D 프린팅 주거용 주택은 건설하는 데 하루도 채 걸리지 않았고 가구까지 포함하여 완성하는 데 소요된 비용은 10,134달러였다.

그림 4.53 러시아, Apis Cor의 시범주택[76)]

아피스 코어의 모바일 3D 프린터는 중국의 윈선(Winsun) 사가 하는 것처럼 외부의 일정 공간에서 건축용 부재를 인쇄하는 것이 아니라 주택이 설치될 부지 내의 현장에서 직접 인쇄하여 건물의 콘크리트 벽을 하나의 연결된 구조로 만든다.

그런 다음 3D 프린터를 건물에서 해체하고 작업자들이 지붕과 창문을 설치하고 내부를 마감하는 방법으로 시공됐다. 건물의 외벽구조와 내벽구조를 3D 프린터를 사용하여 시공함으로써 작업시간을 단축하고 고품질의 건물을 구축할 수 있었다.

76) 출처 : apis-cor.com

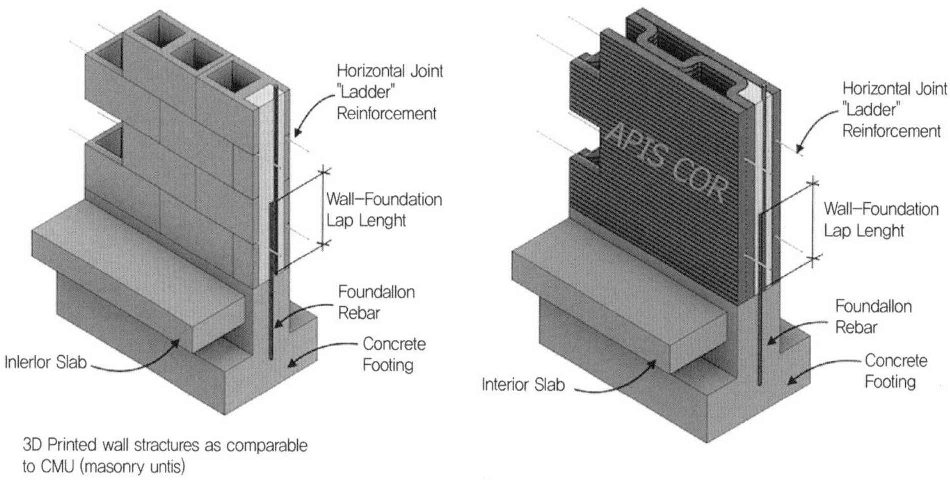

그림 4.54 3D 인쇄 벽과 철근콘크리트 조적벽 비교[77)]

이 건물은 특이한 곡선 모양이 아름답고 아늑한 38 m^2 규모의 주택이다. 집의 곡선 디자인은 3D 프린터가 어떤 형태로든 요구한 형태로 인쇄할 수 있는 능력을 보여주기 위해 의도적으로 선택되었다. 3D 프린팅 된 주택의 내부에는 전통 방식에 의하여 건설된 집의 모든 표준 기능이 포함되어 있다. 스튜디오 형태의 건물 내부에는 홀, 욕실, 거실과 소형 주방이 있다.

아피스 코어는 우리나라 기업인 삼성(Samsung)과 파트너 관계를 맺었는데 거실 벽과 동일한 곡률을 가진 TV를 포함한 가전제품 등을 제공했다. 객실에는 TV, 소파, 냉장고 등 모든 전형적인 가정용 가구가 마련되어 있다. 아피스 코어가 시범주택을 건설하는 데 소요된 건설 총 비용은 평방미터(m^2)당 불과 275달러만 소요되었다고 한다. 주택을 건설하는 데 소요되는 비용 중에서 창문과 문을 설치하는 비용은 3,548달러(35.0%)로 가장 크게 차지했다.

- 기초 : 277달러(2.7%)
- 벽 : 1,624달러(16.0%)
- 바닥 및 지붕 : 2,434달러(24.0%)
- 배선 : 242달러(2.4%)
- 창문과 문 : 3,548달러(35.0%)

77) 출처 : apis-cor.com

- 외부 마감 : 831달러(8.2%)
- 내부 마감(천장 포함) : 1,178달러(11.6%)
- 전체 소요 비용 : 10,134달러(100.0%)

그림 4.55 3D 인쇄 벽과 철근콘크리트 조적벽 비교[78)]

아피스 코어는 3D 프린팅 된 벽체와 기존의 건축방식에 따른 조적식 벽체의 구조적 유사성을 비교하여 3D 프린팅 벽체의 표준화를 도모했다.

또한 3D 프린팅 된 벽체 구조는 아래와 같은 실험을 실시하여 안전성을 검증 받았다. 테스트는 ASTM 테스트 표준에 따라 신뢰성 확보를 위하여 Briggs Engineering and Testing과 The University of Connecticut에서 실시되었다.

- 사용된 재료의 압축강도 시험(ASTM C39)
- 3D 인쇄물에 대한 압축강도 테스트(ASTM C1314)
- 흡수 테스트(ASTM C140)
- 내구성 테스트(ASTM 666)
- 3점 굴곡시험(ASTM C78)

78) 출처 : apis-cor.com

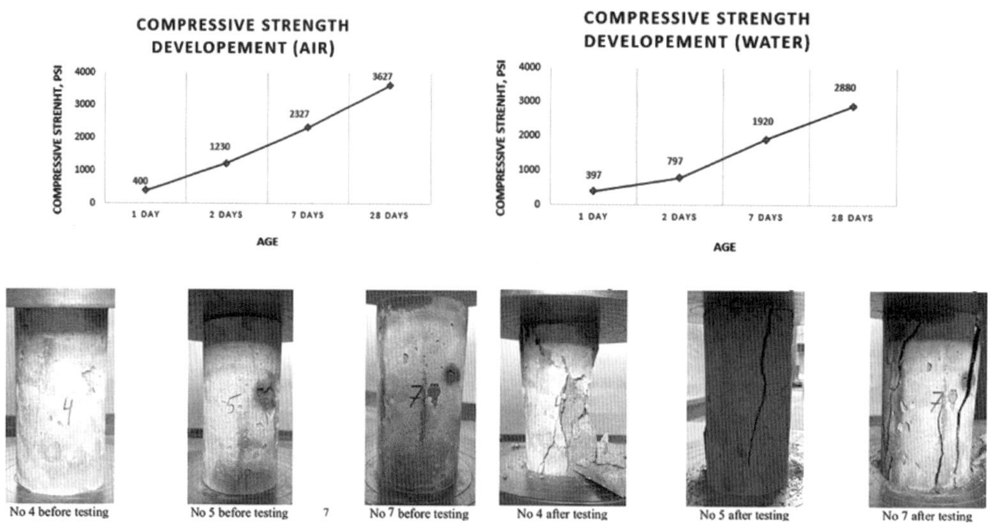

그림 4.56 재료 압축강도 비교[79)]

그림 4.57 3D 프린팅 된 벽체 세그먼트의 압축강도(2640 Psi)[80)]

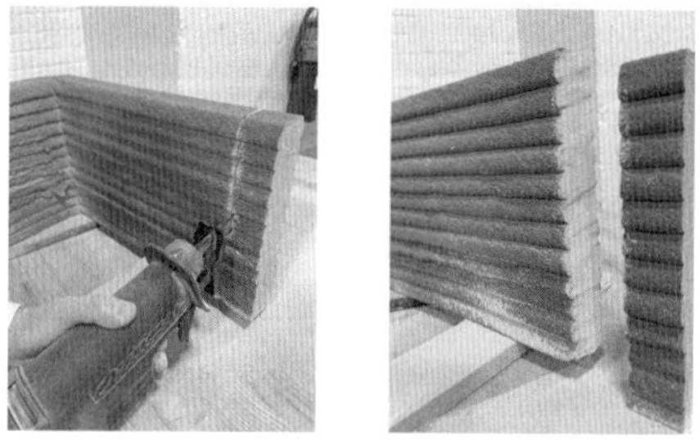

그림 4.58 3점 굴곡시험을 위한 샘플 준비[81)]

79) 출처 : apis-cor.com

80) 출처 : apis-cor.com

표 4.8 아피스 코어(Apis Cor) 시공 사례[82)]

사례	특징	그림
세계에서 가장 큰 3D 프린팅 빌딩	두바이와 협업 프로젝트	
저렴한 주택	캘리포니아주 산타바바라 카운티	
미국의 데모 하우스	미국에서 Apis Cor가 건설한 최초의 3D 프린팅 주택	
두바이	대규모 프로젝트로서 가장 큰 3D 프린팅 하우스	
CMU 벽 구조	Apis Cor의 3D 인쇄 벽과 표준 CMU 벽의 구조적 비교	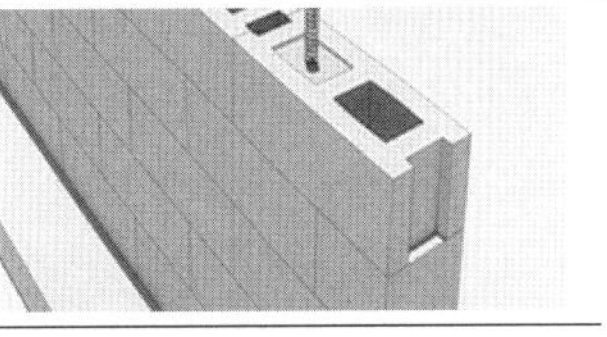
불가능한 인쇄	수평 구조를 현장에서 3D 프린팅 하는 개념	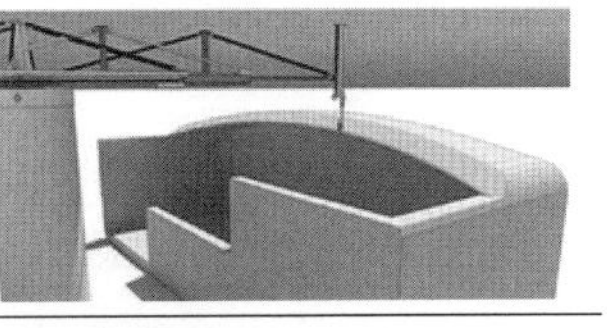
공간 건설	우주탐사 및 건설을 위한 자율 3D 프린팅	

81) 출처 : apis-cor.com

82) 출처 : apis-cor.com

그림 4.59 아피스 코어(Apis Cor)의 3D 프린팅 시공 과정[83)]

7.2. AMT-SPETSAVIA, 세계 최대 건설용 프린터

지난 몇 년 동안 건설 분야에서 3D 프린팅이 핫이슈(Hot Issue)가 되면서 관련 스타트업 기업들은 디자인이나 설계 부분에서 점점 더 많은 창의력을 발휘하고 있다. 거대한 대형구조물을 요구하는 시장 수요에 발맞추기 위해 관련 기업들은 여기에 적합한 새로운 디자인을 적용했고 이에 따라 건설용 3D 프린터 규모도 방대해져야만 했다.

러시아 회사 AMT-SPETSAVIA 그룹이 세계 최대 규모의 3D 프린터를 구축하겠다는 계획을 발표한 것은 그리 놀라운 일이 아니다. 그들은 작지만 다른 모델에 비해서는 여전히 규모가 상당히 큰 S-300 모델과 함께 새로운 모델인 S-500을 선보였다.

그림 4.60 S-500 & S-300 Printers[84)]

83) 출처 : apis-cor.com

AMT-SPETSAVIA 사의 웹 사이트에 따르면 S-500의 높이는 15 m(5~6층)이지만 최대 80 m(26층)까지 확장할 수 있다.

S-500 모델은 11.5 × 11.0 × 15.0 m이고 S-300 모델은 11.5 × 11.0 × 5.4 m의 크기를 가지고 있다. 실제 S-500 모델은 최대 31 × 11 m 둘레와 최대 80 m 높이의 인쇄 영역을 가질 수 있기에 층당 높이를 3 m로 가정했을 때 대략 26층의 초고층 건물을 인쇄할 수 있다.

S-500과 S-300의 두 가지 모델은 가로와 세로는 같으나 높이 측면에서 서로 차이가 난다.

이 프린터는 시간당 2.5 m^3의 콘크리트 타설 속도로 처리할 수 있다는 점이 매우 인상적이다. 그러나 아직까지 작업에 따른 콘크리트의 품질이나 재료의 특성에 대해서는 알려진 바가 거의 없다.

건설 분야에서 지속적인 건설용 3D 프린터의 개발은 앞으로 많은 새로운 프로젝트를 우리에게 볼 수 있게 해줄 것이다.

그림 4.61 AMT Spetsavia 사의 3D 프린터[85]

84) 출처 : Spetsavia website

85) 출처 : Facebook/Made in Russia

8 이탈리아, WASP의 GAIA 하우스

8.1. 3D 하우징 05

2015년부터 이탈리아 하이델베르크 시멘트(Heidelberg Cement) 사의 자회사인 이탈세멘티(Italcementi) 사는 다양한 유형의 3D 프린팅을 위해 특별히 고안된 하이테크 콘크리트를 개발했다.

개발된 하이테크 콘크리트는 3D 프린터의 헤드에서 노즐을 통해 혼합, 펌핑, 압출된다. 이 제품은 인쇄 과정에서 빠르게 경화되면서 연속적인 콘크리트 층을 형성할 수 있다.

이탈리아 베르가 모의(Bergamo)에 있는 아이랩(i.lab) 사는 3D 프린팅 압출기술을 사용할 때 다양한 콘크리트 배합성능과 인쇄 프로세스를 연구하고 있다.

2018년 4월 17일부터 22일까지 개최된 '이탈리아 밀라노 디자인 위크(Milan Design Week) 2018'에서 이탈세멘티 사는 CLS Architetti의 파트너 건축가인 막시밀리안 로케이 틀리(Massimiliano Locatelli), Arup Group, CyBe Construction 사와 상호 협력하기로 협의했다.

엔지니어링 회사인 Arup 사와 건축 스튜디오 CLS Architetti 사는 휴대용 로봇을 사용하여 콘크리트 주택을 3D 프린팅 했으며 밀라노 디자인 위크에서 선보였다.

3D HOUSING 05 프로젝트를 위해 휴대용 건설로봇이 높이 3.2 m, 면적 100 m^2 규모의 주택건설 현장에서 직접 3D 프린팅했다. 인쇄된 주택은 총 35개의 모듈로 구성되어 있고 각 모듈은 60~90분 만에 인쇄되었다. 주택 전체를 인쇄하는 데는 불과 48시간밖에 걸리지 않았다.

그림 4.62 이탈리아, 3D 하우징 05[86)]

프린팅을 통한 건설방식은 전통적인 건설과정과 비교할 때 재료 낭비를 줄이고 재활용 콘크리트를 사용할 수 있다는 장점이 있다. 또한 3D 프린팅은 재료를 보다 효율적으로 사용하고 보다 구조화되어 빠른 건설과정으로 인해 기존 건설방식보다 저렴하게 공사할 수 있다.

3D 프린팅 된 주택을 구성하는 부재들은 자원 순환 경제의 원칙에 따라 건축물 수명을 다하면 향후 재사용될 수 있다. 또한 건물 모양의 유연성이 향상되어 곡선 면과 같은 더 복잡한 구조를 저렴한 비용으로 만들 수 있다. 현장 시공 과정은 현장 위치에 대한 제한이 거의 없다.

3D 프린팅은 3D 설계 모델링 된 정보를 3D 프린터에 직접 전송함에 따라 시공 과정에서 설계와의 불일치나 잠재적인 실수를 크게 줄일 수 있어 효율성을 높일 수 있다.

베를린에서 열린 바우텍(BAUTEC) 컨퍼런스에서 Italcementi 사는 건설용 3D 프린팅을 위해 특별히 개발된 경화속도가 매우 빠른 새로운 콘크리트 혼합물을 발표했다. 이 회사는 시멘트와 콘크리트의 재료 특성에 초점을 맞춘 3D 프린팅 기술을 연구하고 있다. 그들은 3D 프린팅 공정에서 금속 장치를 사용하여 철근콘크리트의 실제 구조 요소 즉, 철근과 같은 금속 보강재의 존재를 특징으로 하는 구조를 실현할 수 있었다.

연구원들은 엔지니어, 재료 화학자, 건축가, 실험실 기술자 등을 포함하여 총 15명으로 구성되었으며 2018년에는 15,000시간이 넘는 연구를 수행하기도 했다. Italcementi 사의 파트너는 대학, 건설회사와 엔지니어링 회사를 포함하는 네트워크로 구성되었다. 그 중에는 하버드 대학 디자인 대학원, 나폴리 대학 Federico(화학, 재료, 산업, 공학, 건축 구조학과), 피렌체 대학(개발 컨소시엄)이 포함되어 있다.

그림 4.63 이탈리아, Italcementi 콘크리트 재료[87)]

86) 출처 : heidelbergcement.com

또한 설계에서 시공까지 지능형 장치를 포함한 인프라 네트워크를 활용한다. 실시간 제어로 구조적 모니터링이나 정보 교환이 가능한 장점을 가지고 있다. 이러한 접근 방식은 3D 프린팅 디지털 기술을 기반으로 한 설계와 시공 시스템의 피드백을 통해 지속 가능한 건설산업이 되는 데 기여할 것이다.

8.2. WASP의 GAIA 하우스

2018년 10월 이탈리아의 3D 프린팅 기술개발업체인 WASP 사는 에밀리아 로마냐(Emilia-Romagna) 지역에 있는 마사 롬바르도(Massa Lombardo)의 건축 현장에서 3D 프린터로 건축 구조물을 인쇄하였다. 이는 다양한 형식과 크기로 구조를 만들 수 있는 모듈식 3D 프린터인 Crane WASP의 능력을 보여주기 위해서 시도되었다.

이 프린터는 높이가 12 m에 달하는 3D 프린터로써 빅 델타(Big Delta) 또는 가이아(Gaia)라는 이름으로 불리고 있다. 이 프린터는 진흙, 모래 등 주변에서 쉽게 발견할 수 있는 건축자재를 원료로 활용하여 주택의 벽면이나 천장 등을 제작해 원통 모양의 주택을 건설해 나갈 수 있다.

그림 4.64 생분해성 재료로 만든 GAIA 하우스[88]

87) 출처 : 3dprintingmedia.network

88) 출처 : dezeen.com

WASP의 3D 프린터는 특히 에너지가 적게 드는 환경 친화형 건물을 건설할 수 있다는 장점을 가지고 있다. 3D 인쇄된 주택은 주변 지역에서 채취한 흙으로 만든 천연 진흙 혼합물과 쌀 생산과정에서 발생하는 짚과 쌀겨와 같은 폐기물을 사용하여 인쇄되므로 생분해성 효과를 가지고 있다.

3D 프린팅 된 30 m^{2}의 집은 외부 쉘(Shell)과 목재 지붕을 고정하는 내부 목재 빔을 가지고 있다.

가이아(Gaia)는 집을 지을 수 있는 자원이 제한적인 상황에서 최적화된 결과물이다. 이 기술은 아무래도 콘크리트를 쓰지 않고 우리 주변에 널려있는 진흙 등을 사용하기 때문에 환경에 거의 영향을 미치지 않는 고성능 구조를 가진 3D 프린터이다. 가이아(Gaia)는 처음에는 쌀 생산 폐기물 구조물을 만들었지만 향후에는 다양한 자연 친화적 재료나 재활용 재료를 사용하여 건설용 3D 프린팅 재료를 사용할 수 있을 것이다.

이 프로젝트로 WASP는 농업 폐기물이 건설산업의 주요 자원이 될 수 있다는 것을 증명했으며 1헥타르의 경작된 논에서 발생하는 농업 폐기물을 활용하여 100 m^{2}의 3D 프린팅 건설 구조물을 만들 수 있다고 주장하고 있다. WASP이 개발한 이 방법은 시간이나 비용 측면에서도 효율적이고 저렴하다. 진흙 혼합물을 사용하여 주택을 인쇄하는 데 10일밖에는 걸리지 않으며 비용은 불과 1,358달러 미만이 소요된다. 이 프로젝트에 사용된 WASP Crane은 천연소재와 시멘트 모르타르를 인쇄할 수 있는 건설용 3D 프린터인데 기계 자체는 모듈식 장치 역할을 하여 무한한 건설작업 영역을 제공한다. 진흙 등의 혼합물은 크레인에 매달린 3D 프린터를 사용하여 적층 구조를 형성한다. 벽체 내부에는 수직으로 구멍이 있는 벽을 만든 다음 단열을 위해 쌀겨로 채워지게 된다. 이러한 단열 방법은 집안의 온도를 쾌적하게 유지하여 겨울에도 내부 난방이 필요하지 않게 된다.

또한 벽체 내부에 수직 구멍이 있는 벽은 자연환기를 위해 비워 두기도 하고 채워진 쌀겨에 의하여 에너지가 밖으로 빠져나가지 않도록 하는 역할을 수행하게 된다. 종종 쌀 껍질은 구조물의 내부 벽을 코팅하기 위한 역할과 지붕 위의 단열을 위해서 사용되기도 한다.

WASP Crane의 사양을 살펴보면 다음 표와 같다.

표 4.9 WASP Crane 사양[89)]

구분		내용
WASP Crane 사양	회사	WASP
	적용, 응용	생산
	산업	건설
	적용기술	FFF, FDM
	프린터 유형	건설, 대규모
	생산연도	2018년
재료	재료	지구에 존재하는 일반적인 재료, 콘크리트 모르타르, 지오 폴리머
	재료 시스템	개방형 재료 시스템
건설 크기 (XYZ)	인쇄 크기(국제)	6,300(D)×3,000(H) mm
	인쇄 크기(영국식)	248(D)×118(H) 인치
속성	층 두께	9 mm
	연결성	WiFi 원격 제어
요구 사항	운영 체제	윈도우
	Slicing	그라스허퍼
치수 (XYZ) 및 무게	무게(국제)	150 kg
	무게(영국식)	330파운드

89) 출처 : WASP 사 홈페이지

9 미국, 3D 프린팅 보행교와 주택

9.1. 3D 프린팅 보행교

대규모 3D 프린팅 기술과 재료의 발전으로 현재 전 세계에는 여러 개의 3D 프린팅 교량(금속 및 콘크리트)이 설치되어 있다.

2019년 미국 남부 캘리포니아의 캠프 팬틀턴(Camp Pendleton)에서 미 육군 엔지니어 연구개발센터의 기계 엔지니어인 메간 크레이저(Megan Kreiger)는 3D 프린팅 보행자 교량을 완성했다.

미국 해병대 군수지원을 담당하는 AMOC는 3D 프린터를 제공하였고 육군 공병대는 교량이 하중에 견딜 수 있는지 확인하기 위해 교량 설계를 검증했다.

그림 4.65 3D 프린팅 된 미 육군 보행교[90)]

메간 크레이저는 9.7 m 길이의 철근콘크리트 보행교를 3D로 인쇄했지만 더 큰 목표를 염두에 두고 있다. 크레이저는 휴대용 조립식 트러스 전술 교량의 원조인 장간조립교, 일명 베일리(Bailey) 교량을 실물 크기로 3D 프린팅 하려고 생각하고 있다.

보행교를 3D 프린팅 하는 것은 날씨 덕분에 쉽지 않았다. 크레이저가 처음 현장에 도착했을 때 비가 너무 심하게 와서 산사태가 발생했으나 교량은 성공적으로 인쇄되었다. 사실 이 프로젝트는 크레이저가 혼자서 주도한 대규모 3D 인쇄 프로젝트는 아니었지만 그녀는 이미 2018년에 미국 최초의 3D 프린팅 철근콘크리트 건물인 콘크리트 막사 인쇄 작업에 참여한 경험이 있다.

90) 출처 : 3dprinting.com

2.4 m 높이의 벽을 가진 9.7 × 4.8 m의 막사는 원격지에 있는 군대가 사용할 수 있도록 설계된 3D 프린팅 철근콘크리트 막사건물이었다.

크레이저는 미시건 공과대학(Michigan Technological University)에서 3D 프린팅을 처음 접했고 재료공학 대학원 과정 중에는 3D 프린팅 실험실을 직접 운영하기도 했다. 2015년 미 육군 엔지니어 연구개발 센터에 입사하여 3D 프린팅 건축을 위한 새로운 유형의 콘크리트 개발을 담당했다. 그녀와 그녀의 가족은 자신이 직접 만든 3D 프린터 주택을 소유하고 있으며 오렌지 주스기, 자석 등을 포함한 다양한 물품을 3D 프린터로 인쇄하여 사용하고 있다.

적층 제조와 3D 프린팅 건설에 대한 크레이저의 열정은 훌륭한 3D 인쇄물을 구축하도록 이끌었다. 크레이저는 적층 구조를 실행 가능한 방법을 목표로 설정하고 대규모 3D 프린팅의 이점을 군사나 상업, 건설 분야에 도입하는 것을 목표로 업무를 수행하고 있다.

미 해병대 매트 프리델(Matt Friedell) 대위는 3D 프린트 막사 프로젝트의 주요 후원자인 해병대 시스템 사령부의 건설 적층 제조 프로그램 관리자이다. 그는 2016년 크레이저를 처음 만났을 때 3D 프린터 기술에 대한 크레이저의 열정에 깊은 인상을 받았다. 매트 프리델(Matt Friedell)은 AMOC 프로젝트 책임자로서 교량과 막사와 같은 용도 외에도 인도주의적 구호 활동을 위해 3D 프린터를 이용하여 건설 적층 가공기술을 사용하는 건설 구조물을 구상하고 있다.

3D 프린팅은 건설에 필요한 인건비를 줄일 뿐만 아니라 멀리 떨어진 곳에 주택, 교량 등을 신속하게 설치할 수 있게 해준다. 접근하기 어려운 지역에서 군대뿐만 아니라 일반인들의 편의를 위한 구조물을 축조하여 그들의 생명까지도 구할 수 있다.

9.2. 콘크리트 막사

2018년 미군은 세계 최초로 육군 병영 막사를 이틀 만에 콘크리트 재료를 활용하여 3D 프린팅했다.

미국 해병대 사령부(MCSC)는 일리노이(Illinois)주 샴페인(Champaign)에 있는 미 육군 엔지니어 연구개발센터에서 불과 40시간 만에 46 m^{2}의 병영 막사를 3D 프린터로 인쇄했다. 그동안 3D 프린터는 일반적으로 주택이나 집과 같은 건물이나 콘크리트 교량과 같은 대형 구조물들을 인쇄하기는 했지만 현장에서 한꺼번에 모든 과정을 인쇄하지는 못했다. 그러나 육군 병영 막사는 세계 최초로 현장에서 연속해서 콘크리트를 활용한 전체 구조를 인쇄한 사례이다.

병영 막사는 3D 프린터가 콘크리트를 적층하면서 시공되었기에 표면이 약간 울퉁불퉁한 기복이 있는 외관을 가지고 있다. MCSC의 3D 작업을 위한 태스크포스 팀(Task Force Team)은 40시간 동안 작업자 4명이 콘크리트를 계속해서 보충하는 과정을 관리하면서 마침내 병영 막사를 인쇄하는 데 성공했다.

일반적으로 목재 등을 활용하여 병영막사를 수작업으로 완성하려면 10명의 해병대 인원으로 5일 정도가 소요되었지만, 콘크리트 믹싱과 펌핑을 수행하는 로봇의 도움을 받아 이 과정을 하루로 줄였다. 이 프로젝트는 3D 프린팅 건설기술의 잠재력을 평가하기 위한 일종의 현장 테스트 개념에서 출발했다.

그림 4.66 3D 프린팅 된 미 해병대 막사[91)]

9.3. ICON 사, 텍사스주 오스틴 주택

아이콘(ICON) 사는 최초로 상업용으로 허용된 3D 프린팅 주택을 건설했다. ICON 사는 3D 프린팅 로봇 공학, 소프트웨어, 첨단소재를 사용하여 인류를 발전시키는 첨단 건설기술을 개발하는 회사이다. 태블릿으로 작동하는 로봇 프린터, 통합 재료 전달 시스템, 주택건축을 위한 획기적인 시멘트 기반 재료에 대한 고도의 기술을 가지고 있다.

2018년 아이콘(ICON) 사는 미국에서 처음으로 텍사스주 오스틴에서 건축허가를 받고 3D 프린팅 주택을 건설했다. 주택을 건설하는 데 투입된 핵심기술은 로봇 공학과 자체 개발한 소프트웨어, 3D 프린팅 재료 등이다.

오스틴 북동부 지역에 건설된 새로운 3D 프린팅 주택은 커뮤니티 퍼스트 빌리지(Community First Village) 단지에서 독특한 모양을 하고 있다. 이 주택은 사실 텍사스의 가장 비싼 지역에서

91) 출처 : dezeen.com

약 180명의 노숙자 은신처를 제공하기 위해서 건설되었다. 500가구 이상의 거주가 가능한 206,390 m^2 규모의 개발 프로젝트는 3D 프린터의 다양성을 활용하여 저렴한 비용으로 노숙자들에게 영구 주택을 제공하고 있다.

그림 4.67 ICON 사, 텍사스주 오스틴의 주택[92)]

아이콘에 따르면 30.72 m^2 규모의 이 주택은 미국 최초로 건설된 상업용 3D 프린팅 주택으로서 무게가 1.7톤, 높이 3.4 m 규모이다.

아이콘의 3D 프린터 불칸 2는 가로 10 m, 세로 3.3 m로 고정형이 아닌 이동형이다. 주로 인프라 시설이 없는 오지에서 쓰일 것에 대비해 전기와 물이 부족한 곳에서도 작동할 수 있도록 개발되었다. 노즐을 통해 콘크리트를 층층이 출력하여 24시간 안에 집의 골격을 완성한다. 이러한 방식은 공사기간을 줄여 줄 뿐만 아니라 일손 부족을 메워주고 건축 비용도 낮춰준다. 아이콘은 기존 콘크리트보다 저렴하면서도 견고한 라바크리트(Lavacrete)를 개발해 내구력과 내진력을 높였다.

라바크리트는 슬럼핑, 층간 결합, 빠른 경화 없이 펌핑과 압출이 되도록 설계된 시멘트 기반 믹스로서 특정 구조물 속성에 맞게 프로그래밍할 수 있다.

거푸집 공사와 벽체 공사는 주택건축 작업 중 돈이 가장 많이 들고 폐기물도 많이 나오는 공사이다. 아이콘은 단열 등 벽체에 필요한 여러 요소를 한 번에 다 처리할 수 있도록 통합해 공사를 간소화했다. 아이콘 사의 엔지니어들은 배관과 전선도 3D 프린팅에 추가하는 방법을 실험하고 있다.

92) 출처 : iconbuild.com

그림 4.68 ICON사, 텍사스주 오스틴 주택[93)]

이 프로젝트에 적용된 로봇 공학은 3D 프린터의 대형 인쇄 영역에 있어 콘크리트의 증착을 정밀하게 제어하도록 설계된 갠트리 시스템에 적용되었다. 소프트웨어는 쉽게 선택하여 설계하고 인쇄할 수 있도록 간단한 태블릿 기반 사용자 인터페이스를 사용하였다.

불칸(Vulcan)은 단층 건물을 보다 빠르고 저렴하며 보다 자유롭게 시공할 수 있도록 특별히 설계된 ICON 사의 3D 프린터로써 약 185 m^2까지 인쇄할 수 있다. 슬래브 크기에 따라 사양이 다르지만 폭의 조절이 가능하며 맞춤형 트레일러로 운송이 가능하다.

아이콘 사는 주택건설 기능의 한계를 뛰어넘는 로봇 공학, 소프트웨어, 고급 재료 분야의 새로운 기술을 개발하기 위해 지금도 열심히 노력하고 있다.

아이콘 사는 3D 프린터로 인쇄된 첫 번째 주택을 건설한 이후에도 더 많은 프로젝트를 통해 실효성을 입증하였고 앞으로도 더 많은 프로젝트를 통하여 부족한 문제를 보완하게 될 예정이다.

아이콘 사의 3D 프린팅 주택은 세계 무주택 서민을 위한 주택 개발과 보급에 나서고 있는 미국 실리콘밸리의 비영리 사회적 기업인 뉴스토리와 함께 진행한 프로젝트이었다.

아이콘 사는 NASA와 국방부를 포함한 미국 연방정부의 관심을 불러 일으켰다. 국방부 혁신부서는 새로운 상용기술을 활용하여 국가안보를 강화하는 데 주력하고 있다. 미국 오스틴에

93) 출처 : washingtonpost.com

사무소가 있는 국방부 혁신부서는 아이콘 사와 계약을 맺고 군사용이나 인도주의적 필요에 맞는 병영 막사를 신속하게 구축할 수 있는 프로토타입 구조를 개발하고 있다.

아이콘 사는 NASA의 자금지원을 포함한 SBIR(Small Business Innovation Research) 계약을 체결하여 미래의 달 탐사를 지원할 수 있는 우주 기반 건설시스템 연구개발을 추진하고 있다.

9.4. SQ4D, 3D 프린팅 주택

최근 3D 프린팅을 활용한 인쇄 기술의 발전으로 인하여 주거용 주택을 건설하는 시공 속도가 크게 향상되었다. 약 10일 만에 집을 짓는 이탈리아의 WASP에서부터 하루 만에 집의 기본구조를 만드는 Be-More-3D까지 기술의 발전 속도는 매우 빠르게 발전하고 있다. WASP 사는 이탈리아에서 12 m의 3D 프린터를 실현하기 위해 3D 프린터를 설계하고 생산하는 기업이다. Be More 3D 사는 아프리카에서 최초의 3D 프린팅 주택 건설을 시작했고 첫 번째 콘크리트 프린터는 말할 것도 없고 스페인 최초로 특허받은 3D 프린터에 대하여 시험 운영 중에 있다.

뉴욕에 본사를 둔 S-Squared 3D Printers의 SQ4D 사는 저렴하고 친환경적인 3D 프린팅 주택으로 주택 산업에 혁명을 일으키고 있다. 2020년 미국의 SQ4D 사는 놀랍도록 큰 주택을 3D 프린터를 이용하여 빠른 시공 속도로 인쇄하였다. 실제로 이 주택은 177 m^2의 면적을 가지고 있는 3D 프린팅 주택이다. SQ4D 사의 3D 프린터는 8일에 걸쳐서 설치가 완료되었지만 구조물을 인쇄하는 데에는 현장에서 48시간 만에 바로 제작되었다. 멕시코에서 46.5 m^2 규모인 3D 프린팅 주택을 제작하는 데 24시간이 걸렸던 이전 프로젝트와 비교해 보면 굉장히 빠른 속도이다.

인쇄 작업은 SQ4D 사의 자율로봇 건설시스템인 ARCS(Autonomous Robotic Construction System) 3D 프린터에 의해 수행되었고 건축 공사비용을 6,000달러 미만으로 수행됐다. ARCS는 기초, 설비 배관, 외벽과 내벽을 모두 건설할 수 있고 기존의 건설 방법보다 훨씬 적은 에너지를 사용하므로 환경 친화적이다. 작업자는 불과 3명만으로도 운영이 가능하다.

SQ4D 사는 원래 2018년 12월에 ARCS를 도입했고 기존 건축 방법에 비해 비용을 70%까지 줄일 수 있으며 단 몇 시간 만에 집을 완성할 수 있다는 것을 입증했다. 이러한 이유로 ARCS는 3D 프린터는 빈곤층들이 겪고 있는 주택 위기를 해결해 줄 수 있는 솔루션이다.

그림 4.69 미국, SQ4D의 3D 프린팅 하우스[94)]

S-Squared 3D 프린터인 ARCS 기술의 성능개선으로 인해 미래의 주택을 3D 프린터로 인쇄하는 데 걸리는 시간은 절반으로 줄어들 것으로 예상되고 있다. SQ4D 사는 ARCS 기술이 현재 46.5 m^2의 건설 능력에서 929 m^2 이상의 건설 능력을 가질 수 있도록 노력하고 있다.

집이나 주택을 3D 프린팅 하는 것은 사실 자율적으로 이루어지지만 주택 맞춤화는 수요자의 상상력에 따라 각기 다르다. 어떤 사람들은 실용적으로 우수한 주택을 선호하지만 다른 사람들은 미적으로 아름다운 주택을 선호할 수 있다. 이 혁신적인 3D 프린터로 인해 건설공사 작업을 할 때 작업자들의 안전 확보가 가능하고 미적인 측면에서 아름답고 비용은 저렴한 주택건설이 가능한 새로운 시대를 맞이하고 있다.

그림 4.70 미국, S-Squared & 4D Construction[95)]

94) 출처 : SQ4D.com

95) 출처 : SQ4D.com

콘크리트를 재료로 활용한 3D 프린팅은 비용이 효율적일 뿐만 아니라 완성된 주택의 경우 내화성과 내구성이 다른 재료에 비하여 강하고 안전하다.

최근에는 3D 프린팅 재료로 우리 주변에서 많이 볼 수 있는 진흙을 활용하여 에코하우스를 건축하는 일들도 일어나고 있다.

SQ4D 사가 ARCS 기술로 3D 인쇄한 주택이 정부가 요구하는 주택 표준안전기준을 통과했는지의 여부에 대해서는 아직까지 알려지지 않았다. 주택이 얼마나 넓고 사람들이 거주하기에 실용적인 편의시설이 있는지에 대해서도 거의 알려지지 않았다. 친환경 콘크리트 혼합물이 다른 환경에서도 잘 유지되는지 여부에 대해서도 알려지지 않았다. 그러함에도 불구하고 SQ4D 사의 3D 프린팅 주택 인쇄는 단기간 내에 시공하였다는 점과 저비용으로 건설하였다는 측면에서는 놀라운 일이다.

9.5. 제너럴일렉트릭(GE), 풍력발전 터빈 기초

현재 전 세계를 휩쓸고 있는 코로나 바이러스로 인해 사람들의 일상이 변화하고 있고 이는 에너지의 수요와 공급에도 영향을 미치고 있다. 포브스는 2020년 5월 5일 게재한 기사에서 코로나의 유행이 재생가능 에너지의 증가를 가져오게 된 이유에 대해 보도하였다. 또한 국제 에너지 기구(IEA, International Energy Agency)에 따르면 거의 모든 나라에서 풍력, 태양광이 바로 전기로 바뀌는 태양전지, 수력, 원자력 등 저탄소 전력원으로의 변화가 일어나고 있다고 한다. 재생 가능 에너지 계획이 전 세계의 육지와 바다를 휩쓸면서 해안이나 산맥 또는 평야 근처와 같은 지역은 세계 여러 지역에서 흥미로운 현상이 나타났다.

풍력은 사실 태양광 발전보다 더 효율적이다. 이에 에너지 회사들은 더 높은 고도에서 더 많은 바람이 발생하므로 더 빠른 풍속에 도달하기 위해 더 크고 더 높은 규모의 풍력 터빈을 건설하고 있다.

GE Renewable Energy 사는 거대한 터빈의 기초를 3D 프린터로 인쇄하여 현재 모델보다 높이를 두 배 더 상향시킬 계획이다. 이러한 GE의 대형 적층 제조를 통한 풍력발전 터빈 기초는 향후 풍력산업에 파괴적인 잠재력을 가져다줄 것이다. 높은 곳에서 더 빠른 바람으로 더 많은 에너지를 생성하려면 더 높은 풍력 터빈을 만들어야 한다. 그러나 풍력발전의 높이를 높이는 것은 좋지만 높이를 높이는 것은 그렇게 간단하지는 않다. 사실 풍력 터빈 설치에 대한 비용편익 분석을 계산하는 데 필요한 알고리즘은 상당히 어렵고 복잡하다.

높이가 높은 풍력 터빈을 만드는 데에는 더 많은 재료가 필요하기 때문에 분명히 더 많은 비용이 들겠지만 증가된 무게와 풍속의 추가적인 힘도 견뎌야만 하므로 풍력발전의 기초부위도 그만큼 커져야 한다.

바닥이 큰 기초부위는 터빈에 맞게 둥글게 만든다. 미국의 경우 제작비용을 낮추기 위해 베이스는 일반적으로 프리캐스트(Precast) 콘크리트로 제작된 다음 세미 트럭을 활용하여 설치장소로 운반된다. 고속도로의 폭과 고가도로의 상부 높이가 터빈 기초의 크기를 제한한다. 일반적으로 고속도로에서 요구하는 높이 4.5 m보다 크지 않아야 한다. 물론 더 큰 기초는 현장에서 직접 콘크리트를 타설하여 건설할 수 있겠지만 건설비용이 높고 품질이 저하되는 단점을 가지고 있다. 따라서 이런 환경 조건을 가진 곳에서는 특히 콘크리트 3D 프린팅이 꼭 필요하다.

콘크리트 3D 프린팅 기술은 최근 5년 동안 크게 발전했으며 적용에 대한 실증을 통하여 기존의 콘크리트 제품과 큰 차이를 보이지 않고 있다. 관련 기업들은 3D 프린팅 기술이 허용하는 설계 유연성과 대규모 제작 그리고 현장 운반에 이르기까지 상용화를 위해 최선을 다하고 있다.

일반적으로 3D 프린팅은 거의 자동화이기 때문에 기존 공법과 비교하여 낮은 인건비와 재료의 낭비 요인 절감 등의 효과를 가지고 있다. 따라서 최대 200 m 높이의 터빈 기초를 고려할 때 현장에서 직접 3D 프린팅을 적용한다면 충분한 비용 절감으로 경제성 확보가 가능하다.

대부분의 풍력 터빈은 현재 80 m 높이로 설치되지만 앞으로는 200 m로 설치될 것이다.

GE는 풍력 터빈의 높이를 200 m까지 상향시키는 프로젝트를 신속하게 수행하기 위해 2023년까지 새로운 3D 프린터 인쇄 기반을 연구하고 있다. 3D 프린터와 로봇 자동화를 위해 COBOD International 사와 특수 콘크리트 재료를 개발한 LafargeHolcim 사와의 파트너 관계를 맺고 프로젝트를 적극적으로 추진하고 있다. COBOD 사는 건설 현장을 위한 3D 건설용 프린터와 자동화된 프로세스를 설계하여 건설산업의 완전 자동화를 위해 노력하고 있는 기업이다.

그림 4.71 미국, 3D 프린팅 한 풍력 터빈 기초[96)]

보통 80 m 높이의 풍력 터빈은 연간 15.1 GWh(기가와트아워)를 생성하는 데 비하여 160 m는 20.2 GWh를 생성하여 발전량은 33% 이상 증가한다. GE가 계속해서 하늘 높이 올라가고 싶어 하는 이유는 어쩌면 당연한 일이다. GE는 그 일환의 첫 번째로 10 m 높이 상향을 위한 터빈기초를 개발하여 2019년 10월에 성공적으로 인쇄하는 데 성공했다.

9.6. Aguahoja : MIT 연구소, 수성바이오 폴리머 구조물

모든 재료를 활용하여 3D 프린터로 인쇄가 가능하지만 일반적으로 가장 많이 사용하는 재료, 예를 들면 열가소성 수지는 지구의 환경에 상당한 해를 끼치고 있다.

MIT 대학교의 Mediated Matter 실험실은 자연에서 영감을 받아 컴퓨터 설계, 디지털 제작, 재료 과학, 합성 생물학의 연구를 수행하고 있다. MIT의 중재 물질(Mediated Matter) 실험실에서는 아구아호자(Aguahoja) 프로젝트로 인해 수성바이오 폴리머 합성물을 개발하였고 이를 이용하여 3D 프린팅 하는 데 성공했다.

Mediated Matter 실험실은 생분해가 가능한 복합재료를 만들었는데 이 복합재료는 셀룰로스, 키토산, 펙틴 및 탄산칼슘을 사용하는 매우 일반적인 재료의 혼합이다.

2019년 축조한 5 m 높이의 3D 인쇄 구조물은 3D 프린터 로봇이 인쇄하였으며 재료는 물과 유기물로 구성되어 있다. 이 재료의 특성은 열과 습도에 반응하여 강성이나 물리적 특성이 조절될 수 있다는 점이다. 인쇄된 구조물의 레이어는 다양한 질감이나 투명도, 강성이 부여된다. 이는 일종의 레이어드(Layard) 스킨(Skin) 역할을 하게 된다. 사실 인간 피부의 재생이라는 아이디어는 이 프로젝트의 주요한 영감이었다.

아구아호자(Aguahoja) 파빌리온을 구성하는 재료는 다양한 기능과 목적을 제공하도록 조정이 가능하다.

아구아호자(Aguahoja)에 영향을 미치는 요소는 물리적 특성(예 : 강성, 불투명도), 환경 조건(예 : 하중, 온도, 상대 습도), 제조과정에서의 제약조건(예 : 자유도, 로봇팔 속도, 노즐 압력) 등이 있다. 이러한 특성을 고려해 물이나 빗물 속에서 쉽게 녹을 수 있는 플라스틱을 만들면 폐기물 처리가 훨씬 쉬워진다.

아구아호자(Aguahoja)로 만들어진 파빌리온은 이런 조건 속에서 일시적으로 기능을 발휘하다가

96) 출처 : GE

사용성이 떨어져서 폐기되면 환경에 영향을 미치지 아니하고 자연환경으로 되돌려 보낼 수가 있다.

MIT가 2018년 2월 MIT Media Lab 로비에서 공개한 아구아호자(Aguahoja) I 파빌리온은 단지 시작에 불과했으며 2019년 5월 10일 스미소니언 디자인 박물관(Smithsonian Design Museum)의 쿠퍼 휴이트(Cooper Hewitt)[97]에서 아구아호자(Aguahoja) II를 공개하였다.

MIT에서는 지속가능하고 친환경적인 재료로 새로운 3D 프린터의 재료혁명을 가져올 수 있는 연구를 계속해서 수행하고 있다.

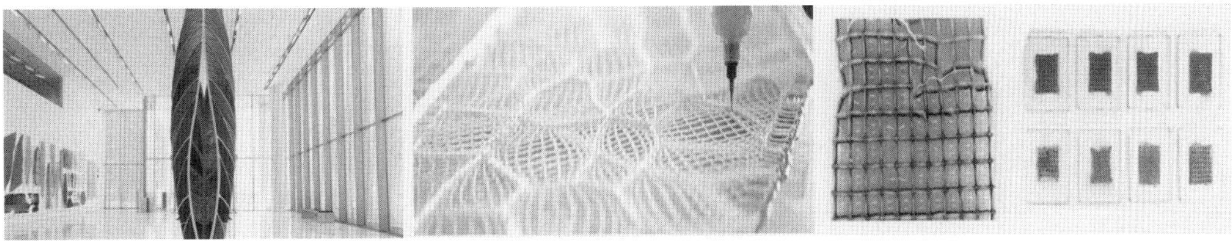

그림 4.72 수성바이오 폴리머를 활용한 구조물[98]

9.7. 균열에 따라 강해지는 3D 프린팅 시멘트 페이스트

3D 프린터로 주택이나 구조물이 건설되기 시작되면서 기업들은 기존의 재료보다 성능이 우수한 개선된 재료를 발명하기 시작하였다.

2018년 퍼듀대학교(Purdue University)는 오래전부터 사용되어왔던 시멘트 자체에 새로운 시도를 하고 있다. 퍼듀 대학교 연구자들은 균열이 생기면 더 강해지는 3D 프린팅 시멘트 페이스트를 개발했다.

이 개념은 커다란 새우류인 랍스터(Lobster)와 딱정벌레와 같은 절지동물의 껍질에서 영감을 얻었다. 자연과 생체에서 영감을 받은 디자인에는 벌집, 잉어의 비늘 구조 모양이 포함되고 그들은 모두 힘을 다르게 분배하는 역할을 수행한다.

전체 구조는 인쇄된 재료의 층 사이에 손상을 퍼뜨리는 방식으로 작동된다. 생존을 위해 개발된 3D 프린팅 시멘트 페이스는 약점을 처리하는 원리를 이용하여 시멘트 기반 재료가 가지고 있는 약점을 사용하여 강성을 높인다는 원리이다.

97) 출처 : www.cooperhewitt.org

98) 출처 : MIT

그림 4.73 균열에 따라 강해지는 3D 프린팅 시멘트 페이스[99)]

퍼듀대학교 연구진들은 랍스터 새우의 외골격 구조와 강력한 손상 방지를 위한 생물학적 곤봉구조(Dactyl Club)를 사용하여 균열에 더 강한 형태를 만들었다. 뒤틀린 균열을 에너지로 분산시키고 지지구조가 무너지는 것을 방지하며 실제로 비틀릴 때 더 강하게 만드는 시멘트 제품을 만들었다.

벌집 모양 구조는 자연에서 가장 강력한 형태 중 하나이므로 꿀벌 모양의 구조를 사용했다.

생물학적 곤봉구조(Dactyl Club)는 자연은 뛰어난 손상 내성을 보이는 복잡한 광물 구조를 가지고 있다는 점에서 출발했다. 일반적으로 새우는 발톱을 사용하여 방어하고 먹이를 공격하는 해양 갑각류이다. 새우의 발톱 구조를 이용하여 균열에 대한 인성을 강화하는 개념이다.

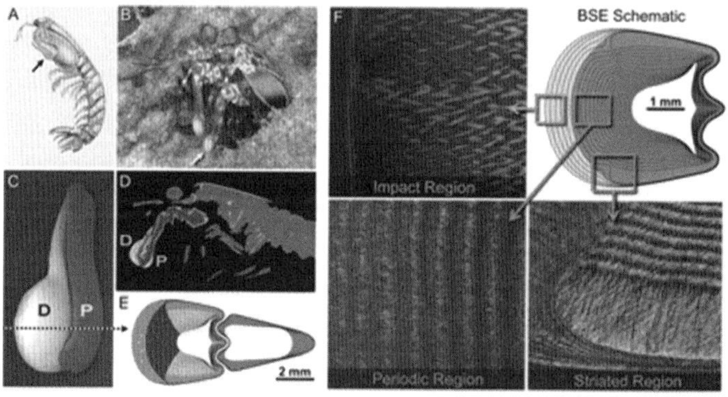

그림 4.74 Dactyl Club의 구조적 및 기계적 특성[100)]

99) 출처 : Purdue

100) 출처 : James C. Weaver 외 4명(2012), The Stomatopod Dactyl Club: A Formidable Damage-Tolerant Biological Hammer

또한 잉어의 비늘 구조 디자인을 활용하여 시멘트 기반 요소가 부서지기 쉬운 재료로 만들어졌음에도 불구하고 스프링처럼 작동되도록 만들었다.

이들이 개발한 3D 프린팅 시멘트 페이스트는 다양한 장소에서 매우 유용하게 사용될 것이다. 일본과 같이 지진이 발생하기 쉬운 지역에서는 더욱 사용성이 높을 것이고 산불이 매우 흔한 지역에서도 유용하게 사용될 수 있을 것이다.

10 중국, 3D 프린팅 격리시설과 보행교

10.1. 윈선(Winsun) 사의 3D 프린터 개발 역사

중국의 윈선(Winsun) 사는 3D 프린팅 건설을 진정으로 실현하는 첨단 기술기업 중의 하나이다. 상하이에 본사를 둔 윈선 사는 2003년 자체 개발한 유리섬유 석고보드 제조업체로 시작했다. 2008년에 3D 프린팅 기술을 개발하기 시작했으며 2020년 기준으로 225개의 관련 특허를 보유하고 있다.

2014년 5,000달러 미만으로 하루에 10채의 집을 인쇄하는 데 성공하면서 3D 건설산업계에서 본격적으로 눈에 띄게 되었다. 2017년에는 미국 엔지니어 회사인 에콤(Aecom) 사와 3년간의 제휴를 맺고 사우디아라비아에 150만 가구를 건설할 계획을 세웠다. 또한 2015년에 시작된 캠페인인 중국의 화장실 혁명에 기여하기 위해서 3D 프린팅으로 중국 관광지에 공중화장실을 만들기도 했다.

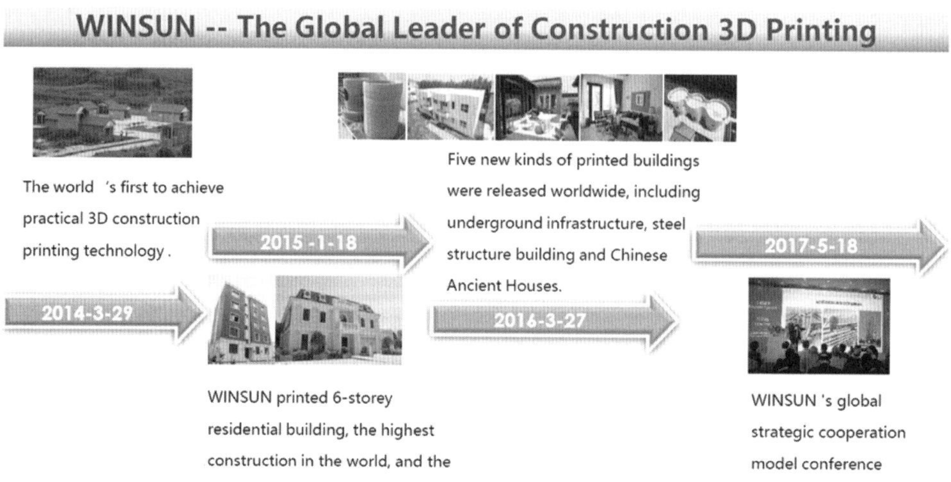

그림 4.75 윈선(Winsun) 사의 3D 프린터 개발 역사[101)]

101) 출처 : winsun3d.com

그림 4.76 윈선(Winsun) 사의 3D 프린터 구성요소[102)]

102) 출처 : winsun3dcom

10.2. 코로나19 지원을 위한 격리실과 검역소

2020년 신종 코로나19 바이러스가 중국과 파키스탄 등에 확산되자 윈선(Winsun) 사는 중국 후베이와 산둥성에 3D 프린터로 인쇄된 격리실과 검역소 등을 제공했다. 또한 15개의 3D 프린팅 격리시설을 한 달간의 해상 운송을 거쳐 파키스탄에 지원하기도 했다. 이외에도 코로나로 인한 의료적 문제를 해소하기 위해 격리시설을 지정병원에 3회 기증하기도 했다. 전염병에 맞서기 위해 한 달 동안의 혁신적인 연구와 개발 끝에 스마트 온도 측정 소독 검사실과 지능형 온도 측정 소독 버스 정류장, 음압 격리실과 같은 전염병 방지 조립식 건물을 출시하여 공개하기도 했다.

그림 4.77 3D 프린팅 된 윈선(Winsun) 사 격리실과 검역소[103)]

3D 프린팅 된 스마트 온도 측정 소독 검사실은 병원이나 사무실, 슈퍼마켓, 학교, 교통량이 많은 지역이나 인구 밀도가 높은 지역에 설치될 수 있다. 얼굴 인식기능과 출입 관리, 체온 측정, 스프레이 소독, 자외선 살균, 알람 기능이 탑재되어 있다. 이 검사실은 안전하고 효과적이며 지능적으로 작동하여 코로나 바이러스 싸움의 최전선에서 일하는 의료진들의 감염 위험을 크게 줄일 수 있다.

지능형 온도 측정 소독 버스 정류장에는 공중화장실과 방역 제품 판매구역이 있고 얼굴 인식, 온도 측정, 스프레이 소독, 자외선 살균 장치가 구비되어 있다. 만약 측정된 온도가 비정상적일 경우 경보가 울리는 경보장치가 있어 감염 위험을 줄일 수 있다. 그리고 빅데이터의 도움으로

103) 출처 : winsun3d.com

시민들의 건강 기록을 저장하고 분석하여 관리할 수 있다.

그림 4.78 3D 프린팅 검사실, 버스 정류장, 격리실[104)]

그림 4.79 파키스탄 지원을 위한 격리실과 검역소[105)]

104) 출처 : winsun3d.com

105) 출처 : winsun3d.com

윈선 사의 3D 프린팅 격리실은 코로나 바이러스 격리 요구 사항을 잘 따르고 있다. 음압 장치, 모니터링, 온도 측정, 자외선 살균, 공기 정화, 기타 AI 장치가 장착되어 있다. 따라서 고립된 환자의 상황을 실시간으로 모니터링 할 수 있으며 관련된 정보를 주치의에게 빠르게 피드백하여 의사가 즉시 환자를 치료하도록 지원하고 있다. 개별 격리시설은 가정 격리와 의료진이 휴식하기에 적합하다. 분산된 여러 개의 격리실을 병원과 연결할 수도 있다.

또한 3D 프린팅 격리시설의 글로벌 기부 채널을 열어놓고 있다. 윈선 사는 파키스탄 대사관을 통해 파키스탄 국립 자연재해관리부 NDMA(National Disaster Management Association)와 연락을 취하고 있다. 파키스탄 열대 사막 기후에 우수한 기밀성과 단열성능을 갖춘 격리시설을 설계하고 3D 인쇄하여 제공하고 있다.

윈선 사의 3D 프린팅 기술은 개인별 맞춤이 가능하고 매일 100세트의 격리시설을 인쇄할 수 있는 생산능력을 가지고 있다. 이번에 생산된 3D 프린팅 격리실은 전염병이 끝나면 호텔, 공원 휴게실, 커피숍, 경비실, 경관 구역 화장실, 재난 응급실 등과 같은 다른 목적으로도 변형되어 사용될 수 있다.

만약 사용 후 당초의 목적이나 실제 요구 사항을 충족하지 못하면 분쇄 후 각각의 재료별로 분류되어 윈선 사로 다시 운반된다. 이러한 재료들은 다시 3D 프린팅 재료로 재활용되고 새로운 구조물을 인쇄하는 데 사용된다. 윈선 사는 현재 상하이, 쑤저우(苏州), 샹양(襄陽)에 3개의 제품 생산 공장을 두고 있다.

10.3. 도시경관 개선을 위한 나무 연못 제품

2020년 4월 중국 윈선(Winsun) 사에서 새로 개발한 도시경관용 3D 프린팅 나무 연못 제품이 일본 요코하마로 수출되었다.

윈선 사의 3D 프린팅 기술은 건설 고형폐기물, 제철소 고형폐기물, 석탄 화학 고형폐기물과 발전소 고형폐기물을 재활용하여 도시경관 개선을 위한 새로운 3D 프린팅 제품으로 탄생하고 있다.

그림 4.80 윈선(Winsun) 사의 3D 프린팅 나무 연못 제품[106)]

10.4. 쓰레기 분류를 위한 쓰레기장

중국은 현재 도시 전체에서 재활용 폐기물 분류가 본격화되고 있다. 최근에는 쑤저우 공업단지 웨이팅가에 다채로운 쓰레기통이 등장하여 쓰레기 분류 작업에 많은 관심을 불러일으키고 있다.

그림 4.81 3D 프린팅 쓰레기장[107)]

106) 출처 : winsun3d.com

107) 출처 : winsun3d.com

그중에서도 특별히 눈에 띄는 것은 창문과 에어컨을 갖춘 50 m^2의 쓰레기장인 3D 프린팅 구조물이다.

전체 벽과 상단 표면은 빨간색, 파란색, 녹색, 회색으로 구성되어 있고 그 안에는 쓰레기통이 깔끔하게 놓여 있으며 벽에는 쓰레기 분류 관련 정보를 전달하기 위한 정보전달 전시판이 배치되어 있다. 이곳은 세계 최초의 3D 프린팅 쓰레기장으로써 쓰레기 분류의 대중화 속도를 더욱 촉진하고 학생들을 즐겁게 하기 위해 만들어졌다.

10.5. 재해로부터 안전한 물 보존 시설

윈선(Winsun) 사는 2018년부터 하천변, 해안선에 대한 수자원 보호와 도시의 지하 매설물 관로시설 보호를 위해 3D 프린팅 인프라 시설들을 개발하고 있다.

그림 4.82 윈선(Winsun) 사의 3D 프린팅 물 보존 시설[108]

108) 출처 : winsun3d.com

2019년에 윈선 사는 장쑤성 쑤저우시 해안선에 대하여 432 m 길이의 3D 프린팅 호안을 설치하였다. 약 1.5 m 높이의 이 호안은 베이징－항저우 대운하와 상하이의 황푸강을 연결하는 수로를 따라 홍수 방어벽을 형성하고 있다. 완성된 3D 프린팅 호안은 안전성을 충족하고 있고 경관 측면에서도 매우 우수한 시설이다.

호안 본체는 중공 부벽식 구조(Buttressed Cavity)를 채택하여 동일한 크기의 콘크리트 옹벽에 비해 콘크리트 소비량을 2/3 이상 줄이고 원료 투입량을 크게 절감하였다. 3D 프린팅된 호안 구조의 각 섹션은 길이가 4 m이고 무게는 약 5톤으로써 시공에 최적화되어 있다. 호안의 상단에는 식물을 심기 위한 빈 상자가 제공되고 빈 상자의 바닥은 벽 뒤의 되메우기 토양과 연결되어 물의 흐름을 원활하게 함으로써 식물 성장을 위한 물 기반 시설을 제공하고 있다.

2020년 윈선 사는 홍수 시 재해예방을 위해 강둑을 강화하고 강기슭 수생 생물들이 살 수 있는 서식지를 제공하기 위해 강기슭의 생태학을 고려한 3D 프린팅 제품을 선보이기도 했다.

10.6. 기네스북에 등재된 세계 최초의 두바이 상업용 건물

2016년 5월 윈선(Winsun) 사는 두바이 정부가 추진했던 랜드마크인 미래형 사무실을 완공했다. 이는 세계 최초의 3D 프린팅 상업용 건물이며 현재 기네스북에 등재되어 있다.

두바이 정부는 상업지구 와산에 세워진 높이 9.5 m, 연면적 640 m^2 규모의 지상 2층인 3D 프린팅 건물을 공개했다. 그동안 3D 프린터로 인쇄된 단층 건물은 몇 차례 건설된 적이 있었지만 2층 건물은 처음이었다. 이 건물은 너비 13 m, 높이 3 m의 3D 프린터로 인쇄된 17개 모듈로 구성되어 있다.

두바이의 3D 프린팅 미래형 사무실은 두바이 세계무역센터 근처에 있고 건축면적은 250 m^2로 우리나라 올림픽 수영장의 약 5분의 1 규모에 해당한다. 건물 내에는 워크숍, 사무실, 강의장 등으로 구성되어 있다.

사무실 벽은 내장 단열재와 속이 비어있어 가장 더운 여름에도 사무실 내부는 매우 시원하다. 전기 소비가 덜함에 따라 탄소 배출량도 감소된다. 이 건물을 건설하는 데 소요된 비용은 약 140,000달러였다.

이 건물을 짓기 위해서 윈선 사는 중국 쑤저우(Suzhou) 공장에서 3D 프린터로 모듈을 인쇄한 후에 바다로 운송하여 두바이 현장에서 직접 조립하여 시공을 완료했다. 조립 설치는 단 2일밖에 걸리지 않았다.

3D 프린팅 된 이 사무실의 가장 독특한 점은 파괴적인 실험을 모두 충족하여 안정성을 검증하였다는 것이다. 이 건물은 법령상 건축 기준을 충족하는지 여부를 확인하기 위해 완공 후 1년간 모든 테스트를 거쳤다. 2016년 두바이의 건설 전문가들은 윈선 사의 3D 프린팅 벽체에 대해 엄격한 안전성 검증과 견고한 성능 테스트를 실시했으나 균열은 거의 없었고 강도는 기존 건물보다 5배 정도로 강한 것으로 나타났다.

그림 4.83 세계 최초로 두바이에 설치된 상업용 건물[109)]

10.7. 3D 프린팅 5층 아파트

2014년 윈선(Winsun) 사는 많은 사람이 처음에는 사기라고 생각했던 3D 프린팅 아파트를 공개했다. 재활용 콘크리트 재료를 이용하여 3D 프린팅 된 5층짜리 아파트 10채를 공개했다. 면적이 1,100 m^2 크기이고 5층으로 구성된 이 아파트는 중국 동부 장쑤성 쑤저우 공업단지에 설치되었다.

높이 6.1 m, 폭 10 m, 길이 40 m의 엄청난 크기를 가지는 이 3D 프린터는 CAD의 3D 도면

109) 출처 : winsun3d.com

을 사용하여 건물 구조 요소를 모듈로 제작하였다. 건설폐기물을 포함하여 콘크리트와 유리섬유, 모래, 특수 경화제와 같은 특허 받은 재료를 사용하였고 이는 지진에도 견딜 수 있는 강한 강도를 가진 재료이다. 당시에 일반 건설폐기물을 3D 프린터의 재료로 재활용하였다는 점은 상당히 획기적이고 놀라운 일이었다.

구조물의 벽과 기타 구성요소는 대각선 형태로 강화된 특수한 인쇄 패턴을 사용하여 제조공장에서 제작된 다음 현장으로 운반되었다. 현장에서는 배관라인이나 창문, 출입문을 위한 공간을 확보하면서 조립된 설치 벽 안에 단열재와 철근을 배치하였다.

이러한 시공 방법은 주택을 건설하는 데 있어서 건설자재를 60% 정도 절약할 수 있고 70% 정도 시간 단축이 가능하다. 또한 건설 폐기물 배출을 30~60% 절약하고 생산 시간을 50~70%, 인건비를 50~80%까지 줄일 수 있다. 아파트를 건설하는 데 소요된 비용은 약 161,000달러 정도였다.

이러한 건설 방식은 재활용 재료를 사용함에 따라 기타 재료의 필요성을 대폭 줄여 환경친화적이고 비용 효율적인 건설 방법을 제공하였다.

그림 4.84 3D 프린팅 5층 아파트[110)]

110) 출처 : winsun3d.com

그 외 윈선 사가 3D 프린터로 인쇄한 건물과 주택 등은 아래 표와 같다.

표 4.10 윈선(Winsun) 사가 인쇄한 3D 프린팅 하우스[111]

설치장소	3D 프린팅 건물과 주택	
산둥 빈 저우 (Shandong Binzhou) 창조 산업 단지		
APEC Summit Lianxi 별관		
Phoenix Center		
2015 밀라노 엑스포 KIP 파빌리온		

111) 출처 : winsun3d.com

맞춤형 무강철 클라우드 아키텍처	 
3D 프린팅 이동식 주택	 
강철 구조 조립식 건물	
Luxury Cottage (1100 m^2)	 
중화 정원 (130 m^2)	 

중국 고전 정원 (83 m^2)	 
8 Ton 이동식 Hotel과 녹색 공중화장실	 
Wujiang 3층 빌라	 
Wave Building	 
Shanghai Hongqiao Sincere Center Project	

Phoenix International Media	 
라이안 버스 허브	 

10.8. 3D 프린팅 공중 화장실

윈선(WinSun) 사는 중국 다양산(DaYang Mountains) 인근지역에 고급 빌라와 아파트를 설계하고 인쇄했다. 또한 그들은 2016년에 중국 쑤저우에서 일련의 3D 프린팅 화장실을 설치했다. 이 화장실은 복잡하게 디자인되었지만 3D 프린터로 인쇄되어 독특하고 흥미로운 모습을 제공하고 있다. 중국 국립 관광국은 화장실 혁명이 오랫동안 숙원이었기 때문에 고급 공중화장실 만들기를 주도했다. 그들은 3D 프린팅 휴대용 화장실 전시회를 주최했으며 디자이너들은 다양한 화장실 디자인을 선보였다. 3D 프린팅 된 화장실은 산의 경치와 조화를 이루도록 설계되었다. 사실 쑤저우 지역의 다양산은 매년 수백만 명의 관광객이 몰려드는 매우 인기 있는 관광지이다.

화장실은 서로 정렬되도록 설계되었기에 멋지고 아름다운 모습을 보여주고 있다. 파란색으로 된 전통적인 간이 변기 화장실 대신 3D 인쇄된 화장실은 주변 환경과 조화롭게 설계되고 밝은 3D 은행나무 잎으로 둘러싸여 있다. 내부에서 외부까지 화장실의 전체 사이트는 3D 프린터로 인쇄되었다. 3D 프린팅 된 화장실의 일부는 윈선 공장에서 3D 인쇄되어 현장으로 운반되어 조립되었다. 화장실 설치 작업에는 단지 크레인 1대와 작업자 3명만 필요했다.

또한 윈선(WinSun) 사는 다양산의 배수 시스템 개선을 위해 3D 인쇄된 다양한 배수 시스템 제품을 공급했다. 윈선 사는 회사 설립 초기에 상수도, 조경, 지하 배수 공급 등과 같은 배수 시스템 부품 시공에 종사해 왔다.

그림 4.85 윈선(Winsun), 3D 프린팅 화장실[112)]

10.9. 3D 프린팅 콘크리트 보행자 교량

3D 프린팅 콘크리트 보행자 교량이 중국 상하이에서 완공되었다. 길이 26.3 m, 너비 3.6 m의 교량은 칭화대 건축학부 쑤우웨이(Xu Weiguo) 교수가 설계했고 상하이 Wisdom Bay Investment Management Company 사와 공동으로 건설되었다.

단일 아치 구조는 쑤우웨이(Xu Weiguo) 교수팀이 개발한 3D 프린팅 콘크리트 시스템을 사용하여 만들어졌고 이 시스템에는 디지털 디자인, 비용 효율성, 스마트 기술, 건설사업관리 등이 통합되어 있다.

3.6 m 너비의 아치교량은 리본 모양으로 상하이 지혜만 연못을 가로질러 우아하게 움직이는 모양이다.

교량은 44개의 속이 빈 3D 프린팅 콘크리트 유닛으로 구성되었으며 난간은 68개 유닛으로 구성되어 있다. 교량의 구성요소는 기존 재료의 구조적 성능과 일치하도록 폴리에틸렌 섬유 콘크리트를 포함하는 복합재료로 인쇄되었다.

설계과정에서 사전에 교량을 4분의 1로 축소하여 시뮬레이션을 실시한 결과 구조적으로 문제가 없음을 사전에 검증하였다. 교량에 사람들이 가득 찬 경우에도 교량은 보행자 모두를 수용할 수 있을 정도의 강도를 가지고 있다.

실제 건설과정에서 교량의 콘크리트 유닛은 450시간 동안 두 개의 로봇팔로 인쇄하였다. 3D 프린팅으로 간소화된 작업공정은 기존의 건설 방식에 의한 시간과 비교할 때 약 33%의 절감

112) 출처 : winsun3d.com

효과를 거둔 것으로 추정되고 있다.

교량에는 내장된 실시간 모니터링 시스템이 설치되어 진동하는 부재의 응력과 변형에 대한 데이터를 수집하여 다음 설계에 활용하게 된다. 이렇게 함으로써 새로운 콘크리트 재료의 실제 성능과 3D 프린터로 인쇄된 제품의 구조적 특성을 더 잘 이해하여 차기 설계에 피드백 하게 된다.

그림 4.86 상하이에 설치된 3D 프린팅 콘크리트 교량[113)]

2019년에는 3D 프린팅 된 콘크리트 교량이 중국 톈진에서 공개되었는데 이 교량은 1,400년 된 석조 아치 교량인 자오저우 교량(Zhaozhou Bridge)을 모델로 설계되었다. 이 교량은 세계에서 가장 오래된 석조 아치교인 자오저우의 절반 크기로 제작되었다.

약 28.1 m 길이의 교량은 3D 프린팅 콘크리트로 인쇄되었으며 대학 캠퍼스 내에 설치되어 있다. 이 교량은 특수 콘크리트 재료와 자체 개발한 3D 프린팅 장치를 사용하여 건설하였고 공사기간은 기존 건설 방식 대비 1/3, 인건비는 2/3 정도가 절약됐다.

113) 출처 : archdaily.com

그림 4.87 텐진의 3D 프린팅 된 콘크리트 교량[114)]

10.10. 3D 프린팅 하이테크 교량

기존부터 사용되어온 콘크리트 재료는 3D 프린팅 기술이 계속해서 진화해도 없어진다든지 사용이 중단될 재료는 아니다.

2019년 초 콜롬비아(Columbia) 대학은 3D 프린팅과 스캔을 위한 새로운 기술을 공개하였는데 실제 내부에 결이 있는 목재와 같은 모양의 콘크리트를 생성하는 기술을 선보였다. 한편 네덜란드에서는 세계 최초로 3D 프린팅 강철 교량을 공개하기도 하였다.

2019년 초 중국 상하이 푸퉈(Putuo) 지구에 금속 도금된 3D 프린팅 하이테크 교량이 설치됐다. 교량은 길이 15.25 m, 폭 3.8 m, 높이 1.2 m이고 외부는 페인트로 도장되어 있다. 3D 프린팅 된 보행교는 평방미터(m^2)당 4명에 해당하는 13 ton/m의 하중을 받을 수 있고 교량은 공원에서 30년 동안 운영될 것으로 예상된다.

교량을 프린팅 하는 데 사용된 재료는 유리섬유로 강화된 아크릴 스티렌 아크릴 레이트(ASA, Acrylonitrile Styrene Acrylat)이며 폴리메이커(Polymaker) 사에서 개발했다. ASA는 내후성과 기계적 특성이 우수하기 때문에 3D 프린팅 하이테크 교량 재료로 선택되었다. 아크릴 스티렌 아크릴 레이트(ASA)는 아크릴로 니트릴 부타디엔 스티렌(ABS)의 대안으로 개발된 비정질 열가소성 수지로써 내후성이 개선되어 자동차 산업에서 널리 사용되고 있다.

유리섬유를 추가하면 강성과 인성이 모두 증가하는 동시에 열팽창 계수는 낮아지게 된다. 따라서 재료가 가열되어 인쇄될 때 팽창과 수축을 훨씬 더 쉽게 제어할 수 있다. 평평한 층을

114) 출처 : xinhuanet.com

쉽게 만들 수 있고 재료 내의 내부응력도 제거할 수 있다.

3D 프린터의 압출기는 모든 레이어가 완전히 수평이 되도록 탬핑(Tamping) 시스템을 사용한 코인 로보틱스(Coin Robotic) 사에 의해 개발되었다. 압출기는 3개의 가열 영역이 있는 펠릿 공급 스크루 드라이브 시스템이며 시간당 8 kg의 재료를 10 mm 층으로 펌핑할 수 있는 5 mm 노즐이 있다.

상하이 건설 엔지니어링(SCG, Shanghai Construction Group) 사의 엔지니어와 설계자들이 이 교량을 설계하는 데 6개월 이상 걸렸지만 3D 프린팅 기술을 사용하여 S자 형태의 금속도금 교량을 만드는 데는 단지 35일밖에 걸리지 않았다. 교량을 건설하는 동안 두 개의 로봇팔을 적용하여 비용을 절감하고 효율성을 개선했다.

콘크리트와 강철로 만들어진 기존 교량에 비해 하이테크 교량은 수지와 유리 섬유로 만들어졌지만 훨씬 더 큰 무게를 지탱하고 보행자를 안전하게 통행시킬 수 있다.

그림 4.88 상하이의 3D 프린팅 하이테크 교량[115)]

하이테크 교량을 인쇄하던 중 열을 일정온도로 유지하는 것이 가장 큰 문제였다. 노즐이 이전에 인쇄한 레이어를 통과하기까지 2시간 이상이 소요되기 때문에 재료가 완전히 냉각되고 결정화되어 레이어 접착부위의 강도가 감소하게 된다는 점이 가장 큰 문제였다. 이러한 문제점을 해결하기 위해 코인 로보틱스(Coin Robotic) 사는 압출기 시스템에 4개의 산업용 히트 건(Gun)을 추가하였다. 새로운 레이어를 설치하기 전에 이전 레이어는 열로 가열하여 온도를

115) 출처 : cgtn.com

유리 전이온도로 올리면 레이어 간 접착력을 크게 증가시킬 수가 있었다. 내부 결정구조가 층을 통해 접착할 수 있기 때문에 강도와 뒤틀림을 제거할 수도 있었다.

3D 프린팅 기술은 건설회사가 주택을 건설하는 데 소요되는 인건비를 최대 50%까지 절약해 숙련된 작업자의 부족 문제를 해결하였다. 중국에서는 3D 프린팅의 출현으로 건설 분야에서 그동안 주로 사용해 오던 목재를 대신할 수 있게 됨에 따라 자연보호와 환경보호를 할 수 있게 되었다.

10.11. 3D 프린팅 플라스틱 보행자 교량

중국은 3D 프린팅 교량을 도시 풍경에 적합하도록 완공함에 따라 세계의 다른 나라와 경쟁체계에 들어설 수 있게 됐다. 그동안은 스페인의 3D 프린팅 콘크리트 교량과 네덜란드의 강철로 만든 3D 프린팅 교량이 대표적이었다.

2017년 상하이 통지(Tongji) 대학은 중국 최초로 2개의 3D 프린팅 보도교를 만들었다. 이 교량은 플라스틱으로 만들어졌으며 길이는 11 m와 4 m이다. 두 개의 검은색 보도교는 2017년 6월 24일에 건설하기 시작하여 7월 2일에 종료되었다.

그림 4.89 3D 프린팅 된 플라스틱 교량[116)]

116) 출처 : 3dnatives.com

그들이 만든 첫 번째 교량은 길이가 11 m로써 계단을 포함하고 있으며 정원 내의 강 위를 통과하고 있다. 반면에 두 번째 교량은 길이가 4 m로써 평평하고 물 위로 통과하기 때문에 상대적으로 첫 번째 교량에 비하여 복잡도는 덜했다. 실제로 두 다리 모두 사람들이 횡단할 수는 없고 전시용으로만 사용되고 있지만 11 m 길이의 교량은 한 번에 최대 5명의 성인을 수용할 수 있다. 두 개의 교량을 만들기 위해 프로젝트팀은 쿠카(Kuka) 로봇팔과 맞춤형 모듈을 사용하여 교량구조의 신뢰성과 안전성을 확인했고 교량을 모두 완료하는 데 총 360시간의 인쇄 시간이 필요했다. 교량의 다른 부분은 대학 입구 앞에서 하루 동안 3D 프린터로 조립되었다.

적용된 로봇 플랫폼은 3D 프린팅 기술 개발과 구현을 위해 대규모이거나 복잡한 상황에서도 3D 프린팅 기술이 적용될 수 있다는 가능성을 제공하였다.

11 독일, PERI의 BOD2 3D 프린터를 활용한 주택

11.1. BOD2 3D 프린터를 활용한 주택

거푸집과 비계 제조업체인 페리(PERI) 사는 2020년 독일 베컴(Beckum)에 독일 최초의 3D 프린팅 주택을 만들고 있는 중이다. 3D 건설용 프린터를 사용하여 160 m^2 규모의 2층 주거용 주택을 건설 중에 있다. 주택을 건설하기 위하여 2년 전에 소수지분을 인수하였던 덴마크 제조업체 코보드(COBOD) 사의 BOD2 프린터를 사용하였다. BOD2 프린터는 단 두 사람만으로 운영이 가능한 갠트리 타입의 3D 프린터로써 프레임이 지원하는 세 축을 따라 프린트 헤드가 각기 x, y, z축의 3방향으로 이동이 가능하다.

BOD2는 주택의 디자인에 따라 전기나 설비, 배관 등을 위하여 벽체의 일정 구역에 공간을 남겨놓고 작업을 진행한다. 이러한 전기나 설비, 배관설치 작업은 3D 프린터 인쇄 중에 기존의 건설방식에 의하여 진행하게 된다.

프린트 헤드와 노즐에서 시멘트 재료 층이 압출되는 것을 모니터링하기 위하여 카메라가 설치되어 있다. 페리 사는 초당 1 m로 이동하는 속도를 가진 BOD2가 지금까지 나온 3D 프린터 중에서 가장 빠른 건설용 3D 프린터라고 주장한다. BOD2는 5분 만에 1 m^2의 이중 표면 공동벽을 인쇄할 수 있는 능력을 가지고 있다. BOD2는 모듈식 구조이기 때문에 수요자 요구를 충족시킬 수가 있다. 건설현장에서 직접 인쇄도 가능하고 그렇지 않으면 제조 공장에서도 인쇄가 가능하여 양쪽 모두 사용할 수 있는 특징을 가지고 있다.

BOD2 프린터는 여러 모듈이 있는 갠트리 시스템으로 구성되어 있다. 모듈식 시스템을 만들면 유지 관리, 이동, 설정이 쉬워지는 장점이 있다. 모듈 수는 특정 건설 프로젝트에 맞게 선택할 수 있고 각 모듈의 길이는 2.5 m이며 세 축 중 하나로 확장할 수 있다. 크기에 관계없이 BOD2 프린터에는 사용자가 지정 가능한 프린트 헤드 1개, x축 캐리지 베이스 1개, y축 캐리지 베이스 2개, z축 캐리지 베이스 4개를 가지고 있다.

건물을 건설하는 데 소요되는 비용을 절감하기 위해 벽체는 절연 혼합물로 채워진 3중 표면과 공동 벽면으로 구성되어 있다.

그림 4.90 독일, PERI의 3D 프린팅 주택[117)]

11.2. 독일 최초의 3D 프린팅 아파트 건물

페리 사는 3D 프린터를 사용하여 건축의 미래 가능성을 보여주는 것을 목표로 독일 울름 인근의 발렌 하우젠(Wallenhausen)에서 최초의 아파트 건물을 건설하고 있는 중이다. 이 프로젝트를 요청한 수요자는 독일의 건설회사인 마이클 러프 바우터네멍(Michael Rupp Bauunternehmung GmbH)으로서 그들은 2021년부터 3D 프린팅 프로젝트를 수행하기 위해 Rupp Gebaudedruck이라는 회사를 분사했다.

건설되고 있는 아파트 건물은 지하와 지상 3층 건물이고 면적은 약 380 m^2 규모이다. 아파트 5채로 구성되며 아마도 완공되면 유럽에서 가장 규모가 큰 3D 프린팅 아파트 건물이 될 것이다. 3D 프린터로 인쇄가 완료되기까지는 약 6주가 소요된다. 이 주거용 아파트를 만들기 위한 3D 프린터는 갠트리 프린터인 BOD2를 사용하여 만들고 있다.

BOD2는 단단히 설치된 금속 프레임에서 3개의 축을 따라 움직이는 프린트 헤드로 구성된다. BOD2의 장점은 프린터가 프레임을 따라 구조체 내에서 어느 위치로든 이동할 수 있으며 단 한 번만 보정하면 된다.

프린터를 작동하는 데에는 단 두 명의 작업자만 필요하며 작업진행 상황과 결과는 부착된 카메라를 통하여 지속적으로 모니터링하게 된다. 현재 이 프린터는 시중에서 판매되는 가장 빠른 3D 건설용 프린터로써 1 m/s의 속도를 갖지만 통상 안전상의 이유로 25 cm/s의 속도로

117) 출처 : Peri.com

인쇄하고 있다. 이중 표면 공동벽 1 m^2를 완성하는 데 단 5분밖에 걸리지 않았다.

3D 프린팅 재료는 현지에서 조달된 모르타르나 콘크리트를 사용하고 있다. 필요한 경우에는 인쇄된 표면을 매우 매끄러운 표면으로 인쇄할 수도 있고 거친 표면으로 만들어 낼 수도 있다.

프린터의 속도와 효율성을 감안할 때 프로젝트의 시간과 비용 또한 상당히 줄어들 것으로 보인다. BOD2는 주거용 주택이나 프리캐스트 제품 생산용으로 시장에 출시된 유일한 2세대 건설용 프린터라고 할 수 있다. BOD2는 건설현장에 설치돼 작업이 끝날 때까지 같은 위치에 유지되는 매머드 급의 3D 건설용 프린터로 공사 초기에 한 번만 교정을 받으면 된다.

그림 4.91 독일, PERI의 BOD2 3D 프린터[118]

11.3. PERI의 BOD 건물

BOD(Building on Demand) 건설 프로젝트는 3D 프린팅 기술이 건설 공정의 자동화를 촉진하고 실현하기 위해서 시작되었다. 이 프로젝트의 목표는 3D 프린팅 기술이 유럽의 전통적인 건설산업에 어떻게 적용될 수 있는지를 보여주는 것이었다. BOD 건물은 BOD 이사회 건물로서 유럽 최초의 3D 프린팅 건물이고 BOD2 프린터를 사용하여 인쇄되었다. BOD 크기는 비록 50 m^2 미만의 작은 규모이지만 3D 프린팅 기술을 사용하여 비용 절감 측면에서 경제적이고 비정형 건축이 가능하다는 것을 보여준 건물이다.

118) 출처 : Peri.com

그동안 전통적인 건설 시공 측면에서 보면 비정형의 구부러진 형태는 기술적으로나 경제적 관점에서 모두 힘든 도전 과제였다. BOD 건물은 직선이 하나도 없는 구조로써 유일한 직선 요소라고는 창문과 문뿐이다. 건물 기초의 경우에도 직선 이외의 곡선 등을 사용하면 기존의 건설방식으로는 비용이 많이 들고 복잡한 문제가 되기 쉬웠다. 이러한 곡선의 문제를 해결하기 위해 3D 프린터를 사용하였고 BOD 건물이 인쇄되기까지 건물의 내부 벽과 외부 벽은 3D 프린터에 의하여 빠르게 인쇄되었다.

BOD 건물은 부분적으로 재활용된 재료가 3D 프린터의 콘크리트 재료로 사용되어 환경에 유익한 영향을 주고 있다. 건물을 구성하는 기둥과 벽면이 보강재와 콘크리트를 사용하여 완성되면 건물의 지붕을 설치하여 완성하게 된다. 현실적으로 철근을 일체화하여 빈 공간을 채우면 정부에서 요구하는 건축 허가를 받아 바로 사용할 수 있다.

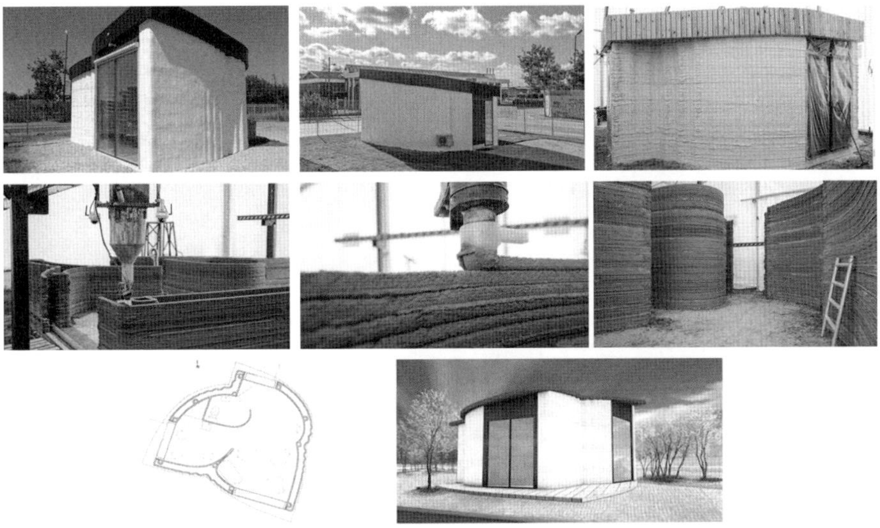

그림 4.92 독일, PERI의 BOD 건물[119)]

119) 출처 : Peri.com

그림 4.93 독일, PERI의 BOD 3D 프린팅 시공순서[120)]

120) 출처 : Peri.com

12 스페인, 3D 프린팅 보행자용 콘크리트 교량

2016년 12월 스페인 마드리드에서 3D 프린팅 보행자 교량이 대중에게 공개되었다. 이 교량은 바르셀로나에 위치한 건축학교인 IAAC(Institute of Advanced Architecture of Catalonia)가 최초로 구상하였고 실제 완공되기까지는 1년 반이 걸렸다. IAAC는 무려 15년에 걸쳐 거대한 규모의 3D 콘크리트 교량 인쇄를 구상하고 있었다.

이 콘크리트 교량은 스페인 마드리드 알코벤다스의 작은 도심공원인 카스티야라 만차(Castilla-La Mancha Park)의 하천을 가로질러 설치되어 있다. 3D 프린팅 교량이 있는 공원은 마드리드 중심부에서 북쪽으로 그리 멀지 않는 곳에 위치해 있다.

3D 프린팅 보행자 교량과 유사한 계획이 네덜란드에서 이미 발표되었지만 실제로 건설을 완료한 것은 이 교량이 최초이다. 이 교량은 마이크로 강섬유 보강 콘크리트를 사용하였고 교량의 길이는 12 m, 폭은 1.75 m이다. 교량 안쪽 좌우측에는 스텐리스 파이프 가이드가 설치되어 있고 아크릴 판이 보호대처럼 붙어 있다. 세계 최초의 3D 프린팅 교량은 현재 시민들에게 개방되어 사용 중에 있다.

그림 4.94 스페인, 3D 프린팅 보행자용 교량[121)]

121) 출처 : archdaily.com

공개된 3D 프린팅 교량은 3D 설계 데이터를 컴퓨터에 입력한 뒤 거대한 규모의 출력이 가능한 3D 프린터를 이용해 제작한 것으로 열가소성 폴리프로필렌과 강화콘크리트 파우더와 같은 강력한 소재를 이용해 강력하게 겹쳐서 인쇄했다. 콘크리트와 유사한 밝은 회색빛을 띠고 있으며 매우 완만한 아치 형태를 이루고 있어 주변 경관과도 조화를 이루어 전혀 이질감이 없다.

이 교량은 원료를 재활용하여 폐기물의 양을 최소화할 수 있도록 설계 요소들을 고려하여 개발됐다. 재료는 최소한으로 꼭 필요한 경우에만 사용되도록 교량의 내부 구조를 다공성을 가지도록 하였다. 설계는 보행자용 교량 특성을 감안하여 구조적으로 문제가 없도록 설계하였다. 3D 프린터로 인쇄할 수 있는 각 세그먼트 단위의 크기는 2 × 2 × 2 m이다.

13 덴마크, 모바일 건설 3D 프린터

13.1. GXN 사의 모바일 건설용 3D 프린터

덴마크 3XN의 자회사인 GXN 사는 건설기술 발전을 위해 덴마크 AM Hub 사와 디자인 스튜디오 MAP Architects 사 간에 상호 협력을 체결했다. 바닷속이든지, 공기가 부족한 곳이든지 어떠한 환경하에서도 다목적으로 건설이 가능한 3D 프린팅 기술을 개발하기 위해서 덴마크 AM Hub 사는 적층 제조를 주로 하고 있는 회사로서 적층 제조와 3D 프린팅의 사용을 촉진하여 경쟁력을 강화하고 있다.

GXN 사는 3D 프린팅을 활용한 건설기술 이외에 환경 문제나 기후변화 문제를 해결하는 것을 목표로 연구 개발 중에 있고 글로벌 과제를 해결하기 위해 3D 프린터를 자율적으로 이동하는 방법을 탐구하고 있다. GXN 사는 환경에 유익한 3D 프린팅 응용 프로그램을 구축하고 이를 사업화하고 있다.

GXN의 설립자인 카스퍼 젠슨(Kasper Jensen)은 '3D 프린터가 자율적인 모바일 시스템을 가지게 된다면 지금까지의 제조공정은 일대 혁신적인 혁명이 일어날 수 있을 것이다'라고 주장한다. 3D 프린터 혼자서 알아서 기어가고, 수영하고, 날아가면서 작업을 하게 된다면 더 낮은 비용과 더 큰 효율성을 가질 뿐만 아니라 환경 위협요인도 모두 해결할 수 있을 것이다.

그림 4.95 GXN 사의 모바일 건설용 3D 프린터[122)]

122) 출처 : 3dprinting.com

3D 프린터에 대한 융합 기술의 적용은 우리에게 새로운 접근 방식과 사고방식을 요구하고 있다. 현재 우리가 가지고 있는 가치와 사고방식을 바꾸기 위해서는 디자인과 기술의 결합은 시대적 흐름이 되었다.

GXN 사의 프로젝트팀은 콘크리트 구조물에 발생하는 작은 미세 균열을 수리, 보수하기 위해 다공성 필러를 사용하는 3D 프린터에 대하여 연구했다. 미세한 균열과 같은 파손은 물의 유입에 따라 철근에 부식이 발생하여 안전성 측면에서는 문제가 될 수 있다.

이러한 문제를 해결하기 위한 아이디어는 토양과 물 모두에서 산성 조건을 중화시키는 탄산칼슘을 압출하여 부식을 방지하는 트리코데르마 레세이(Trichoderma Reesei) 곰팡이를 섞어서 사용하는 것이었다. 트리코데르마 레세이 곰팡이는 중온성 사상균으로써 다량의 셀룰로오스 분해 효소인 셀룰로오스와 헤미셀룰로오스를 분비한다. 이러한 곰팡이를 이용하여 콘크리트에 발생하는 미세한 균열을 보수하게 된다.

건설용 자율 3D 프린팅 육각류 로봇은 콘크리트로 건설된 인프라 시설을 정찰하고 추가적인 파손 등의 손상이 발생하기 전에 수리할 미세 균열을 사전에 식별하여 수리·보수할 수 있다. 이 아이디어에서 출발하여 드론을 활용하여 아스팔트 수리를 위한 연구와 기능적 실증시험을 시도 하였다.

GXN 사가 고민하고 있는 또 다른 시나리오는 폭풍에 의해 해수면이 상승하거나 쓰나미에 취약한 지역을 보호하자는 취지에서 또 다른 접근을 하고 있다. 그들은 굴(Oyster) 조개가 자연적으로 밖으로 배출하는 특수 접착제를 모방한 합성 접착제를 개발하여 해결하고자 했다.

GXN 사는 3D 프린팅 ROV가 합성 접착제를 해저 모래와 혼합하여 수중에서 파손된 부위를 수리·보수할 수 있을 것인지를 연구하고 있다. ROV(Remotely Operated Vehicle)는 원격으로 조정되는 심해자원 탐사와 개발용 무인잠수정을 말한다. 연구 결과 인공 암초 구조물을 3D 프린팅 한다든지 수리·보수하기 위해 습식 바인더를 만들게 되었다.

13.2. 덴마크 공과대학(DTU), COBOD BOD2 건설용 3D 프린터

2019년 덴마크 공과대학(DTU)은 COBOD 사의 BOD2 건설용 3D 프린터를 구입하였다. DTU는 1829년에 설립되었고 오늘날 유럽을 이끌어 가고 있는 선도적인 공대로서 유럽의 6개 대학과 협정을 맺어 형성된 Eurotech 대학의 회원이다. 네 개의 캠퍼스를 포함해서 덴마크 전역에 연구 및 실험 시설을 갖고 있다.

오늘날 중국, 러시아, 미국, 두바이, 프랑스, 이탈리아, 네덜란드에서는 3D 프린터를 사용하여 인쇄된 주택의 확산이 가속화되고 있으므로 DTU가 이에 참여하는 것은 어찌 보면 당연한 일이다.

DTU의 연구원들은 3D 프린팅 작업에 익숙하지는 않지만 수년 동안 소형 3D 프린터로 시범 제작 작업을 해왔기에 DTU의 장비 구매는 기존의 3D 프린팅 시설을 더욱 확장하고 새로운 재료를 가지고서 실험을 할 수 있는 여건을 마련하게 되었다. 구매한 3D 프린터인 BOD2에 대하여 연구원들은 많은 부분에서 기대하고 있으며 새로운 프린터를 사용하여 재료나 복잡한 형상의 시공 방법에 대한 실험 등에 적극적으로 활용할 계획이다.

3D 프린터로 건물을 인쇄하는 일은 결코 쉬운 일이 아니다. 3D 프린터가 모든 작업 지점에 도달하고 인쇄된 제품이 구조적으로 안전할 수 있도록 하기 위해서는 사전에 철저한 계획과 검증 시간이 필요하다.

그럼에도 불구하고 인쇄하고자 하는 건물의 벽체를 3D 프린팅 하는 것은 기존의 건축방식보다 훨씬 빠르며 비용도 상대적으로 저렴한 편이다. 또한 벽체나 슬래브를 만드는 작업은 가장 위험한 작업인데 3D 프린터를 사용함에 따라 안전사고도 획기적으로 감소시킬 수가 있다.

BOD2는 유일하게 시판 중인 2세대 건설용 3D 프린터로써 어떤 프로젝트도 적합하도록 개발되었다. 모듈별로 BOD2의 크기를 결정하고 프로젝트 사양에 맞게 모듈을 추가할 수도 있다. BOD2의 인쇄 속도는 1세대보다 3배 빠르고 대략 18 m/분이다. BOD2의 갠트리 시스템은 현장에서 직접 인쇄하거나 제조공장에서 인쇄하는 데 최적이다. 매끄러운 표면을 보장하기 위해 최적화된 새로운 노즐이 개발되었는데 표준층 높이는 2 cm, 폭은 5 cm이다. BOD2는 장착 측면에서 매우 유연하며 기초나 콘크리트 기둥에 장착할 수 있다.

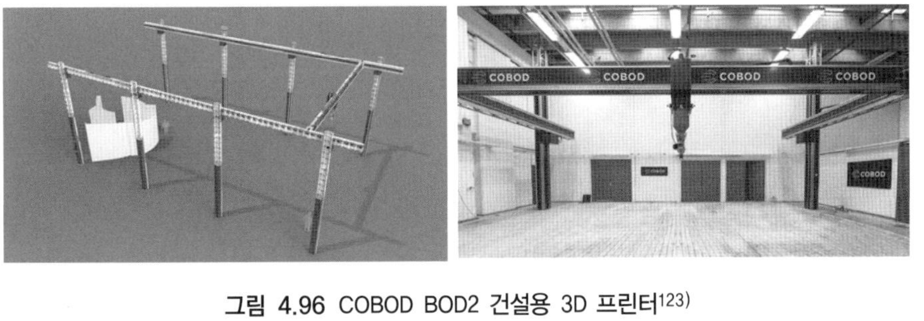

그림 4.96 COBOD BOD2 건설용 3D 프린터[123]

123) 출처 : 3dprinting.com

모듈식 설계를 통해 사용자는 건설 프로젝트에 맞게 BOD2 설치가 가능하고 작업이 완료된 후에는 다른 장소로 손쉽게 이동시킬 수가 있다. DTU가 구매한 BOD2 프린터의 크기는 12 × 10 × 4 m이다. 프린터에는 표면 매핑 도구가 있어 고르지 않고 불규칙한 표면을 매끄럽게 보정할 수 있다.

13.3. SCRIM, 경량 구조를 구축하는 콘크리트 인쇄 로봇

3D 프린터 연구원들은 오래전부터 운송이나 처리를 쉽고 편안하게 수행하기 위해서 더 가볍고 빠른 콘크리트 인쇄 기술을 찾고 있었다.

이 문제는 로봇 동작과 속도라는 명백한 문제로써 로봇 기반 건물 인쇄과정과 관련이 깊다. SCRIM(Sparse Concrete Reinforcement In Meshworks)은 로봇 기반 3D 콘크리트 프린터이다. SCRIM은 섬유 강화 메시를 결합한 재료를 사용하고 6축 자동 제어 로봇 기반의 3D 프린터를 사용하여 경량 구조물을 인쇄한다. 섬유 강화 메시를 결합하여 경량 요소를 생성하는 새로운 하이브리드 구조 개념을 사용한다. 재료를 수직으로 쌓는 기존의 3DCP(3D 콘크리트 프린팅) 접근 방식과는 달리 SCRIM 접근 방식은 콘크리트가 다양한 방향의 각도로 선택적으로 증착되는 3D 표면을 만들기 위해 지지 메시를 사용하며 6축 로봇을 활용하여 완벽하게 제어한다. 또한 SCRIM은 구조적, 미적 설계 목표를 달성하기 위해 콘크리트를 필요시에만 증착하여 재료 사용을 최소화한다.

덴마크 왕립아카데미인 KADK과 덴마크 기술연구소인 DTI는 건설 분야에서 3D 프린팅에 대한 새로운 접근 방식을 발견하기 위한 연구를 공동으로 수행했다. 3D 인쇄된 표면의 콘크리트 증착이 다양한 방향의 각도에서 발생할 수 있도록 와이어 메시를 활용하고 6축 로봇 제어를 최대한 활용하는 방법이다. 일명 체인 링크라고도 하는 와이어 메시 울타리 위에 콘크리트를 쌓는 것이라고 생각하면 이해하기 쉬울 것이다.

이 아이디어는 로봇팔이 인쇄하고자 하는 전체 범위의 움직임을 허용하는 반면에 와이어 메시는 안전성이 확보되도록 구조 기반을 지원하는 것이다. 이러한 하이브리드 형태는 다른 구조 형식보다도 강도가 훨씬 더 크고 단단하다.

이러한 건설 방식은 매우 친환경적이고 콘크리트 생산에서 종종 발생하였던 탄소 저감과 같은 일반적인 문제를 해결해 줄 수 있다. 건설산업에서 가장 일반적으로 사용되고 있는 재료인 콘크리트는 저렴하고 쉽게 가공할 수 있지만 전 세계적인 사용으로 인하여 CO_2 배출량이 크게 증가하고 있는 실정이다. 이러한 문제를 해결하기 위해 덴마크 왕립아카데미인 KADK 연구원들은 새로운 설계와 시공 관행 개선을 위한 방안으로 3D 프린팅 건설방식을 고민하게 되었다.

대부분의 3D 인쇄 방식은 현장에서 직접 인쇄하는 방식에 초점을 맞추고 있었지만 SCRIM은 오프 사이트(Off-site) 인쇄와 부품 기반 조립 방법 등 기존과는 다른 경로 방식을 취하고 있다. 디자인 관점에서 볼 때 이것은 새로운 창의적인 잠재력을 열어주는 방법이다. 이러한 방식은 인쇄과정에서 콘크리트가 선택적으로 사용되기 때문에 콘크리트 소비를 줄이고 더 가벼운 경량구조를 가질 수 있다. 현재 연구원들은 콘크리트 배합설계를 개선하여 요구하고자 하는 성능을 향상시킬 수 있는 맞춤형 탄소섬유 강화 폴리머 메시 등을 연구하고 있다.

그림 4.97 SCRIM, 경량구조를 구축하는 콘크리트 인쇄 로봇[124)]

124) 출처 : KADT/DTI

14 두바이, 세계에서 가장 넓은 3D 프린팅 건물

14.1. 3D 프린팅 오피스 빌딩 복합 시설

2016년 세계 최초의 3D 프린팅 오피스 빌딩 복합 시설이 영업을 시작했다. 241 m^2 규모인 단층 구조로 구성된 복합시설은 겐스라(Gensler) 사가 아랍 에미리트 국가위원회를 위해 두바이 미래재단(DFF) 본부의 의뢰를 받아 설계했다.

각 건물들은 상하이에 있는 윈선(WinSun) 사의 제조공장에 있는 길이 36.6 m, 너비 6.1 m의 3D 프린터를 사용하여 여러 콘크리트 구성요소로 제작되었다. 제조공장에서 인쇄된 후 두바이로 해상 운반되어 건설될 위치에서 부재를 조립하여 완성하였다.

3D 프린팅 기술과 후속 조립 방식을 사용하여 인건비 50~80%, 건설폐기물은 30~60% 정도 절감했다.

이 프로젝트는 3D 프린팅이 환경이나 도시화 문제를 해결하여 미래를 위한 길을 열어 줄 수 있다는 것을 보여주었고 기존 건설 방식에 비해 훨씬 짧은 시간 내에 고객이 요구하는 맞춤화된 공간을 제공할 수 있다는 것을 증명했다.

그림 4.98 세계 최초의 3D 프린팅 된 오피스 빌딩 복합 시설[125)]

125) 출처 : architectmagazine.com

14.2. 세계에서 가장 넓은 3D 프린팅 건물

세계에서 가장 넓은 3D 프린팅 건물이 2030년까지 3D 프린터로 제작될 예정이다. 3D 프린팅 건설회사인 Apis Cor가 설계한 이 건물은 641 m^2 규모인 2층 건물로써 두바이 관공서의 일반 행정 사무실로 사용될 예정이다.

세계에서 가장 높은 3D 프린팅 건물은 현재까지 27.4 m 높이의 중국 쑤저우 6층 아파트 건물이지만 면적 규모면에서는 두바이 건물이 가장 넓다.

그림 4.99 세계에서 가장 넓은 3D 프린팅 건물[126)]

126) 출처 : Dailymail.co.uk

프로젝트에 적용된 3D 프린팅 재료는 기존 콘크리트보다 50% 정도 가볍고 내구성도 우수하다. 3D 프린터는 몇 인치 두께의 재료 층으로 벽의 윤곽을 그린 다음 벽의 전체 높이가 될 때까지 천천히 위쪽 방향으로 구축해 나간다. 벽이 완성되면 작업자들은 지붕과 창문을 설치하고 벽에 단열재로 채워 넣는 방법으로 건물을 완성하게 된다.

소규모 건물의 경우에는 3D 프린터를 사전에 설정된 트랙에 위치시켜 자동으로 실행하면 되지만 대규모 프로젝트는 그 규모가 크기 때문에 3D 프린터의 작업을 위해서는 크레인에 연결해 사용해야만 한다.

3D 인쇄된 벽체는 재활용된 건설폐기물과 콘크리트, 석고, 기타 화합물의 혼합물로 만들어지지만 콘크리트보다 가볍고 내구성이 우수하다.

2030년까지 두바이(Dubai)는 도시의 모든 신축공사의 25%를 3D 프린팅을 이용하여 신축할 계획이다. 3D 프린팅을 이용하면 기존 건설방식 대비 노동력의 70%가 절감되고 건설비용은 90%가 절감될 것으로 예상되고 있다.

15 일본, 습식 및 건식 스프레이 혼합 3D 프린팅 시스템

일본의 연구원들은 3D 프린팅을 건설산업에 통합하는 데 있어서 상식적인 접근 방식을 취하고 있다.

3D 프린팅 토목구조물에 중점을 둔 대부분의 회사는 제조공장에서 거대한 3D 프린터를 이용하여 인쇄한 후에 현장으로 운반해서 조립하거나 또는 현장에서 직접 토목구조물을 인쇄할 수 있는 모바일 3D 프린터를 설치하고 직접 인쇄하는 방법 중 하나를 선택하고 있다.

기후대학(Gifu University)의 엔지니어링 연구팀은 기존 ICT 건설 장비를 콘크리트 3D 프린팅에 사용할 수 있도록 몇 가지 기능을 업그레이드 하기로 결정했다.

ICT는 정보 통신 기술을 의미하며 건설 프로젝트를 계획, 실행, 관리하기 위한 소프트웨어, 센서, 통신 시스템을 가리키는 포괄적인 용어이다.

작업 현장의 건설 작업자가 휴대용 태블릿을 이용하여 설계자가 만든 설계 CAD 렌더링을 확인한 다음 해당 데이터를 굴착기에 연결하여 정확한 깊이까지 굴착할 수 있도록 하는 것이 바로 ICT이다. 요즘 건설기계나 자동화 부분에서 많이 언급되고 있는 머신 가이던스(Machine Guidance)의 개념이다. 기후대학 연구원들은 머신 가이던스의 개념을 응용하여 스프레이 노즐을 부착하고 무한 평면 제한 기능을 사용한 ICT 버킷 굴착기를 시멘트 3D 프린터로 변환시켰다.

연구진에는 기후대학의 연구원 외에 건설기술 연구소, 일본 제2위의 시멘트업체인 스미토모 오사카 시멘트, 시미즈 건설, NIPPO, 마루 에이 콘크리트 산업, FTS가 포함되어 있다. 시미즈 건설은 로봇 개발업체인 아토운(ATOUN)과 건설기계 업체인 SC머시너리와 함께 철근 배근 운반 로봇을 개발해 도쿄 외곽순환도로 공사 현장에 투입한 경험이 있다. 200 kg의 철근을 옮기려면 기존에는 6~7명이 필요했지만 이 로봇을 이용하면 3명만 있으면 된다.

3D 프린팅 시스템은 일반적으로 습식과 건식의 두 가지 다른 형식으로 인쇄할 수 있다. 습식 모드에서는 시멘트 혼합물이 프린터에 로드되기 전에 미리 혼합되는 반면 건식 모드에서는 재료가 별도로 공급되어 프린트 노즐에서 혼합된다.

두 방법 모두 장점이 있다. 사전 혼합은 일반적으로 더 철저하게 혼합된 시멘트를 생성하지만 사전 혼합된 시멘트를 운반하는 것은 어렵고 비용도 많이 든다. 연구진이 개발한 스프레이 혼합

3D 프린터는 두 가지 장점을 모두 제공한다. 2020년 스프레이 노즐, ICT 굴착기의 무한 평면 기능, 전문 굴착기 운전기능을 결합하여 높이 1.5 m 기둥과 높이 1 m인 벽체 구조물을 3D 프린팅했다. 시멘트를 운반하기 어려운 현장의 매립 거푸집 공사에 사용될 것이지만 결국에는 교량 상부 구조를 인쇄하는 데 사용될 것으로 예상되고 있다.

그림 4.100 일본, 건설기술연구소의 첫 번째 실험[127)]

127) 출처 : Gifu University

16 꿈의 미래, 4D 프린팅

3D 프린팅 기술은 새로운 기술이 아니라 거의 30년 동안 존재해 왔던 기술이지만 여전히 새로운 응용 프로그램과 재료, 성능이 향상된 새로운 3D 프린터 기계들이 계속해서 시장에 등장하고 있다.

4D 프린팅은 3D 프린팅 된 물체가 온도나 빛, 기타 환경 자극과 같은 외부 에너지의 영향에 따라 자신을 다른 구조로 변환하는 과정이다. 뜨거운 물속에 어떤 물체를 집어넣으면 서서히 다른 구조로 변하는 평면 인쇄 구조와 같은 것이다.

MIT에서는 모양 변환의 기술을 연구하는 실험을 진행하고 있다. 이 기술은 MIT 자체조립실험실 프로젝트의 일부에서 시작되었다. 이 프로젝트의 목적은 기술과 디자인을 결합하여 건설, 제조분야에서 제품 조립과 성능 개선을 목표로 프로그래밍이 가능한 재료를 발명하는 것이었다.

3D 프린팅과 4D 프린팅의 차이점은 무엇일까?

문자상으로만 보면 4D 프린팅은 3D 프린팅보다 D가 하나 더 많다. 이것이 의미하는 바는 무엇이며 기술에 그토록 많은 부가가치를 가져오는 이유는 무엇일까?

3D 프린팅은 3D 제품이 생성될 때까지 인쇄 경로에서 레이어별로 2D 구조를 아래에서 위로 반복하는 것이다. 반면에 4D 프린팅은 시간이 지남에 따라 변형되는 3D 프린팅이라고 할 수 있는데 네 번째 차원인 시간이 추가된다는 점이 특징이다. 따라서 3D 프린팅 기술보다 4D 프린팅 기술은 시간이 지나면서 물체의 모양이 변할 수 있다는 것이다.

4D 인쇄된 개체는 3D 인쇄된 물체와 마찬가지로 인쇄된다. 차이점은 4D 프린팅 기술은 뜨거운 빛이나 열이 추가되면 다른 기능을 수행하는 프로그래밍이 설정된 고급 재료를 사용한다는 점만 차이가 있다. 이 때문에 생명이 없던 3D 인쇄물이 시간이 지남에 따라 마치 살아있는 것처럼 물체의 3D 모양과 동작을 변경할 수 있다.

4D 프린팅 기술은 Polyjet 3D 프린터와 같은 일반적인 상업용 3D 프린터를 사용하여 인쇄한다. 사용되는 재료는 하이드로겔이나 형상기억 폴리머라고 불리는 꿈의 스마트 소재들이다.

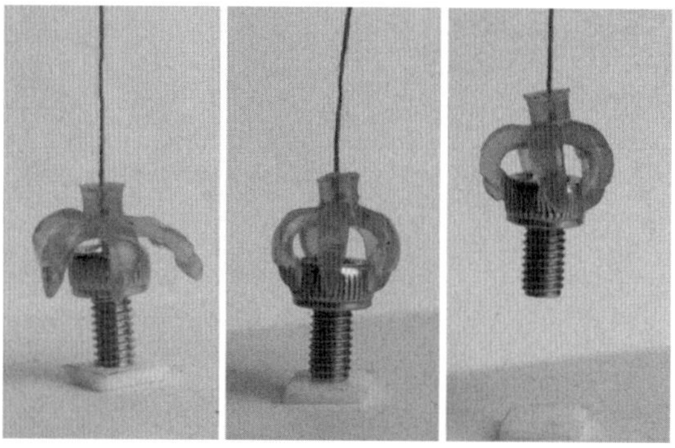

그림 4.101 온도가 최적일 때 4D 인쇄 그리퍼가 물체를 잡는 모습128)

열역학적 특성이나 기타 재료의 특성 덕분에 스마트 재료는 모양 변화의 속성이 부여되고 일반적인 3D 프린팅 재료와 구별된다. 반면에 3D 프린팅 기술로 인쇄된 물체는 강성이 특징이다. 즉, 3D 프린팅 된 개체는 아무리 조건을 변화시키더라도 최초에 프린팅 된 3D 모양을 유지하고 강도도 변화하지 않는다.

4D 프린팅의 가장 우수한 장점은 크기 변경이 가능하다는 점이다. 축소와 확대에 대한 계산과정을 통해 프린터보다 큰 물체는 크기를 일시적으로 축소한 상태에서 인쇄할 수 있다. 4D 프린팅 된 개체는 모양이 변할 수 있고 축소되거나 펼쳐질 수 있기 때문에 3D 프린터에 맞지 않는 너무 큰 개체는 3D 프린팅을 위해 일시적으로 압축하여 보조 형태로 만들 수 있다. 이때 부피는 거의 87% 정도까지 감소시킬 수 있다.

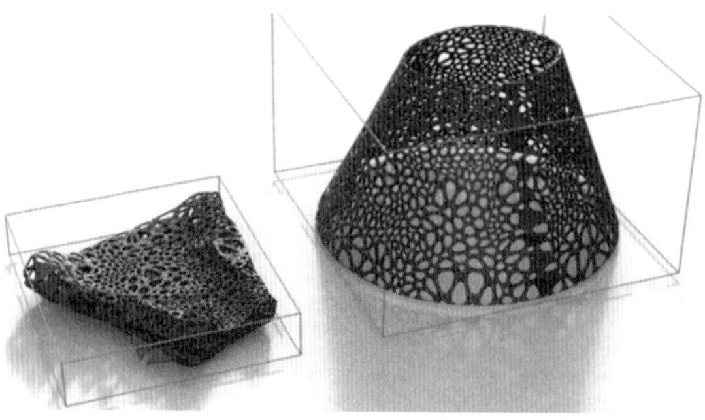

그림 4.102 부피 87% 감소129)

128) 출처 : sculpteo.com

4D 프린팅 기술의 또 다른 장점은 새로운 속성을 가진 새로운 재료를 사용할 수 있다는 점이다. 4D 프린팅은 오늘날 우리가 알고 있는 재료 세계를 혁신할 수 있는 엄청난 잠재력을 가지고 있다. 오늘날 우리가 상상조차 할 수 없는 다양한 스마트 재료에 4D 프린팅이 적용되고 있다고 상상해보면 그저 놀라울 따름이다.

사전에 입력된 대로 모양을 기억한 재료는 환경 자극에 대응하여 시간이 지남에 따라 자기의 모양을 적극적으로 변형시킨다. 맞춤형 형상과 유사한 형상 기억 폴리머는 향후 건강 산업에 매우 중요한 요소로 작용할 것이다.

자가 수리 배관 시스템은 실제 4D 프린팅의 잠재적인 응용 분야 중 하나이다. 유량과 물 수요에 따라 직경을 자동적으로 변경하는 배관 시스템의 파이프이다.

3D 프린팅 가구는 프린터의 크기에 의해 제한되기 때문에 4D 프린팅은 물이나 빛을 추가하는 것만으로 의자가 축소되는 가구를 인쇄할 수 있다. MIT의 자체조립 실험실에서는 프로그래밍이 가능한 목재를 개발하고 있는데 이러한 제품을 사용한다면 자체조립 가구의 실용화가 가능할 것이다.

4D 프린팅은 건설 분야와 같은 대규모 프로젝트에서 훨씬 더 유용하게 사용될 것이다. 예를 들어 우주와 같은 극한 환경에서는 매우 유망한 응용 제품의 생성이 가능할 것이다. 현재 우주에서 기지와 같은 구조물을 건설할 때 3D 프린팅은 비용, 효율성, 에너지 소비와 관련된 몇 가지 문제점을 가지고 있다. 따라서 3D 인쇄 재료를 사용하는 대신 4D 인쇄 재료를 사용하여 변형 가능한 모양을 활용할 수 있을 것이다. 토목 분야에 있어서는 교량이나 대피소 또는 모든 종류의 인프라 시설을 건설할 수 있는 솔루션을 제공할 수 있을 것으로 기대된다. 그 이유는 손상될 경우 스스로 건설하거나 수리할 수 있기 때문이다.

4D 프린팅에 대한 연구 동향을 살펴보면 다음과 같다.

2014년부터 MIT 공대의 자체 조립 실험실 Tibbits 교수는 AutoDesk와 협력하여 3D 프린팅 구조와 프린팅 후 동작을 연구하고 있으며 스스로 조절이 가능한 의복을 연구하고 있다.

Harvard 대학교의 Wyss 실험실에서는 생물학적 환경에 따라 모양이 바뀌는 꽃에서 영감을 받아 하이드로겔이라는 특수 재료를 개발하고 있다. 꽃의 모양을 바꿀 수 있는 능력을 부여하는 꽃의 미세 구조를 닮은 셀룰로오스 섬유와 같은 재료를 개발하는 중이다. 꽃이 환경 조건에 따라 모양이 변하는 것처럼 하이드로겔은 온도, 습도 등에 따라 변하는 재료이다. 3D 프린팅

129) 출처 : n-e-r-v-o-u-s.com

을 통해 하이드로겔로 복잡한 디자인을 제작할 수 있다. 호주 울런 공과대학교(University of Wollongong)에서는 최초의 4D 프린팅 워터 밸브(Water Valve)를 개발했다. 뜨거운 물을 부으면 밸브가 저절로 닫히고 온도가 내려가면 밸브가 넓어진다. 이러한 현상은 고온에 빠르게 반응하는 3D 프린팅 하이드로겔 덕분에 가능하게 되었다.

싱가포르 기술디자인대학(Singapore University of Technology and Design)의 연구원들은 4D 프린팅과 관련하여 상용화라는 또 다른 문제를 다루고 있다. 그들은 시중에서 시판되는 다중 재료 3D 프린터를 사용하고 5단계의 재료 준비를 단 하나의 과정으로 결합하는 과정을 연구 중에 있다.

비록 지금은 4D 프린팅 기술이 초창기 단계이지만 3D 프린팅이 기존의 제조업이나 건설업에 커다란 혁명을 일으켰던 것처럼 4D 프린팅 기술이 미래에 어떤 영향을 미칠지는 사뭇 기대된다.

17 건설용 3D 프린팅 기술 개발 현황과 과제

17.1. 국내 3D 프린팅 현황

국내에서는 한국건설기술연구원이 서울대·연세대 등 16개 기관과 함께 관련 기술을 연구하고 있고 2021년까지 3D 프린터로 시범 주택을 지을 예정이다. 현대 BS&C는 2019년 8월 스타트업체인 코로나를 인수하며 3D 프린팅 건축 시장에 진출하였고 서울 중구 장충동 사옥 앞에 경비실(4×2.5×2.2 m)을 3D 프린터로 제작했다. 3D 프린팅 경비실을 세운 건 세계에서 처음이라고 한다. 총 제작 시간은 약 14시간, 공사비는 과거 건설 방식 대비 10% 정도가 절감됐다.

그림 4.103 건설 3D 프린팅 연구단의 3D 프린터[130)]

경기도 일산에 위치한 한국건설기술연구원 내에는 건축 3D 프린팅 연구단이 위치하고 있다. 최근 킨텍스에서 열린 인사이드 3D 프린팅 전시회에서 건축 3D 프린팅 시연을 해서 높은 관심을 가진 바 있다. 킨텍스 인사이드 3D 프린팅에 전시된 건축 3D 프린터 구조는 그렇게 큰 규모가 아니었다. 작은 화단 정도를 만들 수 있는 크기이지만 작은 블록 구조의 벽체는 얼마든지 3D 프린팅이 가능한 수준이다. 건축 3D 프린팅 연구단은 2016년 관련 원천기술을 확보하기

130) 출처 : makerbox 3D 블로그

위해 연구를 시작했고 지금은 높이 1~2 m 크기 정도의 건축구조물을 쌓을 수 있는 기술을 가지고 있지만 외국에 비하면 아직도 가야 할 길이 먼 실정이다. 소형 건축물 기준으로 골조 공사기간을 60% 정도 단축할 수 있고 공사비용은 40% 정도 절감할 수 있는 수준이다.

17.2. 건설용 3D 프린팅의 한계

3D 프린터는 그동안의 건설산업 문화를 완전히 뒤바꿀 혁신적인 신기술이다. 이러한 기술을 통해 제공되는 이점과 앞으로 극복해야 할 과제에 대해 다양한 주장들이 존재하고 있다. 3D 프린팅의 수많은 전망 중 저렴한 건설비용, 재료 사용 감소, 안전성 향상, 인적 자원 의존도 감소, 브랜드 및 시장 점유율 향상, 지속 가능한 건설 등이 논의되고 있다.

건설 분야에 적용하였을 때의 이점은 인건비 절감, 디자인의 다양화, 환경친화적인 재료 등이 있다. 하지만 극복해야 할 문제점들도 있다. 3D 프린팅으로 건설된 건축물에 대한 안전성, 단열·보온 적합성에 관한 의문점 등이 그것이다.

3D 프린팅의 주요 장점 중 하나는 인건비 절감이다. 건설작업은 역사적으로 매우 노동 집약적 산업이어서 3D 프린터 사용으로 인해 기존의 노동 시장은 큰 영향을 받을 것으로 보인다.

베트남 뉴스(Vinahanin.com, 2016.7.16.)에 따르면 국제 노동 기구(ILO)는 제조업 생산 공정의 자동화와 3D 프린터를 비롯한 선진 기술의 보급이 베트남과 캄보디아, 인도네시아, 태국, 필리핀 등 동남아 국가연합(ASEAN) 5개국의 노동력에 미치는 영향을 분석했다. 공장에서 단순 노동을 하는 작업자가 일자리를 잃을 가능성이 가장 높은 산업으로 섬유·봉제와 구두 제조를 지적했다. 이 분야에 종사하는 저임금 작업자들 가운데 베트남에서는 86%, 캄보디아에서 88%, 인도네시아에서는 64%가 향후 20년 이내 실직할 수 있다고 경종을 울렸다. 자동차 부품 산업에서는 태국 작업자의 70%, 인도네시아의 60% 이상이 위기에 노출되어 있다. 베트남에서 어느 봉제 기업이 재단 공정에 자동화 기계를 도입한 결과 기계 1대에 작업자 15명이 감소하고, 1년 반을 경과한 시점에서는 분명히 비용 절감 효과가 있다고 밝혔다.

국제노동기구(ILO) 자료에 따르면 건설산업은 전 세계에서 약 8.4%의 고용을 창출한다고 밝히고 있다. 반대로 건설작업은 고난이도의 기술을 보유하지 아니한 미숙련 인력 등에 크게 의존하기 때문에 수십 년 동안 건설 생산성은 항상 제자리를 맴돌고 있었던 것이 사실이다. 이러한 미숙련 기능인력은 건설 총 프로젝트 비용의 25% 이상을 차지하고 있고 종종 미숙련 작업자나 작업자 부족은 건설공사 진행을 방해하는 요소로 작용하기도 했다.

건설용 3D 프린터를 포함한 건설 자동화 기술 사용이 증가하게 된다면 작업자에 대한 의존이 최소화되고 또한 건설 생산성을 높이면서도 위험한 작업이 줄어듦에 따라 작업자의 안전과 보건을 개선할 수 있는 효과도 있다. 건설산업에 3D 프린터를 적극적으로 채택하면 전 세계 많은 사람이 상당한 일자리를 잃을 가능성도 있지만 한편으로는 건설산업 전반적인 측면에서는 도움이 될 수도 있다. 이것은 서로 상반된 상황이다. 따라서 건설산업에 3D 프린터 사용에 따른 노동 시장의 영향을 조사할 필요가 있고 이에 대한 대응책 마련도 필요할 것으로 보인다.

3D 프린팅은 아직 모든 산업 분야에서 초기 단계이지만 잠재적인 이점이 크기 때문에 관련 기술은 날로 새롭게 발전되고 있다. 머지않아 3D 프린팅으로 완성된 안전한 집에서 살 수 있는 시기가 곧 다가올 것이다. 건설업의 제조화가 진행됨에 따라 3D 프린팅 시스템의 역할이 계속해서 중요해질 것이다.

17.3. 건설용 3D 프린팅의 미래

3D 프린팅 기술이 등장한 지 30년이 넘었고 여전히 기술은 계속해서 발전하고 있다. 그동안 3D 프린팅의 단점으로 지적됐던 문제들이 이제는 하나둘씩 해결되는 과정에 있다. 최근 3D 프린터 장비 가격이 낮아지고 소재도 다양해지고 있으며 기술 발달에 따라 단점으로 지적받았던 프린팅 속도도 상당히 개선되고 있다.

3D 시스템즈와 스트라타시스 사 모두 최근 산업용 로봇을 적용해 확장성을 높인 건설용 3D 프린터를 출시했다. 로봇을 활용해 속도를 높이고 인쇄물의 크기 제한에서 벗어나며 품질을 높여 사전제작 제품이 아니라 현장에서 제품을 바로 제작할 수 있게 되었다. 또한 플라스틱과 금속만이 3D 프린팅 산업에 혁명을 일으키는 유일한 재료는 아니고 계속해서 새로운 신소재가 개발되고 있다.

아직까지 3D 프린팅 기술의 건설 분야 적용은 타 산업에 비해선 미미한 실정이다.

그러나, 최근 콘크리트 3D 프린터가 등장하면서 건설업에서도 많은 변화가 진행되고 있다. 잉크젯 프린팅과 유사한 윤곽형상적층(CC, contoue crafting) 공법이 개발되어 건축구조물 인쇄에 적용되기 시작하였다. 이 방법은 대구경의 노즐을 통해 고압의 콘크리트 페이스트를 압출하는 방식이다. 콘크리트 3D 프린터는 이제 정교해졌으며 많은 실험이 성공적으로 진행되어 사용이 점차 확대되고 있다.

3D 프린팅 기술 발전이 가속화된다면 건설 시공환경이 좋지 않은 열악한 지역에서 3D 프린

팅의 필요성은 더욱 커질 것으로 보인다. 3D 프린팅의 핵심적인 성공 요인은 주로 3D 프린팅 시스템, 프린팅 재료의 속성 그리고 숙련된 작업관리에 달려 있다. 3D 프린팅 시스템은 주로 대형 3D 프린터를 사용하여 대형 구성요소를 인쇄하는 자동화 기술로 구성된다. 그동안 건설 분야의 자동화 기술과 로봇 공학 분야는 결합되어 상당한 진전이 있었다. 또한 3D 프린팅의 경우 엄격한 프린팅 재료에 대한 품질관리가 필요하다. 이는 통제된 제조공장에서의 사전 제작이 아닌 외부 건설현장에서 적용될 경우 특히 어려울 수 있는 문제이다.

3D 프린팅 기술은 건물의 설계 CAD 데이터가 있다면 이를 통해 현장에서 프린팅해 조립하는 과정이므로 공기는 물론 비용절감까지 기대된다. 특히 간단한 건축물의 경우 소수의 인원이면 작업이 충분하기에 기존 건설방식에 사용되던 작업인력들은 사라질 것으로 보인다. 이에 대한 대응방안 마련도 필요할 것으로 보인다.

글로벌 시장조사 기업인 IHS Markit의 최신 Database를 기초로 분석한 결과 2020년 전 세계 인구는 82억 명에 도달(UN, 2006)하고 세계 건설시장 규모는 2020년 12조 7,000억 달러로 추정된다. 2050년까지 10만 명 규모의 도시 1만 4천 개 조성이 전 세계적으로 필요하고 관련 시장규모는 1,000조 달러로 예상하고 있다. 도시성장에 따른 환경 문제점을 해결하기 위해 지속 가능한 개발도 필요한 실정이다. 에너지 과소비와 폐기물이 대량 발생되는 건설시장의 한계점을 극복하고 지속 가능하고 친환경적이며 에너지 자립 등을 위한 건설자동화와 3D 프린터의 도입 등 건설산업의 새로운 패러다임이 나타나고 있다.

기후, 인구, 사회학적 환경변화 대응, 에너지의 생산·소비 균형, 폐기물 배출과 재사용·재활용 순환, 이산화탄소 배출 등에 대응하기 위해서는 건설로봇과 3D 프린팅 기술 간의 융·복합기술 도입이 가속화될 것이고 이에 대한 적극적인 대처가 필요하다.

찾아보기

ㅅ

ㅇ

ㅈ

ㅊ

ㅋ

A

B

C

T

U

V

W

Z

기타

| 저자 소개 |

최명기崔銘起

학력

전남대 공과대학 토목공학과 졸업(1988.2)
명지대 정보산업대학원 산업안전 석사수료(1992.8)
동신대 대학원 토목공학과 졸업, 공학석사(2000.8)
광운대 건설법무대학원 건설법무학과 졸업, 법학석사(2009.2)
동신대 대학원 토목공학과 졸업, 공학박사(2005.2)

자격

산업안전지도사(건설안전), 건설안전기술사, 토목시공기술사, 토목품질시험기술사, 도로 및 공항기술사, 기술거래사, CMP, Matriz 3rd

경력

대한민국산업현장교수단 건설분야 교수
(사)한국재난안전연구원 부원장
(사)한국건설품질기술사회 부회장/(협)건설품질안전기술원 감사
전 (사)한국건설가설협회 시험연구소장
전 동신대학교 토목공학과 산학협력중점 조교수
전 성화대학교 토목환경과 조교수(산학협력처장)
전 한국산업안전보건공단 대리
전 금호건설(주) 사원
전 육군 공병 중위(학군 26기)

자문위원 경력

건설교통부 중앙건설기술심의위원회 위원(10기)
행정안전부 중앙재난관리평가위원단 위원
국방부 특별건설기술심의위원, 소방청 중앙소방기술심의위원회 위원
해양수산부 설계기술자문위원
서울, 부산, 원주, 대전, 익산지방국토관리청 기술자문위원
서울특별시 감사위원회 명예하도급 호민관, 광주광역시 시민감사관
서울특별시, 경기도, 대전, 대구, 광주, 전라남도, 강원도 지방기술자문위원
한국도로공사. LH, 국가철도공단, 국토안전관리원, 안전보건공단, 한국환경공단 등

상훈 및 저서

대통령 표창(2021), 국회 건설교통위원장 표창(2020), 행정안전부 장관 표창(2009), 광주광역시장 표창(2015), 전라남도지사 표창(2010)
가설구조물의 안전 및 품질점검 실무(지우북스, 2021), 스마트 건설과 안전(지우북스, 2020, 교육부우수학술도서), 건설안전공학(지우북스, 2020), 공항개론(구미서관, 2008), 공항토목시설공학(예문사, 2011) 등 11권

4차 산업혁명 시대

스마트 건설 자동화 로봇과
건설용 3D 프린터

1판 1쇄 발행 2021년 10월 1일

저자 최명기
발행인 서철종
발행처 도서출판 지우북스
주소 경기도 파주시 문발로 115 세종출판벤처타운 209호
전화 031-915-6670(代)
팩스 031-915-6671
이메일 jwbooks@nate.com
홈페이지 www.jwbooks.co.kr
출판등록 제406-251002017-000032호
ISBN 979-11-88673-81-0 93530

정가 25,000원